城市

更新与设计

U0213889

刘生军　陈满光　编著

Urban Renewal and Design

中国建筑工业出版社

图书在版编目（CIP）数据

城市更新与设计 / 刘生军，陈满光编著 . —北京：中国
建筑工业出版社，2019.12
ISBN 978–7–112–24522–2

Ⅰ . ①城… Ⅱ . ①刘… ②陈… Ⅲ . ①城市规划 –
建筑设计 Ⅳ . ① TU984

中国版本图书馆 CIP 数据核字（2019）第 283559 号

责任编辑：毋婷娴
责任校对：张惠雯

城市更新与设计

刘生军　陈满光　编著

*

中国建筑工业出版社出版、发行（北京海淀三里河路9号）

各地新华书店、建筑书店经销

北京方舟正佳图文设计有限公司制版

北京中科印刷有限公司印刷

*

开本：787×1092毫米　1 / 16　印张：15¼　字数：271千字

2019年12月第一版　2019年12月第一次印刷

定价：65.00元

ISBN 978–7–112–24522–2

（35075）

序　言

　　城市发展到今天，曾经的街区、空间、建筑随着岁月在不断地发生着变化，有些仍然依稀可见，有些已经面目全非。生活在城市中的人们也在变化着，有些已举家远走，从此他乡是故乡；有些仍世代固守，今生故园即家园。但是，不管是远走还是固守，城市中那些值得记忆的部分都会永远留存于曾经生活在这个城市的人们的记忆之中。而城市更新的任务就是要通过专业的手段，将一座城市的历史、文化、空间、文脉、建筑、街道等元素更多地留在城市的断面里，留在人们的记忆中。

　　城市更新是一项复杂的工作，需要综合顾及时空尺度和人文尺度；需要综合协调城市景观、城市文化、城市特色；需要综合考虑社会效益、经济效益、环境效益和文化效益。以往很多城市的大规模改造之所以失败，就在于违背了城市发展的历史规律，低估了城市更新的复杂程度，脱离了城市居民的实际需求。因此，如何搞好城市更新，需要从理论和实践两个层面不断地总结经验，发展出符合中国城市特色的城市更新理论。

　　城市设计，通常意义上被认为是一种理论或者一种技术，但实际上，我认为更为准确的理解应当是：城市设计是一种思维方式，而且是一种综合、全面、细致的思维方式。城市设计会考虑人文历史，也会考虑社会经济；城市设计会考虑技术问题，也会考虑艺术问题；城市设计会考虑宏观的目标，也会考虑微观的实施；城市设计会考虑二维的布局，也会考虑三维的意象。因此可以说，城市设计是解决城市问题的一种有效方法。

　　城市是什么？城市更新能做什么？

　　城市是一种经济聚落，不同的阶段会有不同的需求，当经济的发展不适合社会发展要求时必然会面对一系列的转型问题，而实现城市转型的有效手段就是城市更新。

城市是一种社会聚落，从游牧迁徙到固定居住，不同的社会结构决定了不同的空间形态，当城市的社会组织因时代的变化而需要随之发生改变时，实现的手段依然是城市更新。

城市是一种文化聚落，是人类历经千百年形成的历史积淀，城市不管如何发展，维系人类思想情感的文化特色绝不能丢弃，而延续城市文化特色的手段之一也是城市更新。

纵观城市更新的这些特点我们可以看到，它们与城市设计的工作存在着非常密切的关联性，不管是面对城市的转型问题，还是解决社区更新的问题，抑或是解决历史文化特色的传承，都需要城市设计的参与。因此我们可以说，城市设计的思维方式非常有利于城市更新工作，城市更新工作也非常需要城市设计的逻辑。这也是这本书之所以引起我的兴趣并为之写序的一个原因。

两位作者都曾跟随我学习、研究城市设计，毕业后在教学和实践的不同岗位上继续做着同样的探索，经过多年积累，将他们对于城市更新与城市设计的思考汇集成书。这本书既有理论描述，也有实践案例，亦有教学探讨，针对城市更新，充分地论述了它的由来、特征、类型，以及概念内涵、思想溯源和设计逻辑。我相信，不论是对于已跻身实践行列的城市规划师与城市设计师，还是对于仍处于学习阶段的青年学生来说，都将是一本很好的学习资料，也势必会对读者产生积极的作用，促使更多的人去思考：我们的城市该如何发展，城市更新该如何进行，城市设计该如何参与。

徐苏宁

2019 年 12 月于哈尔滨

目 录

第一章 城市更新的概念内涵

1.1 城市更新的概念认知

1.2 城市更新的动力机制

1.3 城市更新的约束机制

1.4 城市更新的运行与管理

1.1 城市更新的概念认知

1.1.1 城市更新的多元认识

"城市更新"是一个源于西方的概念，初始意义上的更新源自诞生之日起，城市就作为一个有机整体不断进行自我完善与发展。随着人类社会经济的发展变化，现代城市也经历着扩张、演化、收缩甚至是衰败、消亡的发展过程。可以说，自城市形成之日起，由人造环境所叙述的城市历史就不断地被改写着。城市更新的实质是原有的城市功能不能满足社会发展的需要，主要表现在两个方面：其一是城市功能的转型带来了城市设施的闲置，亟待更新；其二是有限的土地资源要求城市功能提档升级，满足可持续发展需要。城市更新动力与城市发展的目标相一致，城市更新的长远目标是要建设社会、经济、环境、文化的可持续性，实现人类聚居环境的适居性，城市更新的现实目标是改造社区环境与公共空间秩序，追求人性化、宜居、安全、健康的城市环境，最终实现城市的有效治理。从内生根源来说，城市更新最初缘起是应对经济增长停滞问题，如何使经济具有活力，如何处理社会问题，如何形成环境质量和生态平衡，这些一直都是城市更新问题讨论非常核心的内容。但是如何通过城市设计、公共政策、城市治理等解决这些问题？城市更新的解决对策无论是自上而下的，还是自下而上的，正规的或是非正规的，很多都是将政策手段、空间策略和社会行动综合起来，最后达成一个良好、宜人、和谐的城市环境品质。

国外关于城市更新的深入研究主要以英、美等西方国家的探索与实践为主。研究认为，从西方城市更新实践阶段的整体划分上，以 20 世纪 70 年代凯恩斯[1]福利政府的破产为界，西方城市更新可以大致划分为两个阶段：第一阶段（20 世纪 30-70 年代），西方的城市更新带有明显的福利色彩，有计划的制定任务，普遍实行政府干预经济，从最开始的贫民窟拆除到战后住房与基础设施的提供均是以政府投资为主。通过政府投资推动城市重建，为居民提供良好的生活环境被视为国家政府应尽的义务与责任。英国的《城市更新手册》（Urban Regeneration:

---

[1] 凯恩斯主义相信只有在市场机制调节之下，才能达到维护自由的目标。但是，他们却认为市场机制有着一定的局限性，有它调节的极限，因此只能通过国家机制对其进行改良，才能确保人类的自由。凯恩斯的国家干预主义是有条件的，国家干预是为了弥补市场机制的缺陷和恢复市场机制有效配置资源的功能，缓解经济周期波动和各种社会矛盾，以不同形式，运用经济的和非经济的各种手段对经济运行进行调控的过程。

a Handbook）提出的定义为：试图解决城市问题的综合性的和整体性的目标和行为，旨在为特定的地区带来经济、物质、社会和环境的长期提升。《更新：更简单的方法为威尔士》（Regeneration: A simpler Approach for Wales）提出了类似的概念，指出更新是一个地区的提升，采用一个平衡的方法通过社会、物质和经济手段达到提高社区福祉的目的。随着 20 世纪 70 年代西方凯恩斯主义福利政府的破产，西方城市更新进入第二阶段。这一阶段私人资本在城市更新中的作用越发明显，但是政府的角色一直没有缺位，西方城市更新开始向一种公私合作的"伙伴关系"演进。这一时期的德国是西欧城市更新的代表性地区。德国城市更新的内容主要体现在对闲置用地的优先改造更新上，包括历史核心区的更新、旧制造业用地的更新、旧基础设施用地的更新，以及军事设施用地的更新等方面。20 世纪 60-70 年代的美国城市更新面对高速城市化后形成的种族、宗教、收入等差异而造成的居住分化与社会冲突问题，以清除贫民窟为目标。虽然城市更新综合了改善居住、整治环境、振兴经济等目标，但是其所引发的社会问题却相当多。特别是对于有色人种和贫穷社区的拆迁显然有失公平，受到社会严厉批评而不得不终止。在 20 世纪 80 年代后，大规模的城市更新行动已经停止，总体上进入了谨慎的、渐进的、以社区邻里更新为主要形式的小规模再开发阶段。

国内学者对城市更新的概念进行了不同视角的研究。20 世纪 90 年代末，吴良镛院士最先提出了城市有机更新的概念，指出从城市到建筑，从整体到局部，如同生物体一样是有机联系，和谐共处的。城市建设应该按照城市内在的秩序和规律，顺应城市的肌理，采用适当的规模，合理的尺度，依照改造的内容和要求妥善处理目前和将来的关系。随着新型城镇化的不断推进，吴良镛院士的有机更新理论得到学术界的普遍认同，有机更新在新的时代也有了新的内容和要求，现今城市的有机更新融入了产业、运营等思维，对于资本有着更多的要求。住房和城乡建设部政策研究中心主任秦虹认为，真正的有机更新，既有建筑美观的增加，更有内容提升，包括产业共生、业态共享、多元化的资本参与、优秀的资产管理，等等。现代有机更新从以追求经济增长效益的单一导向的城市更新进入到以改善人居环境、品质提升、可持续发展等综合性目标，以实现经济、社会、文化等目标的动态平衡和综合效益为最优目标。

同济大学伍江教授回顾中国城镇化发展中带来了社会分化、新区功能不完整、人文环境被破坏等诸多问题，呼吁城市建设理念亟须转型，应当转变当下这种大规模的、完全无视自然环境的旧城改造，转向小规模渐进式、常态化的城市更新模式，城市建设由粗放型转向精致型。伍江提出城市更新的四个方面内涵，第一，通过城市修补，使城市功能更加完善，让城市作为更加适合市民生活的空间；第二，通过生态修复，使自然环境更符合生态规律；第三，通过协调社会组织，提高城市的韧性和抗击力；第四，重新理解城市的历史文化内涵，认识城市整体的历史文化载体作用，保护作为整体的城市历史文化价值。

阳建强和吴明伟的《现代城市更新》提出了系统更新理论，他们认为城市更新不再是单一性的形体改造而是系统性的改造，应为尊重城市文化的审慎的渐进式更新。阳建强教授指出城市更新是改善人居环境，提高城市生活质量，保障生态安全，促进城市文明，推动社会和谐发展的更长远和更综合的目标。城市更新需要建立政府、市场和社会三者之间的良好合作关系，形成一个横向联系的、自下而上和自上而下双向运行的开放体系，遵循市场规律，保障公共利益，促进城市更新的持续健康发展。

在摆脱了最初的对于城市更新简单化的定义后，城市更新被认为是城市内部多种因素复合驱动的过程，其中既有政治、经济，也有文化、社会等因素。而城市更新的内容也从单纯"硬质"的物质和形体更新扩散到社会文化网络、邻里关系乃至人们的心理认同等"软质"更新。在城市更新的管理方面，2009 年 10 月深圳出台《城市更新办法》（以下简称《办法》），该《办法》是深圳城市更新制度化管理开端，是国内首部系统规范城市更新工作的政府规章。《办法》确立了深圳城市更新政策体系的核心，确定了以"城市更新单元"作为更新管理工作的核心工具。同时，"市场主导、政府引导"的模式极大地激发了市场参与城市更新的动力。此后，深圳迅速形成了较为系统的城市更新政策体系，规范相关运作流程。

1.1.2 城市更新的概念界定

近代意义上的城市更新源于工业革命，工业革命产生了强大的科技和物质推动力，使人们对城市的规划和布局、人居环境的改善、传统历史文化遗产的保护等问题的认识都超过了以往，达到了一个新的境界。"城市更新"的概念出现在1949 年《美国住宅法》(The Housing Act of 1949)"城市再发展"(Urban Re-development) 概念，其目标为市中心区拆除重建，由联邦政府补助更新方案三分之二金额支持重建。然而，城市更新因牵涉部门过多，并不是许多城市都能够贸然尝试的，因此美国推行都市改革的政策逐渐放弃市中心拆除重建，转向邻里社区为目标政策。以邻里社区为目标的城市更新政策，旨在配合住宅政策，解决住宅问题，并于 1954 年由美国艾森豪威尔的一个顾问委员会提出的住宅法法案 (The Housing Act of 1954) 中正式使用"城市更新"(Urban Renewal) 这一名词，并列入当年美国住房法规。1958 年 8 月在荷兰海牙召开的城市更新第一次研讨会认为，城市更新是指生活在都市的人基于对自己所住的建筑物、周围环境或者通勤、通学、购物、游乐及其他生活更好的期望，为形成舒适生活以及美好市容，进而对自己所住房屋的修缮改造以及对街道、公园、绿地、不良住宅区的清除等环境的改善，尤其是对土地利用形态或地域地区制的改善、大规模都市计划事业的实施等所有的都市改善行为。美国《不列颠百科全书》将城市更新定义为：对错综复杂的城市问题进行纠正的全面计划。包括改建不合卫生要求、有缺陷或破损的住房，改善不良的交通条件、环境卫生和其他的服务设施，整顿杂乱的土地使用，以及车流的拥挤堵塞等。认识到 20 世纪 50 年代的城市更新以拆除重建的粗暴方式与当时的历史背景相适应，在大规模的城市改造实践的不断检验和推动下，城市更新的内涵和外延都发生了深刻的变化。总之，在摆脱了当初对于城市更新简单化的定义后，城市更新被认为是城市内部多种因素复合驱动的过程，其中既有政治、经济，也有文化、社会因素。而城市更新的内容也从单纯"硬性"的物质和形体更新扩散到社会文化网络、邻里关系乃至人们的心理认同等"软性"更新。[1]

　　通过梳理国内外关于城市更新多元认知的概念演进过程，可见城市更新是一个十分宽泛的研究方向，不同领域，不同学者研究的内涵、界定与侧重点存在较大的差别。另外，关于城市更新在表述上也存在许多类似的概念，例如，通过文献可以检索到的国内类似概念至少有旧城改造、旧城改建、旧区整治等，而在西方更是有城市重建（urban reconstruction）、城市复苏（urban revitalization）、城市再开发（urban redevelopment）、城市再生（urban regeneration）、城市复兴（urban renaissance）等概念，各个阶段的命名体现出其在不同城市阶段中的工作侧重点，这使得城市更新的概念更加难以准确界定。通过对以上概念的梳理可以发现，各概念的主要内涵基本相似，只是在城市不同的发展阶段，不同的社会背景之下，所侧重的方面有所差别，这也从不同的

[1] 宋立焘. 当前中国城市更新运行机制分析 [D]. 济南：山东大学，2013.

侧面反映了城市更新所关注的重点是随着城市的发展有所变化的。

（1）城市重建：一战后开始出现，主要为推土机式的大拆大建，后发展成为结合社会、经济、物质和安全的综合事项。

（2）城市再开发：认为城市更新是自上而下的政府开发行为，对于废弃的城区进行物质结构的去除和更新，并开始注重工业再开发，延续城市生命力。

（3）城市复兴：包括社会、文化、经济、环境和政治的可持续发展，创造能够重构和振兴城市空间的政策。

（4）城市振兴：针对城市某个区域的政策，为预先选定的有前景的部门和家庭加强区位环境，管理者的作用突出。

（5）城市更新：应对城市衰退现象的、对既有的建成环境进行管理和规划，从物质层面和策略层面解决城市的问题。

我国自 1990 年以来，"城市更新"的概念开始在学术界得到广泛讨论，从强调物质环境逐渐转向注重综合性与整体性。城市更新所面对的问题早已不再停留在简单的住房提供、基础设施完善等物质层面，而是向城市的可持续发展与整体复兴的综合职责转变，这些目标的实现不可能由市场完成，城市政府的直接职能成为城市更新的主体推动力。根据《深圳市城市更新办法》（于 2009 年 12 月 1 日开始实施）的规定，城市更新主要是指对特定城市建成区（包括旧工业区、旧商业区、旧住宅区、城中村 [1] 及旧屋村等），根据城市规划和有关规定程序进行综合整治、功能改变或者拆除重建的活动。城市更新应优先考虑城市整体利益。

从目标导向来看，城市更新就是城市面对新发展条件的不断调整、适应、改变的过程。在城市总体的规划层面，城市更新是一种统筹性的规划，是对城市整体利益、功能完善、价值提升的总体部署和安排，系统性的将城市中已经不适应现代化城市社会生活的地区作必要的、有计划的改建活动，试图解决城市问题的综合性的和整体性的目标和行为，旨在为特定的地区带来经济、物质、社会和环境的长期提升；在物质环境的更新层面，城市更新实质上是通过维护、整建、拆除等方式使城市土地得以经济合理的再利用，并强化城市功能，增进社会福祉，提高生活品质，促进城市健全发展的目的。

---

[1] 城中村（含城市待建区域内的旧村，以下统称城中村）是指我国城市化过程中依照有关规定由原农村集体经济组织的村民及继受单位保留使用的非农建设用地的地域范围内的建成区域。

1.1.3 城市更新的研究对象

　　形态学和类型学两个知识领域构成了城市更新研究的物质对象。城市形态学是描述城市的形式及城市形式如何随时间而演化的学科。另外一个相关的学科是类型学，城市类型学指城市类型的划分形成不同的类型模式，或指描述城市结构中各种不同的可被观察到的特定元素，例如，建筑和街道[1]。城市形态的研究关注城市整体的演化和整体空间的形式，而不太注重城市的微小细节，例如城市的标志、建筑、设施、空地等具体建筑或微观空间；城市类型学则反之，"类型过程的研究是探讨基本类型如何通过历时演变，发展变化……每一特定时期的类型都反映了当时的社会、技术、经济和文化要求"[2]。城市的街道广场、群体组合、环境行为等都是城市类型学的研究重点。总体来讲，城市形态学注重历时性分析和概念性解答城市是如何建造和为什么这样建造，城市类型学侧重如何提炼现有的形态特征来创造新的形式[3]。一般而言，城市更新的过程是需要渐进式的更替演化，但城市又同时需要保持扩张与完善功能，城市形态演化是通过保持增量与插建织补的方式共同实现的；对于一些特殊的城市，由于城市的发展出现增长动力不足或产生结构性危机，原有的城市功能优势丧失甚至衰退，造成城市人口的持续流失，城市就需要转变其主要功能，重塑活力。这一类城市需要转型发展，转型的城市需要尊重城市的历史肌理，但同时也要重建城市的内部结构，城市转型是特殊情况的城市更新。

　　城市更新的研究对象可包括物质空间、历史文化、产权经济、政治制度、环境自然、基础设施、社会舆情、人本感受等方面的内容。不同导向和模式的空间规划均有不同程度的侧重和关注点，无法整体兼顾（图1-1）。[4]

　　具有以下情形之一的特定城市建成区，可以进行城市更新：

　　（1）城市的基础设施、公共服务设施亟须完善；

　　（2）环境恶劣或存在重大安全隐患；

[1] [美] 彼得·博塞尔曼著，闫晋波，李鸿，李凤禹译. 城镇转型——解析城市设计与形态演替 [M]. 北京：中国建筑工业出版社，2017（01）：200-226.

[2] 陈飞，谷凯. 西方建筑类型学和城市形态学 [J]. 建筑师，2009（4）：53-57.

[3] 同上.

[4] 杨祯，梁江，孙晖. 转型背景下的城市建成区空间规划演进趋势分析 [J]. 建筑与文化，2018（12）：33-35.

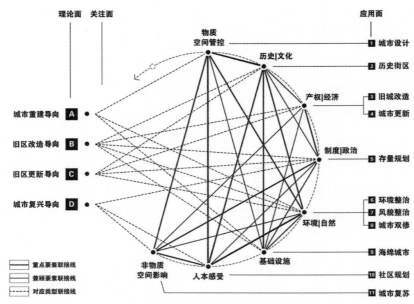

图 1-1　城市建成区空间规划研究侧重内容示意

图片来源：杨祯，梁江，孙晖 . 转型背景下的城市建成区空间规划演进趋势分析 [J]. 建筑与文化 .2018（12）：33-35

（3）现有土地用途、建筑物使用功能或者资源、能源利用明显不符合社会经济发展要求，影响城市规划实施；

（4）依法或经市政府批准应当进行城市更新的其他情形。

1.1.4　城市更新的主要模式

城市更新发展之初首先是对城市不良住宅区的改造，随后扩展至对城市其他功能地区的改造，并将其重点落在城市中土地使用功能需要转换的地区。城市更新的目标是针对解决城市中影响甚至阻碍城市发展的城市问题，这些城市问题的产生既有环境方面的原因，又有经济和社会方面的原因。综合来看，国内城市更新可分为以下三种模式。

1. 综合整治类城市更新

综合整治类更新项目主要包括改善消防设施，改善基础设施和公共服务设施，改善沿街立面、环境整治和既有建筑节能改造等内容，但不改变建筑主体结构和使用功能。综合整治类更新项目一般不加建附属设施，因消除安全隐患、改善基础设施和公共服务设施需要加建附属设施的，应当满足城市规划、环境保护、建筑设计、建筑节能及消防安全等规范的要求。

2. 功能改变类城市更新

功能改变类更新项目改变部分或者全部建筑物使用功能，但不改变土地使用权的权利主体和使用期限，保留建筑物的原主体结构。功能改变类更新项目可以根据消除安全隐患、改善基础设施和公共服务设施的需要加建附属设施，并应当满足城市规划、环境保护、建筑设计、建筑节能及消防安全等规范的要求。

3. 拆除重建类城市更新

拆除重建类城市更新是指对城市更新单元内建筑物进行全部或大部分拆除后重新建设的更新改造行为。拆除重建类城市更新应严格按照城市更新单元规划和城市更新年度计划的规定，经依法确定的改造主体组织实施。它通过更新计划的申报、更新单元规划的审批，重新确定建设用地面积、开发强度，并重新确定开发主体，签订新的土地出让合同。

1.1.5 城市更新的规划层级

任何城市更新都要符合城市和国家的规划层级与法规体系，城市更新的内容也划分为不同层级，体现在不同的城市更新规划编制的具体内容。

在城市的总体发展层面：编制城市统筹更新规划，涉及多规合一、三生协调、功能疏解、职住平衡等。或以城市总体规划为基础，对城市总体更新进行指导，要结合城市现实情况编制城市更新规划、总体工作方案，制定城市更新中长期及年度实施计划。城市更新的规划编制是综合盘活城市存量资源，对城市总体规划进行有效调节的重要手段，进而实现对城市总体空间结构的科学统筹规划。城市更新规划要遵循一定的基本原则，充分考虑国家的法律、法规以及政策等。

在城市的中观分区层面：在城市更新规划的框架下，统筹物质、社会、生态、文化环境，编制城市更新单元规划，进行片区统筹。城市更新单元规划强调结合城市运营与空间博弈，通过制度设计将城市更新内容纳入城市发展的相关项目中，把城市更新的协作要求纳入规划编制成果中，进而实现城市更新规划编制的管理化、规范化和常态化。

在中观分区的城市更新编制管理的过程中，涉及城市更新单元及规划的内容如下：

城市更新单元：城市更新单元是在保证基础设施和公共服务设施相对完整的前提下，按照有关技术规范，综合道路、河流等自然要素及产权边界等因素，划定相对成片的需求进行更新的区域。一个城市更新单元内可以包括一个或者多个城市更新项目。如深圳市城市更新单元的划定应：第一，符合《深圳市城市更新办法》规定的进行城市更新的情形；第二，符合城市更新单元划定的有关技术要求；第三，体现原权利人的改造意愿。

城市更新单元规划内容包括：

（1）城市更新单元内基础设施、公共服务设施和其他用地功能、产业方向及其布局；

（2）城市更新单元内更新项目的具体范围、更新目标、更新方式和规划控制指标；

（3）城市更新单元内城市设计指引；

（4）其他应当由城市更新单元予以明确的内容。

城市更新单元规划涉及产业升级的，应当征求相关产业主管部门意见。

在城市的微观项目层面：主要内容体现在对闲置、功能失效用地的优先改造更新上，包括旧城区的更新、历史文化保护区的保护性更新、旧工业设施及用地的更新、旧基础设施及用地的更新，以及其他设施用地的更新等。微观城市更新项目涉及一些基本的运作操作程序：更新计划申报及制定、土地及建筑物信息核查、更新单元规划组织调整和审批、实施主体确认、拆迁改造与城市设计方案、城市运营与投融资设计、用地审批行政许可、非行政许可及行政服务等。此外，我国学者还提出了城市"微更新"的模式，旨在从战略性和蓝图式规划转变到已建成环境"微更新"的品质提升规划，提高城市环境的精致度。

总之，从综合统筹的视角，城市更新的工作内容包括：调整城市结构和功能，实现新旧功能转换；优化城市用地布局，盘活城市存量资源；更新完善城市公共服务设施和市政基础设施；提高交通组织能力和完善道路结构与系统，改善城市交通环境品质。从项目运行的视角，整治改善居住环境和居住条件，维持和完善社区邻里结构；保护和加强历史风貌和景观特色，营造优质生态环境；美化环境和提高空间环境质量，营建城市公共空间环境；更新和提升既有建筑性能，改造历史文化街区、老旧工业区和城市棚户区；改善与提高城市社会、经济、文化与自然环境条件。

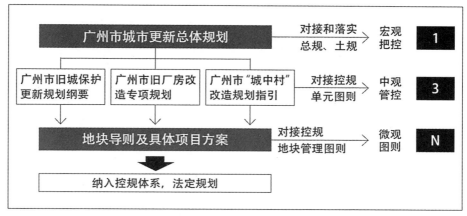

图 1-2 广州市"1+3+N"城市更新规划编制体系

资料来源：唐燕，杨东.城市更新制度建设：广州、深圳、上海三地比较 [J].上海：城乡规划，
2018（4）:22-32

参考案例：广州城市更新规划体系

广州城市更新规划体系自上而下分为四个阶段：城市更新总体规划、片区策划、控规调整、实施方案，形成"1+3+N"的规划体系。其中，"1"为《广州市城市更新总体规划》，"3"为《"三旧"专项改造规划》（包括《广州市旧城保护更新规划纲要》《广州市旧厂房改造专项规划》《广州市"城中村"改造规划指引》），"N"指"三旧"改造的片区策划或者规划实施方案。《广州市城市更新总体规划》由广州市城市更新局组织编制，体现全市更新意图与总体要求，进行整体把控；片区策划是指引与基本依据，包含发展定位、公共利益、产业升级等综合性方案，作为控规调整的前期研究；控规编制与调整是城市更新的直接依据，以片区策划为基本依据，组织编制或调整控制性详细规划；实施方案负责具体实施，以控规为依据，形成可实施的更新落地方案（图1-2）。

资料来源：本书作者根据相关资料整理。

1.1.6 城市更新的基本原则

1. 鼓励插建原则

从城市更新中得到的教训是避免拆清整个街区，而应在既有城市街块的地块划分结构中鼓励插建的方式，尊重原有城市形态、街区的几何形式，谨慎开发。因为，在很多城市更新中邻里社区被整体清除，封闭的街道、超大的街块以及原居民的搬迁，使得原有的社区结构被破坏，很多社会问题因此而产生。插建更新的方式能够保证城市仍有活力的组织，同时也维持了原有城市结构可辨识的原则。

2. 清除利用原则

城市中被废弃的设施用地需要被更新改造再利用，或被清除为绿地公园等类型用地。因为被废弃用地往往会成为城市流浪者或犯罪者的聚集地，成为犯罪率增加的灰色空间。因此，城市中的废弃地必须进行必要的管理及再利用，使之成为新的开发用地，或为城市居民服务的绿色基础设施用地。

3. 有机更新原则

有机更新是一种不断完善、循序渐进、持续包容的过程，应当妥善处理好目前与将来之间的关系，把握当前与未来的需求，满足不同时期的发展需要。在注重质量提升的同时，也要保持局部与整体的联系，顺应用地原始发展的规律，突出规划的完整性。

4. 片区统筹原则

城市更新需要不断结合新的发展要求，识别城市发展的战略性区域，明确城市更新和土地整备的重点地区，建立区域融合、综合发展、统筹优化、富于创新的城市空间。在片区层面能够有效整合资源，对各个更新单元进行动态调节，实现更新统筹类规划引导的弹性与实施的不确定性相结合。

5. 政府引导原则

城市更新的主体可分为政府主导和市场主导两种，无论是政府主导还是市场主导，政府在审批相关的城市更新项目时缺乏必要的依据，在这种情况下，微观项目往往逐利眼前利益和短期回报，难以为城市的总体发展提供系统的谋划和足够的支持。因此，在城市总体层面进行宏观引导就成了有效的规划管控手段。

6. 市场运作原则

在空间资源有限的条件下，城市更新要遵循政府主导、市场运作的原则。积极合理运用市场规律使城市更新成为推动城市发展的驱动力。通过市场功能盘活存量土地，释放土地潜能，提升用地质量，优化城市结构，提升城市功能，破解发展瓶颈。

7. 公众参与原则

公众参与，强调沟通协商式规划，规划完成于过程之中。公众参与原则是明确城市更新参与主体的权利与利益共享，并保障公众行使这种权利的基本原则。城市更新直接关系到每个人的生活质量和追求幸福生活的权利，也符合公众的共同利益。人们依法参与城市更新公众参与的行动，对违背公众利益的行为进行监督，同时也有促进城市更新良性实施的义务。

8. 保障权益原则

从法律层面讲，保障权益是指公民、法人或者其他组织对行政机关实施行政许可，享有陈述权、申辩权；有权依法申请行政复议或者提起诉讼；其合法权益因行政机关违法实施行政许可受到损害的，有权依法要求赔偿。在城市更新中，要保障权利人合法权益，例如，城市拆迁要做到"三先""三后"，即先协议、后拆迁，先补偿、后拆迁，先公告、后拆迁等，要满足拆迁补偿和被拆迁人的合理要求。

1.1.7　城市更新的实现维度

城市更新的难点在于资源与利益的再分配与再平衡。城市更新不仅仅是对建筑物等硬件设施进行改造，更要对生态环境、文化环境、产业结构、功能业态、社会心理等各种软环境进行延续与更新，是对城市全面的把握能力和综合运营能力。城市更新资源与利益再分配的实现与实施需要有实力和综合运营体系的城市服务机构介入。为此，上海城市更新率先提出"土地开发全生命周期管理"政策，即对土地开发和运营的整个周期进行管理，以土地出让合同为平台，将项目建设、功能实现、运营管理、节能环保等经济、社会、环境各要素纳入合同管理，通过健全经营性用地的用途管制、功能设置、业态布局、土地使用权退出等机制，加强项目在土地使用期限内全过程动态监管，让房地产开发商适应"城市运营商"的新角色，"以土地利用方式转变，倒逼城市发展转型"，从而充分发挥土地资源市场化配置作用并促进政府职能转变。

城市的更新运营包括两方面，一方面是对客观实在的实体（建筑物等硬件）空间的改造——物质环境的更新，涉及土地使用、项目建设、功能业态、视觉环境、游憩空间等；另一方面是对城市软环境进行改造与治理，即对各种生态环境、社会环境、文化环境、心理环境等的改造与延续，包括邻里的社会网络结构、心理定势、情感依恋等软件的延续与更新。总之，城市更新需要采取综合手段，对城市的经济、社会和环境系统进行全方位的改造与完善。

1. 城市物质环境更新

城市物质环境的更新是基于"城市——设计——建造"这一过程的逻辑，这一过程需要不断地适应城市发展阶段新的环境，城市更新也可以理解为社会发展需求的演化过程。当城市社区物业无法满足人民居住改善的需求，废弃的工厂或港口不满足城市用地的价值需求，衰败的城市中心区无法完成新的城市中心性功能时，城市物质环境的更新就会变得极为迫切。

物质环境更新能够能动性地整合空间要素资源，挖掘城市用地的潜在价值，优化城市资源组合与完善城市功能组织。同时，物质环境的更新能够改善城市形象，促进城市旅游发展和刺激城市的多方面需求。比如，城市旧住区的物质更新可以改善物业价值，提升居住条件，增强居民幸福指数等。

城市物质环境更新包括以下几个方面：

重建或再开发（redevelopment）：是将城市土地上的建筑予以拆除，并对土地进行与城市发展相适应的新的合理使用。重建是一种最为完全的更新方式，但这种方式在城市空间环境和景观方面、在社会结构和社会环境的变动方面均可能产生有利和不利的影响。

整治（rehabilitation）：整建，是对建筑物的全部或一部分予以改造或更新设施，使其能够继续使用。整建的方式比重建需要的时间短，也可以减轻安置居民的压力，投入的资金也较少。

维护（conservation）：保留维护，是对仍适合于继续使用的建筑，通过修缮活动，使其继续保持或改善现有的使用状况。

参考案例：北京万科时代中心 ／ SHL——"物业翻新"类改造更新

万科时代中心位于繁华的北京朝阳区十里堡，是一个充满创意的全新城市综合体。它是万科首个城市综合体改造工程——将一座老旧的购物中心，改造复兴为一个充满活力的城市中心。原建筑主体由四层规整的矩形平面构成，中间有一个服务于空间流线的小型采光中庭。万科委托丹麦 SHL 建筑事务所，改造设计融合精品商业、文化办公、大型艺术装置、多功能展览空间和"冥想竹园"于一体。改造后的万科时代中心，成了融合零售商铺、办公、绿色空间和活动场所的新型城市地标。

万科时代中心注重匹配北京文化中心的定位，在国家文化产业创新实验区的核心地带内，致力于打造成为新型文创综合样本。该项目的改造核心就在于腾退空间再利用、文创上下游产业链接、创新空间价值及优化创业环境。在限定了建设用地规模的背景之下，城市更新各方愈发重视老旧建筑在经济、文化和生态层面的价值，期望通过城市更新改造挖掘建筑潜能，使其重焕生机的同时带动片区的可持续发展。万科时代中心就是典型的对老旧物业建筑本身进行翻新改造，以优质的设计以及项目包装为卖点，使其更加适应当下社会经济发展，提高存量物业价值，最终通过收租或者出售获取收益的城市更新项目（图 1-3）。

资料来源：https://www.archdaily.cn/cn/901078/bei-jing-mo-ke-shi-dai-zhong-xin-shl

图 1-3 北京万科时代中心

图片来源：https://www.archdaily.cn/cn/901078/bei-jing-mo-ke-shi-dai-zhong-xin-shl

2. 城市经济环境更新

在一座城市的正常更新过程中，经济因素是导致城市更新发生的主导性原因。城市空间无疑是一种短缺资源，空间生产是资本驱动的结果，因此也具有相应的经济过程。戴维·哈维认为城市很大程度上就是资本生产体系不断变化的结果，此外也要考虑到政治决策、社会规范的约束。外部性经济问题是城市更新中的一个重要的问题，在进行公共政策制定的时候，都会用到外部性经济的理论和分析方法。城市更新中的经济因素还包括产权变更与土地处置、拆迁与补偿利益分配、更新周期与成本收益等，由于外部性经济无论是政府主导还是市场主导，都存在公共利益和私人利益难以平衡的问题。因此，城市更新需要政府统筹更多政策、制度和财政保障，促进社会资本正向积累，鼓励合作经营多种经济主体，推动长期衰败地区的更新建设。

以经济学的视角，城市想要让人们能够留下来生活、享受娱乐活动，其最基本的服务功能就是如何让人们获得维持生存的资本。城市的增长、收缩、转型、衰退反映了城市经济社会的走势，也反映了城市规律演化的机理。作为城市治理的主体，城市政府需要提前洞悉城市的未来，科学引导城市的产业转型与升级。一些城市政府或将稀缺的土地资源作为最为有效的调控手段，以获得强劲的市场动力促进城市更新得以实现，这也是城市更新的常见手段。

因此，城市经济环境的更新需要我们洞察城市在产生、成长、城乡融合的整个发展过程中的经济关系及其规律。运用经济分析方法，分析、描述和预测城市现象与城市问题。研究重点为探讨城市重要经济活动的状况，彼此间的互动关系，以及城市与其他地区和国家的经济关系等。

城市经济环境更新需要借助一定的物质空间、社会经济、政策制度的改善媒介，其研究内容主要有：

（1）城市经济结构与城市成长。包括城市产生、城市化、郊区化、都会化、城市衰退、城市发展结构、城市特性、城市规模、旧城更新、新城建设等。

（2）城市内部结构。包括土地利用、住宅、交通等。

（3）城市公共服务及福利设施。包括城市财政、公共服务设施（如水、电、公园等）的供需状况。

（4）城市人力资源经济。包括就业、消费、迁移、贫民、人力资源、投资等。

（5）环境与城市生活质景。包括公害预防及处理、防范犯罪、旧城改造等。

（6）城市发展政策。

3. 城市社会环境更新

人类的根本属性在于其社会性。以社会学视角，城市已有的空间结构组织具有一定的合理性，改变现有城市空间的构成必然会对原有的社会环境造成影响。因此，城市更新必然产生社会环境的更新，如何在城市更新的同时创造一个包容性、韧性的社会空间才是城市发展的根本目标。在美国的诸多城市中，在保持城市中心的活力方面，旧金山的许多做法值得我们借鉴。旧金山为解决长期的住房短缺，不断在市区甚至包括曾经的工业区内增加新的居住社区。旧金山的市中心从来没有像美国许多大城市的城市中心那样流失大量居民，尽管居民也会因为经济压力而进行迁移，但市中心仍然保持着对多数人的吸引力。

反思我国在几十年快速城市化的过程中，大面积泼绿、大手笔开发的背景下，城市空间不断的绅士化，城市尺度更不断的巨型化，城市阶层渐渐的分化、固化——城市所形成的社会空间环境更新的诸多问题是值得我们不断思考的——重建城市的内部结构，不断激发城市的内在活力是城市社会环境更新的重要任务。在新兴城市中，我国改革开放的前沿——深圳的城市社会空间结构变革最具代表性，深圳从一个小渔村迅速发展成为大量外来人聚集的现代大都市，是一个典型的移民城市。在总结了社会变迁的诸多经验教训之后，深圳开始对城中村（我们可称之为非正规空间）采取了"包容性整治"的态度，这一举措的转变对我国其他城市的更新方式有着积极而深远的意义。人们逐渐认识到——尊重原有的社会结构或者优化原有社会环境是城市更新焕发城市活力的重要目标，这也是城市社会环境更新的基本内容。

4. 城市文化环境更新

城市文化是一个城市所有历史人文因素的集合体现，对于城市文化的理解有利于理解城市形态格局的形成，同时，城市更新的过程之中也要充分尊重城市的历史人文、底蕴积淀、民风民俗等。城市不是一天出现的，城市的文化也是，正因如此，在对城市文化环境进行更新设计时，一定要遵循一定的方法。

文化与空间、社会是"一体三性"的关系。作为社会的人，城市社会的经济行为与竞争无时不受社会习俗和文化传统的限制。城市土地的利用有些完全是出于非经济目的，或者说是由社会文化因素所决定的。此种情况，文化就成为一种完全独立于经济与竞争范畴的生态因素。在城市文化学派看来，"理性的适用土地及其空间资源"中的"理性"这个概念本身必须耦合某种特殊的社会价值观，而不同的社会与民族价值观，最终形成了城市风格各异的外在表现。

文化包罗万象，其中一部分是有形可见的，更多的是内在无形的。城市更新涉及有形和无形文化环境的更新，有形文化环境包括有形的元素和形式，如文化设施、文化建筑、文化符号及其载体；无形的理念和精神，实际上包括了社会治理、道德水平、生存理念、乡风民俗等一系列复杂的文明话题。

城市文化环境更新包括以下概念内涵：

文化设施：文化设施是营造文化环境不可或缺的重要内容，城市更新的文化设施的补充与完善，要充分结合历史建筑与建成环境，符合社会文化价值取向和社区民众的文化需求。

文化保存：不论是传统的旧街区还是新建的现代街区，都是展示城市文化的重要场景，在城市更新中保护、保存传统历史文化街区、延续保护传统非物质文化形态都是重要的文化复兴活动。

文化展现：在城市正确的文化取向和文化定位的前提下，城市文脉的延续，民风民俗的展现都体现着现代文明的风采，文化传播、文化活动、文化景观对城市文化环境的更新与营造都有着巨大的影响。

文化经济：文化经济是指把文化遗产作为重要的经济资源来开发，文化经济作为一种新兴产业形式正影响着城市的经济形态，特别是对具有文化底蕴的城市可持续产业培育，有利于促进落后地区的城市文化经济发展。

城市更新演替的文化嬗变有着诸多的历史教训，特别是生产方式全球化技术的发展和对经济利益（市场卖点）的追求，使得在城市更新中的地域文化特色渐趋衰微。欧洲城市更新中从形体规划认识向人文规划的转向为我们提供了重要的历史经验借鉴（图1-4）。因此，在城市更新中，如何认识我们身处的物质环境、

图 1-4　经历历史变迁的巴塞罗那老城
图片来源：http://pic.sogou.com

社会环境、经济环境和文化环境，在市场机制的作用下如何有效提升环境的社会
文化价值，同时改善城市的机能，完成有机的城市更新，最终达到城市形态的整
体和谐——这是我们不断努力的方向。

参考案例：文化驱动的城市复兴

　　伦敦的泰晤士河穿城而过，将城市分为南北两个部分，南岸过去曾经是码头和仓库、
低端的商业和娱乐地区，经济活力弱、公共服务设施不足。南岸地区的城市更新将现代艺术
和文化复兴作为推动策略，带动了泰晤士南岸的成功转型。

　　20 世纪 90 年代中期，伦敦启动了南岸复兴工程，进行了一系列文化功能的复兴、文
化空间的再造和文化品质的提升。泰特现代美术馆、莎士比亚工作过的环球剧场的恢复，国
家剧院、英国艺术中心、达利作品纪念馆改造等，带动了南岸地区整体品质的提升，办公室、
剧场、电影院、画廊、餐厅、咖啡、酒吧等日益增多。在南岸还建了很多标志性的建筑，如
世界最大的摩天轮——"伦敦眼"、建筑大师诺曼·福斯特设计的人行步行桥——"千禧桥"，
进一步增强了南岸地区的多元文化特色。除了文化设施的建设，复兴计划还致力于提升当地
社区活力，更新公共服务设施，促进社会和谐以及地区经济的可持续发展，从而彻底改变了
原来贫穷混乱的局面，使当地居民以及更多的旅游者都喜欢上这个迷人的、艺术文化氛围浓
郁的新兴地区。

　　资料来源：http://www.360doc.com/content/19/0811/10/17524610_854196718.shtml

1.2 城市更新的动力机制

1.2.1 城市复兴的行动计划

    城市更新的基本需求源于经济衰退和物质衰败，其空间表现在中心城区产业调整活力不足和城市建设用地增量限制。城市在其长期的演变与发展的过程中，由于不同时代的功能需求演化，城市会积累不同时代的弊病与不足，尤其是在快速工业化、城市化的大背景下，城市本身的产业结构在经济重组的情况下迅速升级转型，或是从此衰败（比如以底特律为代表的美国东北部的锈带城市）。联合国人居署对发展中国家 1408 座城市的分析表明，至 2005 年全球每六个城市就有一个城市在经历人口减少或者衰退。20 世纪 70 年代，北美城市规划引入了"城市复兴"的理念。"以综合或整合的视角并通过行动，引导城市问题的分析，寻求转型地区持续增长的条件，其中包括经济、形态、社会和环境等方面的内容"。在以城市复兴为目的的政府行动计划中，通过规划职能，引领经济社会发展是推动社会发展、体现治理能力的重要方式。城市政府希望借助城市更新，调整城市的产业结构、吸引外来投资、重塑城市形象、提升城市竞争力、改善城市生存环境等促进城市的复兴与活力再造。

    以英国为例，20 世纪 90 年代开始倡导城市复兴政策，关注的重点从局部项目转向城市整体，从物质改造转向经济发展以及物质环境和生活质量的改善。尽管城市复兴政策的中心议题仍然是地区开发，但核心内容、终极目标和实现方式已发生变化，涉及就业住房、医疗卫生、市政交通、环境生态、社会治安等诸多方面[1]。1946 年至 20 世纪 90 年代的几十年间，伦敦进行了计划色彩浓厚的卫星城建设、新城规划、人口疏解和产业转移。政府颁布了《新城法》和《新城开发法》，组建专门的新城委员会，制定了新城规划的基本原则。这一被视为世界城市规划经典案例的新城计划，解决了当时困扰伦敦的人口过分集中、交通拥堵和环境污染等问题。与此相伴，伦敦市区大量人口和工作流失，这在一定程度上导致了伦敦的衰败。新城计划实施的 40 年中，产业和人才的转移以及宏观政策的失误，使得伦敦内城出现了严重的财政问题、就业问题、发展不均以及犯罪吸毒等社会问题……此后，一场宁静却深刻的城市革命在 21 世纪初的英国悄悄展开，

[1] 罗翔. 从城市更新到城市复兴：规划理念与国际经验 [J]. 规划师，2013，29（05）：11-16.

这场社会运动的核心即是城市复兴。2002 年下半年，伦敦政府的"伦敦重建（城市复兴）计划 2003—2020"展开，预计耗资达 1100 亿英镑。该计划以进一步提高伦敦的城市国际竞争力为核心，目标是使伦敦在居住质量、空间享受、生活机会和环境保护等诸多方面都处于欧洲的领先地位，使每一个伦敦人乃至英国人都为之自豪。伦敦重建（城市复兴）计划同时重视中心区域的活力重聚，以及其他区域的均衡发展，以实现产业的百花齐放和人口的合理分布。未来的伦敦确定了"多中心、分散式"发展格局，每个中心承担的功能都颇为多元。例如，金斯顿或将成为高等教育、休闲娱乐中心；布伦特或将成为咨询服务、零售业中心；希灵顿或将成为物流、运输、娱乐中心。伦敦重建计划逐渐明确了伦敦新的城市经济的功能定位，即以发展总部经济、金融业、商业服务业为核心策略的伦敦经济发展战略。此外，伦敦的旅游业及文化创意产业发展都为伦敦城市的复兴起到了重要的推动作用 [1]。

1.2.2 资本逐利的生产逻辑

戴维·哈维是美国当代新马克思主义学派的旗手，他提出的"空间转移理论"（Space Transfer Theory）系统阐述与解释了城镇空间的建造、发展、更新背后的原因，是理解资本运作与城镇空间关系的理论工具 [2]。事实上，大多数发达国家在城市更新中是将新经济作为重要手段实现内城复兴，以期在生产价值链的设计研发和服务销售环节创造更多价值。所谓"新经济"是"后福特主义"经济衍生的，被界定为一种复杂的经济组合，包括"新产业"（neo-industrial）的项目密集组合形式或者混合制造业和服务业的复合经济（hybrid industry）。以新经济为载体的城市更新和内城复兴大多在两方面发生，一是在城市的原有工业用地基础上通过级差地租实现，二是伴随在由产业服务化和文化转向衍生出的城市更高级的新兴产业。新经济的组织要素是高密度的人口、建筑、财富和信息，用以满足集中性和多元化的需求。

随着城镇化不断推进和房地产市场快速发展，我国城市建设正从新建逐步转向以存量为主的时代。与此同时，城市中心尤其是以深圳、上海、北京、广州等

[1] 杜坤，田莉. 基于全球城市视角的城市更新与复兴：来自伦敦的启示 [J]. 国际城市规划，2015，30（04）：41-45.
[2] 朱轶佳，李慧，王伟. 城市更新研究的演进特征与趋势 [J]. 城市问题，2015（09）：30-35.

一线城市为代表，中心区新增土地已经处于极度稀缺的状态，城市更新逐渐成为城市发展的新增长点。在城市更新中，城市政府作为城市运营的操盘者、城市政策的制定者、城市规划的执行者，然而，在监督、问责机制不健全的情况下，信息的隐蔽性能够让政府显性、隐性的政绩成本得到最小化的处理以及背负最小的舆论压力——这就产生了城市政府在更新项目中的法律风险及规避问题。各级政府的作用与目标是不同的，中央政府代表了城市更新的长远利益、全局利益与整体利益；城市政府作为公共部门，公共利益是其核心利益；经济利益集团永远是追求利润最大化的商业机器；而社会组织和社区公众则是关注能否享受到城市更新的成果利益。因此，城市更新的过程可以认为是各种利益团体如何通过资源的分割实现自身的利益诉求及既定目标。

城市空间是资本作用的产物——空间生产的逻辑——既然要做城市更新，需要资本赚到钱，资本逐利是空间生产的逻辑。资本是有原始逐利特征的，城市更新实际上就是利益的重组，包括政府、发展商、运营商、资本，都有既有的利益。利益分配的平衡在某种程度上来说，是决定城市更新效率的。在城市更新过程中，资本逐利的特征也容易造成城市政府"企业化"现象严重，政府摇身一变成为超级企业。这对于公共利益的追求成为谋取利益的借口与挡箭牌，究其原因，根源于城市政府的监督监管与绩效评价体系的不健全。城市更新中政府的角色主要应提供政策供给与制度供给，提供政策性规划而非具体的开发规划，建立容积率市场、配置初始开发权、建立城市更新基金等，以平衡逐利；政府由规划的制定、实施者转化为规划的审批和开发的监管人，由运动员转化为裁判员。政府应体现整个城市层面的共同发展、经济效益和社会效益共同体现的需求。

1.2.3 低效激活的实现规律

资本的空间生产是以价值增值为目的，城市更新利用不同类型用地巨大的土地价差，实现低效激活资产增值的目的。盘活城市低效建设用地，进而激发城市存量活力。在土地资源日益紧缺的同时，几乎所有城市还都存在大量宝贵的土地资源低效利用的不合理状况。由于历史原因，许多区位良好、配套齐全的优质空间资源被一些低层次产业占据，这些产业占地大、能耗高、污染严重、产出效率不高。存量优化即针对存量空间资源，将具有区域战略价值的重要节点地区改造提升为城市核心竞争力的职能集聚区；增加城市发展极核，推动空间结构向多中心发展；提高适宜区位土地的开发强度，提高土地资源的综合承载力；突出城市特色，提高城市服务功能和空间环境质量。

在城市发展中建设的资金筹措是重点，城市更新通常通过利用土地资源、开拓城镇发展空间或整合存量低效使用的土地，来吸引社会资金的参与，并通过土地用途的调整和市场价格的补偿，实现土地高效集约的利用方式，从而带动土地升值，实现城市空间的再利用。从不动产的使用和地域属性来讲，调整土地用途可以使土地价值迅速放大，重新焕发活力，这也是很多城市更新资本进入城市更新项目的核心所在。广东省的"三旧"[1]改造模式，就是通过利用"三旧"低效使用的土地，进行更新设计和更改土地用途，提高单位土地的产出效益。"三旧"改造在具体的操作中，通过征收、置换和自主改造等多种方式综合运营。在运营的过程中，也要做到尊重市民和村民意愿，广泛的公众参与改造过程，从而实现多方的共利共赢。

需要特别指出的是，城市更新中低效激活的一个典型的方式是"适应性的重新利用"（Adaptive Reuse）。它既不是一种完全的保护（Conservation），即仅仅强调对旧建筑的保留或修缮，也不是那种连根拔起的完全的拆除（Demolish），即通过抹去拆除建新的手法来对城市进行激进重建。"适应性改造"是一种比"完全的保护"和"完全的重建"有机的一类城市更新行为。它强调的不是静态的物理环境的保存，而是在既有物业的建筑、文化和环境品质的认知基础上，对其在功能、业态上进行开发与重新激活。它是一种城市生长的范畴，亦是当下我国城市更新应该着重发展的方向。

参考案例：优客工场——低效激活、优化共享

优客工场是当前共享经济模式下的一种新型办公模式。优客工场以空间为平台，以构建共享办公空间为目标，为创新企业提供全产业链服务，建设基于联合社群的商业社交平台和资源配置平台。它主要是对包括超市、商场、厂区和旧写字楼在内的交通便利的无效低效存量资产升级改造为灵活、方便、高效率和经济的联合办公空间，通过资源共享，降低小微企业办公成本，通过全球物理空间体系的搭建，降低全国乃至全球布局企业的城市扩张成本，提升办公效率。

在建筑内容上，优客工场已经形成了一整套独创的社群生态运营逻辑，即：产品即场景、

---

[1] "三旧"改造是指"旧城镇、旧厂房、旧村庄"改造。

分享即获取、跨界即链接、流行即流量，将老旧的城市空间改造成更开放、更自由、更有激情的工作环境。目前，优客工场已搭建空间和服务的整合平台，通过实体媒介和虚拟网络将越来越多的优质生态企业连接起来，初步形成了价值共创、信息共通、利益共享的企业生态圈，与共享办公空间商业模式形成长远发展线路相契合。

1.2.4 刚性管理的统筹管控

随着城市存量阶段的到来，土地刚性约束使城市化必须借助于城市更新，同时，城市的社会矛盾与公平效率问题，使城市更新成为[1]促进城市发展的重要途径。框定总量、限定容量、盘活存量、做优增量、提高质量是对存量时代的要求，更是对城市更新的具体要求。城市更新在推动城市土地集约利用、保障城市发展空间、提升城市综合能级等方面能够发挥重要作用。这就要求城市更新规划在统筹能力、内涵拓展、更新管理等方面的高质量标准。城市更新强调统筹管控能力，一方面，实行城市更新的规划计划体系，要求搭建由中长期规划及年度计划组成的城市更新目标传导机制，进行前瞻性和综合性的指引；另一方面，强化计划调控抓手，按照年度制定城市更新单元计划、规划和用地出让任务指标，搭建涵盖任务下达、过程跟踪、年终考核的年度计划管理机制，保障中长期规划的有效落实。

例如：深圳市存量阶段的刚性管理，通过城市更新促进城市功能完善与价值提升。据统计，2012年以来，深圳城市更新供应用地连续6年超过200公顷，2017年甚至达到261公顷，城市更新成为深圳土地供给的重要手段，直接影响城市转型升级。比较深圳土地利用总体规划和城市更新十三五规划，土地利用总体规划至2020年全市建设用地总规模控制在1004平方千米以内，2017年底现状建设用地996平方千米，至2020年末未开发建设用地总量仅存8平方千米。而根据城市更新"十三五"规划数据至2020年全市潜力更新用地总规模为308.8平方千米，占全市已建用地31%。在片区统筹的具体层面，深圳单个更新单元面积相对较小，腾挪空间有限，大型公共设施和部分厌恶型设施无法落实，迫切需要从片区层面开展统筹研究。而片区统筹涉及主体较多，统筹难度大，推进过程中可能存在很多具体的困难。针对上述问题，深圳《关于深入推进城市更新工作促进城市高质量发展的若干措施》对规划统筹强调"刚、弹结合"，并分

---

[1] 姜杰，贾莎莎，于永川.论城市更新的管理[J].城市发展研究，2009，16（04）：56-62.

别说明了刚性管控和弹性管理的内容。实施统筹强调要在取得相关权利主体共识的基础上，制定片区利益平衡方案，可以综合运用多种实施手段推进，保证公共利益用地的优先落实。

1.2.5 公私合作的运行机制

公私合作的伙伴关系在西方国家的城市更新领域是一种常规的运行机制。城市更新中单靠政府的力量显然无法承担，需要借助私营部门的力量进行投资开发。相应地公司合作机制——公司合作伙伴关系（Public-Private-Partnership）应运而生。PPP 是指政府部门与社会资本签订长期合作协议，授权其与政府部门合作或代替政府部门生产或提供公共服务的一种机制。"Public"为政府部门或政府授权投资机构一般为项目发起人，"Private"为私人资本，一般称为社会资本，包括企业、社会组织、外国投资者等。在 PPP 项目中，更加强调发挥政府与市场的合力，利用社会资本，弥补政府投资不足的融资机制。PPP 逐渐被发达国家普遍使用，成为城市更新中一种主要的运行机制。

1.2.6 多元投融资激励机制

良好的城市更新既需要获得合理架构的资产、需要对城市更新项目持续运营，同时需要叠加优化资源配置的金融支持。城市更新与传统的房地产是截然不同的，城市更新不能简单地理解为传统的房地产，证券化将是它最大的金融特点。以"旧楼改造、存量提升"为核心的城市更新业务逐渐丰富，而城市更新项目一般都需要大量的资金，在美国、新加坡等金融工具较为完备的发达国家，城市更新已经是一个成熟的商业市场。在我国以资本运作方式获取回报的城市更新才刚刚起步，城市更新项目若能借助资产证券化等金融工具，能够实现巨大的经济效益与强烈的社会认同，让老旧资产焕发出新的生命力。"资产证券化 + 城市更新"是资本市场更高效参与城市更新的创新模式，是中国城市走向可持续发展的有效途径，更是一片亟待各方共同开拓的蓝海市场。

1.3 城市更新的约束机制

根据机制理论的相关原理，"激励相容"（incentive compatibility）是指在市场经济条件下，每个参与人都是作为理性经济人出现的，都有其自利的一面，如果能够设计一种机制使得每个参与者在追求个人目标的同时，也正好能达到机制设计者所要实现的目标，那么这个机制就是激励相容的。

1.3.1 市场机制的约束

在城市更新中，公共资金的缺乏使得城市政府往往允许企业集团承担城市部分公共服务职能或负责城市公共空间的建造，通过公私合作得以实现。在市场经济条件下，合理利用私人资本，减轻城市政府负担，科学分配增值收益，做好社会保障与激励，通过市场机制的约束实现城市更新是良性的激励相容的表现。城市的商业集团和金融机构通过市场竞争获得城市更新的开发或运营权力，通过开发前后的价格差盈利或者通过提供金融服务等方式盈利。

在政府主导的传统模式下，通常是"政府收储—拆迁安置—政府出让土地"的方式进行城市更新。通过市场机制的作用，允许由权利主体自行实施、市场主体单独实施或合作实施城市更新。所有权利主体可以通过形成单一主体与原继受单位签订改造合作协议，突破政府主导的传统做法，即市场主导、政府引导。政府负责规划和搭建平台，单一市场主体单独实施更新或由开发企业合作实施，土地增值收益合理分配、利益分享。城市更新需要通过市场机制有效保障、制度激励、合理推进。

1.3.2 社会公平的约束

土地与资本的结合是实现市场机制的完美运行，但是如果对于城市更新的多元利益集团缺乏约束往往会造成社会公平正义的严重失衡问题。因为，在城市更新时诸如城区衰败与社会就业等问题并不是社会资本所需承担的公共责任，但是如果简单地采取拆除重建只会将贫困人口移除到另一个贫民窟。尽管更新地区居住环境恶劣但社会邻里依然存在，很多拆迁的冲突就是因为社区邻里缺乏安全保障和生活稳定，比起居住环境问题，其社会问题是更加难以治愈的。此外，权力与资本的结合容易产生"官商勾结"，形成对弱势群体的空间剥夺。对此，政府必须充分让利，才能激发市场力量，同时需要公平机制、平衡逐利。总之，物质改善和更新的最终目的是用来满足城市和最终使用者需求的，因此，维护公众利益、保障社会公平是城市更新的重要约束机制。

1.3.3 行政权力的约束

在市场的力量可以自由发挥时，作为平衡竞争与合作的政府职能依然需要发挥积极的作用。城市形态更新的基本动力来源于城市的内生需求，并在城市更新的驱动机制与约束机制的共同作用下，通过目标化的运行管理来完成，从而实现城市更新形态可控的目的。目标化的运行管理就是要充分发挥政府的行政权力作用、结合社会监督与公众参与的约束，体现市场机制的基础配置作用，即低效激活、平衡逐利，最后达到城市有机更新的适宜形态。

多年来，政府在与市场的博弈中，越来越清晰地认识到，仅仅通过政策来保障公共服务、促进产业发展等城市发展目标是远远不够的，政府必须加强统筹，建立平衡"逐利"的约束机制保障城市更新的良性发展。平衡"逐利"是通过空间议价的手段来实现的，可通过城市更新单元内要求无偿移交给政府，用于建设城市基础设施、公共服务设施或者城市公共利益项目等，根本性地改变城市更新的管控机制，维护城市公共利益、实现城市有机更新。

1.3.4 公众参与的约束

公众参与也称为协商共识，城市更新作为居民共管协商、社会博弈妥协的产物，虽然最后的解决方案未必是最漂亮的，但是却是最能够达成普遍接受的、有利于城市治理的最优化选择。但我国目前的公共参与制度仍停留在初级阶段，缺乏互动机制的公众参与并无实际作用，容易沦为形式主义。实质性增加公众参与会增加政策制定的成本及时间成本。且每个市民均从个人利益出发，与政策制定的目的——福利最大化，即努力达到帕累托最优[1]——或产生冲突。因此，公众参与的约束在我国的城市更新中，还有相当长的理论和实践道路要走。[2] 公众参与要求我们改变公众与规划决策隔离的现状，公众参与不只是市民被动地接受规划教育，更重要的是公众利益的代言人能够进入城市更新的决策团体，真正实现公众参与的效力。

---

[1] 帕累托最优 (Pareto Optimality)，或帕累托最适，也称为帕累托效率 (Pareto Efficiency)，是经济学中的重要概念，并且在博弈论、工程学和社会科学中有着广泛的应用。指的是资源分配的一种理想状态，假定固有的一群人和可分配的资源，从一种分配状态到另一种状态的变化中，在没有使任何人境况变坏的前提下，使得至少一个人变得更好。帕累托最优状态就是不可能再有更多的帕累托改进的余地；换句话说，帕累托改进是达到帕累托最优的路径和方法。

[2] 何舒文，倪勇燕. 从四个角度看中国城市更新的本质 [J]. 现代城市研究，2010，25（03）：91-95.

1.4 城市更新的运行与管理

1.4.1 城市更新的制度建设

由于城市发展阶段的不同，我国各地在城市更新制度建设方面不尽相同。珠三角、长三角等经济发达地区由于可建设用地稀少，较早进入了存量用地二次开发的城市发展阶段，也因此形成了相对健全的城市更新制度。

以深圳市为例，以 2009 年广东省《关于推进"三旧"改造促进节约集约用地的若干意见》实施为起始点，深圳市开始搭建适应现代"城市更新"为导向的制度框架，并随着城市更新类项目的实施和落地，不断地完善制度框架和制度体系，基本"两年一小改，三年一大改"，优化和校核已颁布的制度，补充颁布新的城市更新制度，不断地促进城市更新制度的完善化和规范化，现已出台的各类城市更新规章政策基本覆盖了从立项、编制，到审查、实施等全流程各个阶段。

1. 深圳市城市更新主要规章及机构成立时间（图 1-5）

2009 年，国内第一个全面系统地规划和指导旧城改造实践的政府规章——《深圳市城市更新办法》实行，深圳也成为全国最先迈入城市更新常态化和制度化阶段的城市，城市更新的规章制度及更新机构先后建立。

2. 深圳市城市更新主要规章政策

城市更新的制度建设涉及城市发展的方方面面，包含了以核心政策为主体的操作流程、技术规定和审查规范等（表 1-1、图 1-6）。

深圳城市更新制度的制定层面 表 1-1

	制定层面	规章内容
1	法规层面	《深圳市城市更新条例》（编制中）
		《深圳市城市更新办法》（2016）
		《深圳市城市更新办法实施细则》（2012）
2	政策层面	《关于加强和改进城市更新实施工作的暂行措施》（2016 版）
		《深圳市城市更新历史用地处置暂行规定》
		《深圳市城市更新土地、建筑物信息核查及历史用地处置操作规程（试行）》
		《深圳市宝安区、龙岗区、光明新区及坪山新区拆除重建类城市更新单元旧屋村范围认定办法（试行）》

续表

	制定层面	规章内容
3	技术标准层面	《深圳市城市更新单元规划编制技术规定》（2018版）
		《深圳市综合整治类旧工业区升级改造城市更新单元编制技术规定（试行）》
		《深圳市城市更新项目保障性住房配建比例暂行规定》
		《深圳市城市更新项目创新型产业用房配建比例暂行规定》
4	操作层面	《深圳市城市更新单元规划制定计划申报指引》
		《城市更新单元规划审批操作规则（修订版）》
		《城市更新单元计划审批操作规则》
		《关于明确城市更新项目用地审批有关事项的通知》
		《深圳市综合整治类旧工业区升级改造操作指引（试行）》
		《深圳市城市更新单元规划容积率审查技术指引（审查）》（2015年版 +2016年第七条增补）

资料来源：本书作者根据相关资料整理

图1-5 深圳市城市更新主要规章及机构成立时间

资料来源：本书作者根据相关资料整理

1.4.2 城市更新的组织机构

当前我国各地的城市更新组织机构主要集中于城乡规划管理部门，城乡规划管理部门如自然资源局、规划和自然资源局等下设三旧改造办，负责统筹辖区内各类城市更新项目。对于广州、深圳等较早开展城市更新的城市，成立了城市更新专设机构，如广州的城市更新局、深圳的城市更新和土地整备局（机构设置根

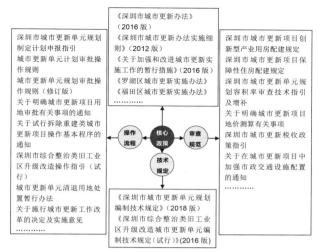

图1-6 深圳城市更新的制度建设框架

资料来源：本书作者根据相关资料整理

据当前市情、历史因素确定，总体而言对于存量土地开发为主的大城市，均应设置专门的城市更新机构，明确事权，推动更新）。

广州市城市更新局规定的主要职责是：

（1）贯彻执行国家、省、市有关城市更新和"三旧"改造的法律、法规和政策；组织城市更新政策创新研究，起草相关地方性法规、规章，拟订有关政策、标准、技术规范，经批准后组织实施。

（2）组织编制城市更新规划、总体工作方案，制定城市更新中长期及年度实施计划，经批准后实施。

（3）负责城市更新资金的统筹管理和监督使用。拟订年度城市更新专项资金安排计划，拟订涉及城市更新项目类城市维护建设资金使用计划；负责城市更新专项资金分配划拨；负责城市更新项目利用国家政策性资金的审核工作。

（4）统筹城市更新项目标图建库和测绘工作，负责城市更新项目涉及的各类历史用地完善手续报批工作，负责城市更新项目完善历史用地手续后的供地审核。

（5）统筹全市城市更新改造项目；按规定程序组织划定城市更新范围，核定年度改造项目；负责政府主导城市更新重点项目的实施工作。

（6）负责组织城市更新项目可行性研究和论证，组织编制城市更新片区策划方案，组织审核城市更新项目改造方案。

（7）负责统筹城市更新政府安置房的筹集与分配工作。

（8）组织城市更新范围内的土地整备工作，负责协调城市更新范围内土地储备相关工作，指导监督纳入年度城市更新计划的土地房屋征收、协商收购、土地整合归宗的组织实施工作（已纳入市年度土地实物储备计划范围的除外），组织城市更新项目涉及的集体建设用地转为国有建设用地的审核报批。

（9）负责城市更新有关科研论证、信息交流、宣传教育的管理工作，负责统筹推进城市更新信息化建设及信息、档案、综合统计工作。

（10）指导、协调、监督各区城市更新工作，负责全市城市更新项目批后实施的监督和考核。

（11）承办市委、市政府和上级主管部门交办的其他事项。

深圳市城市更新和土地整备局的主要职责是：

（1）贯彻落实市委、市政府、市查处违法建筑和城市更新工作领导小组及市规划和自然资源局的有关工作部署和决定，组织协调全市城市更新、土地整备工作。

（2）拟订城市更新和土地整备有关政策、规划、计划、标准并组织实施。拟订土地储备有关政策、计划并组织实施。组织起草有关地方性法规、规章草案。

（3）统筹协调全市土地整备资金计划，按权限管理相关土地整备资金。

（4）指导和监督各区开展城市更新和土地整备工作。

（5）完成市委、市政府和上级部门交办的其他任务。

（6）职能转变。市城市更新和土地整备局应当强化统筹协调、制度设计、政策制定、监督检查等职能，优化体制机制，推进管理重心下移，充分调动各区积极性，推动城市更新和土地整备工作高质量发展。

深圳市城市更新和土地整备局设下列内设机构（正处级）：

（1）综合处。组织起草城市更新和土地整备的地方性法规、规章草案。承担全市城市更新和土地整备工作的监督检查、统计宣传等工作。组织协调全市土地整备资金计划及管理。

（2）计划处。牵头编制全市城市更新和土地整备工作的中长期规划、年度计划，并开展相关制度建设。编制全市土地储备计划、年度计划。牵头制定全市城市更新和土地整备工作的政策、标准、实施细则及业务流程。负责整合及优化城市更新和土地整备的业务事项。承担城市更新单元计划的备案及重点城市更新单元计划的上报工作。

（3）更新处。牵头编制全市城市更新专项规划。开展城市更新规划、用地的制度建设。指导和监督各区开展城市更新工作。

（4）整备处。牵头编制全市土地整备专项规划。拟订土地储备相关政策。开展土地整备的制度建设。审核报批土地整备工作中的土地置换、留用土地、征地返还用地、安置用地的安排及其涉及的规划调整。指导和监督各区开展土地整备工作。

需要指出的是，广州与深圳两地虽同为设置城市更新的专门机构，但在行政层级上略有不同，广州城市更新局是依托原广州市"三旧"改造工作办公室基础上成立的机构，属于正局级单位，直接隶属广州市政府管理。深圳市城市更新和土地整备局是副局级单位，由深圳市规划和自然资源局统一领导和管理（图1-6）。

1.4.3 城市更新主要流程

我国各地因城市更新组织方式的不同，其主要流程呈现不同的情形。以广州、深圳等城市更新走在前列的城市为例，城市更新的流程基本涵盖四个阶段：计划立项、专项规划、确认实施主体和获取土地证。

1. 计划立项

计划立项是指在项目征得各权利主体意愿，并达到申报计划合法权属比例后，经过区更新主管部门审议该更新单元，最终列入城市更新单元计划的项目。简单来说就是向有关部门申请项目立项，满足相关条件后登记备案，最后进行公示。

做计划立项的目的是为了让政府能更好地进行管理，让城市更新项目能有序地、规范地进行；同时满足利益相关方的知情权，减少后续工作的阻碍，减低不可预见的一些风险；最终公示则是向社会公众宣布该项目可以做了，也标志着城市更新管理部门对权利主体申报项目的认可，可以推动进行下一步专项规划设计。

对于深圳来讲，计划立项需要符合相关条件：（1）满足规模，原则上拆除范围的用地面积不少于1万平方米；（2）为民生做出贡献，无偿移交政府用于各种公众性的用地面积不少于3000平方米，且不小于拆除范围用地面积的15%，实例中的项目基本远远大于这个贡献率；（3）五类合法用地比例不少于60%，包括具有合法手续的用地、城中村用地、旧屋村用地、房地产登记历史遗留处理用地和城市化历史遗留违法建筑处理用地等；（4）符合意愿，单一地块：①单一权利主体，同意。②按份共有，三分之二以上共有人同意。③共同所有，全体共有人同意。④建筑物区分所有，专有部分占建筑物总面积三分之二以上，且占总人数三分之二以上权利人同意。多个地块：符合上述规定的地块总用地面积应当不少于拆除范围的 80%；（5）达到相应年限，旧住宅需 20 年以上，旧厂房、商区需 15 年以上。

2. 专项规划

专项规划即对城市更新单元做出细化规定。分析现状，交代研究未来规划情况，含更新范围、目标、更新方式。地块划分、开发强度、功能配比，说明地区空间组织，建筑形态控制；原城市公共开发空间节能环保方面的措施。移交用地面积，人才用房配建比例，产业用房配件信息，公共设施配套市政等。

专项规划要做到明确更新单元规划强制性和引导性内容，明确城市更新单元实施的规划要求，协调各方利益，落实城市更新目标和责任。简单说就是给政府一个交代，要建什么、怎么建、如何解决待定问题等。

3. 确认实施主体

确认实施主体就能正式获得拆迁、补偿的资格。实施主体的任务主要是两项：移交城市基础设施和公共服务设施用地，完成搬迁、进行拆迁补偿和安置。

确认实施主体的条件为完成计划立项、专项规划，形成单一主体。因为更新单元内部涉及众多利益主体，就得形成单一的主体实施开发，不可能众多主体一起开发，这样利益协调很难，也难以一一与政府沟通接下来的开发工作。只有形成单一主体才能统一去拆除建筑物，不可能众多业主各行其是自行拆除，自己办理房产证注销，这不利于提高办事效率，也不利于政府管理。因此需要形成单一主体。

形成单一主体的条件：权利主体以房地产作价入股成立或者加入公司，权利主体与搬迁人签订搬迁补偿安置协议，权利主体的房地产被收购方收购。

4. 获取土地证

做到这个阶段就可以取得国有土地使用证和建设用地规划许可证了，也意味着完全获取该项目了。有了建设用地规划许可证，各类建设指标都出来了，就可以测算地价，测算地价后缴纳地价签土地出让合同。

以深圳城市更新的主要报批流程为例（图 1-7）。

1.4.4 城市更新的拆迁与安置

城市更新因是在已建成环境上的再开发，势必需要通过从私人土地拥有者（产权拥有者）那里获得土地（产权）并整合城市其他用地以创造可用于开发用地的过程。因此，拆迁与安置的实质是土地拥有者（产权拥有者）的利益重构，也伴

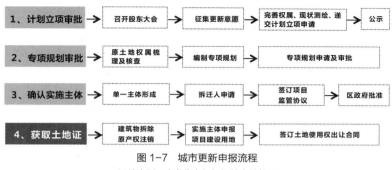

图 1-7 城市更新申报流程

图片来源：本书作者根据相关资料整理

随着对城市建成环境的价值提升与公共利益的重塑。在现实情况中，拆迁与安置是城市更新项目能否落地的最关键一环。

深圳城市更新的拆迁与安置工作基本是在政府管理部门的指导下，由开发主体与现状土地权利主体进行谈判的过程，大体包括以下步骤：

1. 前期摸底工作

（1）拆迁人在正式开展拆迁前，应对项目所在区域、被拆迁房屋及相关权利主体进行调研，内容包括但不限于：①项目所在区域拆迁人口数、户数；②被拆迁房屋数量、类型、现状、权属；③权利主体的背景、更新意愿和需求；④所在区政府城市相关更新主管部门的有关项目申报、权利主体认定、拆迁合同备案等行政流程。

（2）被拆迁房屋、项目用地涉及村集体资产的，拆迁人应尽早与村集体主要负责人、所在街道集体资产管理部门联系，确认房屋、土地的权属情况、现状，以及村集体资产流转的相关决策流程。

（3）被拆迁房屋已取得合法产权证书的，被拆迁人即为产权证书记载的所有人。如房屋产权为共有的，则被拆迁人为产权登记证书记载的全部共有人，共有人享有的被拆迁房屋权益份额以产权证书记载为准。

（4）被拆迁房屋未取得合法产权证书的，应按照所在区政府城市更新主管部门所规定的权利主体认定政策，由对被拆迁房屋享有权利的利害关系人根据拆迁测绘报告，填报相关产权申报文件，完成申报程序。经确认无误的前述利害关系人即为被拆迁房屋的被拆迁人。

2. 制定项目拆迁计划，对拆迁房屋进行测绘

（1）拆迁人根据调查摸底所了解到的信息，以及主管部门的意见，编制、审核拆迁补偿工作方案和拆迁进度计划，作为拆迁工作推进和考核的指导性文件。

（2）拆迁人应连同专业测绘机构，对被拆迁房屋的坐落位置、用地面积、基底面积、建筑面积、房屋用途等事项进行认定核查，并编制房屋测绘报告，作为被拆迁房屋现状的认定标准。

（3）按照行业惯例，被拆迁房屋已取得合法产权证书的，在签订拆迁协议时，如被拆迁房屋现状测绘建筑面积大于产权登记建筑面积的，被拆迁房屋的建筑面积应当以测绘报告记载的建筑面积为准；如被拆迁房屋现状测绘建筑面积小于产权登记建筑面积的，被拆迁房屋的建筑面积应当以房地产证书登记的建筑面积为准；被拆迁房屋未取得合法产权证书的，签订拆迁协议时，被拆迁房屋建筑面积以测绘报告记载的建筑面积为准。

（4）在对被拆迁房屋进行测绘的同时，拆迁人应根据被拆迁房屋的类型与现状，敦促、指导被拆迁人按规定及时准备、提交各类权利申报文件。相关申报文件应当由拆迁法务进行审核。

3. 拆迁谈判

（1）在确定被拆迁房屋的权利主体以后，拆迁人应及时与被拆迁人接触，并就拆迁方案进行谈判。拆迁人应当随时做好相关会议记录并及时存档。

（2）如被拆迁房屋已经出租或者存在抵押、查封或其他产权受限状态的，拆迁人应敦促被拆迁人于房屋交付之日前办妥租约或产权受限状态的解除事宜，并约定被拆迁人无法按期办妥时的违约责任。

4. 正式签订拆迁协议与备案

（1）在签订正式拆迁协议之前，拆迁人应与被拆迁人一同准备好下列材料，作为正式拆迁协议的附件，以及后续工作开展所必备的文件：①待拆房屋的现状测绘报告；②被拆迁人的身份证明；③被拆迁房屋的权属证明；④经过公证机关公证的注销房地产证书的委托书（有房产证需提交原件，授权期限当规定为"直到相关产权注销流程完成为止"）；⑤《无产权登记记录的土地房屋权利人申报认定核查表》；⑥《放弃房地产权利的声明书》；⑦《房屋产权资料接收清单》；⑧《被拆迁房地产移交确认书》。

（2）拆迁人在接收材料时，应明确告知被拆迁人应对其提供的各类资料的真实性负责，以及被拆迁人提供的资料不实的违约责任。

（3）拆迁协议的签字，要求完整、清晰并与权利人的身份证一致。港澳居民

（只能提供香港、澳门身份证者），应当在前面括号（括号内加注简体）；外国人签字应当与护照所载名字相一致。

（4）拆迁协议签订时，拆迁人应明确告知被拆迁人，拆迁协议签订后，被拆迁人不得对被拆迁房屋进行扩建、改建，改变被拆迁房屋的用途，签订新的租赁合同，续签或延长已有租赁合同期限，或其他改变被拆迁房屋现状、妨碍拆迁人收房的行为；被拆迁人不得以任何理由和条件向拆迁人再主张增加拆迁补偿的权益。

（5）在拆迁协议签订后，拆迁人应及时做好协议及其配套文件的归集、备案工作。

5. 房屋的拆除与产权注销

（1）被拆迁房屋的回收，拆迁人在与权利主体办理被拆迁房屋回收手续时，应重点考察被拆迁房屋结构及各项设施、设备的完整性（被拆迁房屋本身已损坏的除外），并敦促被拆迁人缴清其附随的水费、电费、垃圾清运费及其他一切费用。

（2）被拆迁房屋的拆除，在被拆迁房屋移交、实施主体确认后，拆迁人有权根据现行法律及当地政策的规定，依法取得城市更新主管部门批准后，拆除被拆迁房屋。

（3）产权证注销，根据《拆除重建类城市更新项目房地产证注销操作规则（试行）》的规定，拆迁主体在与全部权利主体签订拆迁补偿合同、完成实施主体确认及房屋拆除完成之后，即可申请产权证注销。

6. 拆迁补偿款项申请与支付

（1）拆迁人在拆迁谈判、签订拆迁协议的过程中，应当根据被拆迁人应当履行的具体义务，就确权、拆迁资料的准备，房屋迁出，产权注销等关键性义务设置好付款时间节点，避免"钱已付完，被拆迁人未履行全部义务"的情况。

（2）付款凭证，拆迁人在付款过程中，并不必然要求被拆迁人出具发票，但至少应当要求其出具书面收据等收款证明，并注意核验拆迁协议、付款流水、收据等符合"三流合一"的要求。

7. 回迁房选房、办证

（1）选房安排。在拆迁补偿协议签订阶段，因项目进度所限，拆迁人与权利主体仅就回迁房的房屋类型、建筑面积、交付期限等事项进行约定，未能确定具体的房号。为此，在回迁房竣工验收之后，拆迁人还需要安排抽签选房以确定各被拆迁人所获回迁房的具体房号，并随后让权利主体在《抽签选房确认书》上签字确认。

（2）回迁住宅抽签选房。在抽签选房之前，拆迁人应按规定制定好抽签选房办法及抽签选房的具体工作流程。建议按照"先签协议先抽签"的原则（具体按照签约合同编号先后）确定抽签顺序；在此基础上确定抽签时间，并书面通知被拆迁人参加抽签选房，确定回迁住宅的栋房号并签署选房确认书。

在签订拆迁协议时（最晚不迟于上述书面通知发出时），拆迁人应当书面告知回迁被拆迁人不按时参与选房的后果。

（3）面积差异处理。因房屋户型所限，拆迁协议所约定的回迁房屋总面积与实际回迁面积必然存在不一致的情况。对此，拆迁人应当事先与被拆迁人约定好面积补差的结算方法，以及被拆迁人未按约定完成结算的违约责任。

（4）回迁房入伙。在办理入伙前，拆迁人应及时与被拆迁人就拆迁款项、面积差异款、产权登记所需要缴纳的税费等各项费用进行结算。如被拆迁人因此存在欠款的，拆迁人应敦促被拆迁人在入伙前及时付清相关款项。

此后，拆迁人应当向被拆迁人发送入伙通知书，要求其按照约定的时间办理入伙手续，并及时告知逾期到场办理入伙手续的不利后果。

在入伙期限届满前，拆迁人应敦促被拆迁人及时办理收楼手续，并在《收楼确认书》上签字确认。

（5）回迁房办证。拆迁人如需要为被拆迁人办理回迁房屋的不动产权证书，应当告知被拆迁人有提供资料、配合办理回迁房产权登记手续的义务。拆迁人应明确告知被拆迁人违反前述义务的后果。

知识点：《国有土地上的房屋征收与补偿条例》

2011 年 1 月 19 日国务院第 141 次常务会议通过《国有土地上的房屋征收与补偿条例》，于 2011 年 1 月 21 日公布施行，自条例施行之日，2001 年 6 月 13 日国务院公布的《城市房屋拆迁管理条例》同时废止。《国有土地上房屋征收与补偿条例》成为处理国有土地上房屋拆迁最重要、最直接的法律依据。新条例对于征收补偿、被征收房屋评估、征收的程序三方面都做了清晰明确的界定，更便于施行人的操作和执行，特别是关于征收的适用范围及对公共利益的界定。第八条所规定的六种情形，其核心就是公共利益的需要，才适用于征收，其他都将是平等的买卖关系。新条例中，施行土地征收与补偿的主体也发生了变化，由以前开发商负责施行拆迁，变为当地政府负责土地征收，当地政府被推到了前台，主体明确。新条例取消行政拆迁，改由政府依法申请人民法院强制执行，将强拆的权力统统给予了法院，避免了政府既是"运动员又是裁判员"；既是征收的实行者，又与被征收方产生矛盾。

第二章 城市更新的基本理论

2.1 经济地理学理论

2.2 政治社会学理论

2.3 规划与设计理论

2.1 经济地理学理论

2.1.1 级差地租理论

土地作为一种生产要素，必然产生地租——地租的占有是土地所有权借以实现的经济形式。城市更新中，实行土地有偿使用，地价级差规律作用，使旧城中心区成为开发投资热点，通过市场推动完成旧城功能疏解与城市结构优化的目标。劣等地农产品的价值决定市场价值，并且中等地、优等地都按这个统一的市场价值卖出，中等地、优势地会在平均利润以上获得一个超额利润，这种超额利润便是极差地租的来源。

1. 绝对地租

城市同样存在绝对地租。城市土地所有权由国家垄断，任何企业、单位、个人要使用城市土地，都必须向土地的所有者交纳地租。这个由所有权的垄断而必须缴纳的地租就是城市绝对地租。

城市绝对地租与农村绝对地租相比具有不同的特点。城市绝对地租主要由使用城市土地的二三产业提供的，城市土地是作为二三产业活动的场所、基地、立足点和空间条件使用的，它的优劣评价尺度主要由位置确定（图2-1）。

2. 级差地租

级差地租是经营较优土地的农业资本家所获得的、并最终归土地所有者所占有的超额利润，其来源是产品个别生产价格与社会生产价格的差额。因为这种地租与土地等级相联系，故称为级差地租。

级差地租 I：土地肥力的差异、土地位置（距离市场远近）差异是形成级差地租 I 的条件。

级差地租 II：由追加投资带来的超额利润，是级差地租 II 的实体。

级差地租影响城市产业的空间布局。在完全市场竞争条件下，城市土地在不同使用者间进行分配时，意愿支付最高租金者得。城市不同的土地因区位、环境、使用用途的不同，土地支付的租金是不同的，一般来说，商业用地、居住用地、工业用地对租金的敏感性依次减弱。商业用地城市规划的总体布局加上市场选择的经济规律会使城市产生自我优化的合理布局。在城市更新中，由于城市规模的扩大与产业转型的升级整理，原有用地类型需要通过更新改造提升土地的产出效率，利用的原理就是通过高低悬殊的级差地租自主调节形成一种新的土地利用与

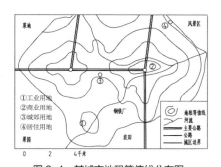

图 2-1　某城市地租等值线分布图

图片来源：栾峰. 城市经济学 [M]. 北京：中国
建筑工业出版社，2012

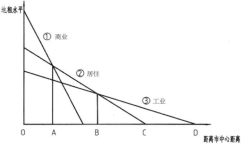

图 2-2　城市某三类土地利用付租能力随距离递减曲线

图片来源：栾峰. 城市经济学 [M]. 北京：中国建筑工业出
版社，2012

空间布局方式。比如，从城市的工业用地来看，城市土地位置的优劣决定着企业距离市场的远近、运输时间的长短和运费的高低，因此，通过城市更新改造，选择良好空间区位的土地会获得较好的交通条件、较低的租金成本和更多的企业利润。

　　此外，西方微观经济学有着"边际产出递减"理论，是指在生产要素投入不变的情况下，某生产要素的投入量超过特定限度后，其边际产量会随着投入量的增加而递减[1]。所以，任何土地利用的空间规模都存在边际产出递减的效应，城市的增长规模和边界控制也是城乡规划研究的核心内容之一。一般来说，城市地租在量上一般应高于农业地租，城市商业地租高于工业地租和居住地租；区位极差地租是城市地租的主要形式，因位置而形成的级差地租展现出了不同的空间分布形态，在市场竞争环境下，地租对城市功能分区与业态集聚的形成、发展具有重要作用；商业用地地租是城市地租的典型形态，在工业、商业、住宅用地中，商业在市中心的付租水平最高，城市各类土地利用类型付租能力随距离递减有着不同的斜率，如图 2-2 所示，①②③代表的用地类型分别是商业、住宅、工业；城市地租具有相当大的垄断性，城市土地投资的地租效应具有明显的外部性，即地租效应具有明显的扩散性，会影响相邻用地的土地价值。

　　城市高房价成为社会高度关注的焦点问题。地价或地租是房价的重要组成部分，高房价包含地方政府的高额土地出让金[2]收入，我国东中西部各城市高低悬

[1] 刘先觉. 现代建筑理论 建筑结合人文科学自然科学与技术科学的新成就 [M]. 北京：中国建筑工业出版社，1999：49-50，109-1.

[2] 土地出让金是指各级政府土地管理部门将土地使用权出让给土地使用者，按规定向受让人收取的土地出让的全部价款，或土地使用期满，土地使用者需要续期而向土地管理部门缴纳的续期土地出让价款，或原通过行政划拨获得土地使用权的土地使用者，将土地使用权有偿转让、出租、抵押、作价入股和投资，按规定补交的土地出让价款。

殊的土地出让金水平，其背后是级差地租在起作用（表2-1）。在经济学上，城市内部快速扩大的租差形成了足够的利润空间，激励了城市更新活动的发生。然而，为什么在城市原建成区有些地区发生了更新，有些地区则没有？根据价值差理论，产权形式对土地及其附属物的市场价值有着决定性影响。具有完全产权的物业能够获得更高的市场估价，造成其实际地租较非完全产权物业地租要高，这些都妨碍了完全产权物业地租差的扩大，减少了城市更新发生的几率。相对而言，旧工厂的划拨用地、旧村庄的农村集体用地都属于不完全产权，相比于具有完整的土地及建筑产权的房改房更容易发生城市更新。

上海、郑州及西安 2000–2010 年商品房极差地租变化趋势　　　　表 2-1

商品房极差地租 ＼ 年份	2000	2003	2005	2006	2007	2008	2009	2010
上海（万元／亩）	53	121	237	284	414	645	719	1195
郑州（万元／亩）	0	1	4	24	19	52	60	119
西安（万元／亩）	4	0	0	0	0	0	0	0
绝对地租（万元／亩）	55	85	100	161	179	200	276	391

资料来源：上海市规划和国土资源局、郑州市国土资源局、西安市国土资源局网站

2.1.2 产权制度理论

1. 产权

产权是经济所有制关系的法律表现形式。"产权即财产所有权，是指存在于任何客体之中或之上的完全权利，它包括占有权、使用权、出借权、转让权、用尽权、消费权和其他与财产权的关系"（《牛津法律大辞典》）。所有权、使用权、处置权和收益权四种权利可分可合，共同构成财产权的基本内容。产权是个复杂的概念，产权是由物而发生的人和人之间的关系。产权不是物质财产或者物质活动，而是抽象的社会关系，它是一系列用来确定每个人相对于稀缺资源使用时的地位的经济和社会关系。在市场经济条件下，产权的属性主要表现在三个方面：产权具有经济实体性、产权具有可分离性、产权流动具有独立性。产权的功能包括：激励功能、约束功能、资源配置功能、协调功能。以法权形式体现所有制关系的

科学合理的产权制度，是用来巩固和规范商品经济中财产关系，约束人的经济行为，维护商品经济秩序，保证商品经济顺利运行的法权工具。

2. 产权制度

产权制度是指既定产权关系和产权规则结合而成的且能对产权关系实现有效组合、调节和保护的制度安排。产权制度的最主要功能在于降低交易费用，提高资源配置效率。建立归属清晰、权责明确、保护严格、流转顺畅的现代产权制度，是市场经济存在和发展的基础，是完善基本经济制度的内在要求。当前我国经济社会发展中出现的一些矛盾和问题，都直接或间接地涉及产权问题。建立健全现代产权制度，是实现国民经济持续快速健康发展和社会有序运行的重要制度保障。

3. 土地产权制度

土地产权制度是指一个国家土地产权体系构成及其实施方式的制度规定，是土地财产制度的重要组成部分。指一切经济主体对土地的关系、由于经济主体对土地的关系而引起的不同经济主体之间的所有经济关系的总称，主要包括土地权能制度和土地收益制度，前者主要是指经济主体对土地采取某种行为的权利的制度，后者主要是经济主体行使他的这种权利所能得到的何种收益的制度。土地产权制度可以理解为关于土地产权的合约或合同或经济关系，它还可以包括很多次级制度和再次级制度，其内容结构的丰富程度取决于土地经济领域专业化与分工的发展水平以及市场交易范围和发达程度。

土地产权制度对于城市更新模式的根本性影响在于，存在交易成本的现实世界里，产权安排对于资源配置效率产生重要影响，产权主体的相互博弈和追求各自利益的过程推动了产权制度的不断变迁，进而涉及社会利益格局的重大调整。例如，2016 年温州曝出当地 20 年住房土地使用权到期的问题，引起了社会极大的反响。2016 年 11 月，中共中央、国务院发布了《关于完善产权保护制度依法保护产权的意见》，提出要研究住宅建设用地等土地使用权到期后续期的法律安排，推动形成全社会对公民财产长久受保护的良好和稳定预期。一般来说，房屋产权是由房屋所有权和土地使用权两部分组成的，但是房屋所有权的期限为永久，而土地使用权根据有关法规为 40 年、50 年或 70 年不等。2007 年 10 月 1 日起施行的《物权法》明确规定："住宅建设用地使用权期间届满的，自动续期。"土地使用 70 年到期后，如果再次申请土地使用权，应根据当时的地价水平，补缴土地出让金。

城市更新的利益主体构成与诉求 表 2-2

利益主体	更新需求目的	价值取向类型	利益形态	与旧城更新的关系
地方政府	1. 科学合理利用土地，调整城市空间布局以适应建立集约城市目标，促进经济发展；2. 维护社会稳定，避免因拆迁带来的负面影响；3. 通过税收得到经济回报；4. 改善城市面貌，塑造城市形象；5. 提高居民生活质量，改善居住环境；6. 保护城市文化遗产，发挥遗产作用；7. 获取政绩，个人得以升迁	经济效益 社会效益 环境效益	公共利益	最直接
开发商	1. 追求和获取最大的开发利润和经济收益 2. 获取较好的开发名声，树立品牌形象	经济效益	私人利益	最直接
旧城居民	1. 提高居住质量，改善生活环境 2. 得到满意的补偿	经济效益 环境效益	私人利益	最直接
社会公众	1. 延续旧城活力 2. 传承、保护旧城文化 3. 强调公平、自由与法治，帮旧城居民维权	社会效益 环境效益	公共利益	间接
未来环境	1. 可持续发展 2. 美化	环境效益	公共利益	隐性

资料来源：本书作者根据相关资料整理

4. 城市更新中产权制度理论的内涵

第一，产权的权能界定。拥有了某种资源的产权，才拥有了这些资源的所有权、使用权、收益权、转让权及受到一定约束的权利等；第二，产权的交易规则。产权必须有可转让和可交易性；第三，损益原则。产权从本质上说是人们对资源支配运用中所形成的经济关系，即受益、受损及其补偿关系。维护和实现合理的损益关系，必须要有共同的准则。

在城市更新的过程中需要进行产权确认，城市更新主要矛盾是分散产权与整体开发的矛盾。对于旧城小地块，由于占地面积太小，无法向上发展，需要合并地块以形成规模建筑效益。因此，只有地段的整体开发才能获得良好的环境，比如通过降低建筑密度取得良好的环境，进而提高物业的价值。在这个过程中，产权本身是通过交易实现资源的再配置，产权确认过程需要政府进行干预，制定更新改造政策，明晰产权关系，降低产权确认成本。项目单位需向规划土地部门提供土地权属资料申请土地确权登记，因此必须进行拆除范围内土地、房屋登记的确权和处理；并进行拆迁补偿安置和改造实施主体核准方能办理规划和用地手续。产权变更的最终目的要获得产权变更主体的土地开发权——即改变土地现状的能力，并最终实现土地开发权利的变现。于是，城市更新的主要矛盾就变成了土地开发利益边界的确定问题，拆迁矛盾就是这一问题的基本体现。进而，城市更新的核心工作便从土地空间资源的初始分配，转变到了土地开发权力的公平配置上来。可以说，土地利益是开发权力的变现，而利益量度和公平感受与权力实现的程度有关，这涉及政府职能与市场机制的配置等问题（表 2-2）。

西方土地开发权的初始配置有三种模式：英国的国有化、美国的私有化、法国的混合模式；我国土地是两类所有形式：全民所有和集体所有。我国法律中没有明确开发权，但土地利用及开发受到规划以及有关行政法规的管制，习惯上开发权属于国家。在英国，土地私有权利受法律保护且可进行自由交易，然而，土地所有者并不能随意对土地进行开发，这一限制通过土地用途管制来实现。1947年英国《城乡规划法》规定一切土地的发展权，即变更土地用途的权利归国家所有。这项法律实质上实行"土地发展前国有化"。任何土地所有人或其他人如欲变更土地用途，必须申请规划许可。在美国土地发展权私有化制度下，土地发展权配置通过区划法案和灵活的区划管制来实现。在美国，根据《标准州区划授权法》，地方政府通过制定区划法案来主导土地的开发利用，采取核准式的许可制。只要符合区划，非重要项目一般无须审查，申请人即可通过许可核准；重要开发项目和与区划不符合的项目，则需要对申请者提供材料进行严格审核，甚至包括严格的区划调整工作，才可能签发许可。因此，美国基于土地发展权"归私"的体系，将土地发展权的配置确定为区划给予的规划条件。此外，区划刚性较强，在不调整区划的情况下，土地发展权调配往往运用激励区划、发展权转移等方式。法国法律规定土地开发的"法定密度上限"制度，上限以下归私人，上限以下归政府。

2.1.3 空间生产理论

空间是事物存在的必要维度与容器，"空间"渗透于城市社会研究的各个层面。20 世纪 70 年代，面对城市急速扩张、社会都市化以及空间组织矛盾突出等问题，列斐伏尔在批判继承传统空间观的基础上提出了"空间生产"这一概念。空间生产理论主要指空间本身的生产，空间具有生产力，社会的生产就是空间自身的生产。空间具有社会属性，是产物，并非单纯的社会关系"容器"，空间涉及生产关系与再生产的社会关系。"空间的实践""空间的表征""表征的空间"三者同时存在的三元一体理论，用来解读社会的历史发展过程中空间的不断变化（空间生产与再生产）。之后，空间生产理论研究经历城市社会空间性的出现、城市空间社会性的分析、城市空间背后动力挖掘三个发展阶段 [1]。

在当代马克思主义的空间理论中，詹姆逊的空间分析理论通过后现代主义文化空间去分析特定空间结构形成的现实经济和社会境遇。哈维以马克思主义的"生产方式"为理论立足点，指出了现代资本主义以"福特主义"的大规模、集中化、流水线生产方式的主要特征。在福特主义的生产方式下，城市用地被条块分配，功能明确，以利于进行标准化的生产。集中式和标准化的生产降低了成本，提高了生产效率，城市呈现出了成片的工业化区域——规模化的生产空间。进入后福特主义时代，与僵化的福特主义大生产相对照，新的生产部门，尤其是高技术产业具有弹性地使用机构、材料、人力以及公司生产关系的特征。西方城市功能正逐渐由工业生产型向信息服务型转变，弹性生产通常出现在福特主义生产空间以外重新产生空间集聚。因此，产业转型促使以传统制造业为中心的城市，向产业经济服务化和文化创意、科技创新等为代表的三产转型，利用产业转型重塑城市形象、创造就业机会、改善居住环境、复兴城市活力，成为西方国家城市更新的主要内容。

芝加哥城市生态学派的空间生产理论用生物群落竞争与共生规律类推来解释城市空间的分层、分区现象。比如，城市空间的"区位"本身是最重要的空间资源之一，对人类社会来讲竞争必然表现为区位的竞争，竞争的结果就是形成类似植物群落的空间分布形态。资本主义制度下的城市化过程实际上就是资本的一种转化形式，即资本的城市空间物化的过程，在这个过程中，城市各种人工建筑物的生产也蕴含了资本主义的逻辑，所以也负载了资本主义社会的基本矛盾。所以，城市空间本身也是资本的产物，资本已经将城市空间转化成稀缺资源的一种生产要素，甚至是一种普通的商品。在现代的信息化、智慧型城市中，资本在城市中的存在状态是一个集聚和分散的复杂现象，商品生产已经与弹性生产、多区位生产和市场开拓紧密结合在一起。

2.1.4 文化经济理论

城市是空间和文化相辅相成的产物，任何城市都是密集的人际关系所在地，文化也在某种程度上同时产生，而且文化往往是一种具有鲜明地方特征的现象，比如欧洲的历史城镇具有极强的历史文化演化进程的特征。在现代社会文化与经

---

[1] 张品 . 空间生产理论研究述评 [J]. 社科纵横，2012，27(08):82-84.

济、政治之间相互交融，文化与科技的结合日益紧密，文化已经形成了一个产业。城市更新的过程不仅仅是物质空间的改变，更是社会结构的重组和空间文化的演替过程，包括新闻、出版、广播、影视、艺术、广告、动漫、娱乐等在内的文化产业，在文化审美与文化传播的同时也为社会创造了巨大的财富。

文化经济学由威廉·鲍莫尔（William Baumol）创设，作为运用经济学理论与方法来解释文化现象与问题的新兴学科。一般认为，城市空间是物质产品，文化产品是精神产品，同时城市空间是文化艺术的载体，是人类迄今物化文明的最古老载体。文化经济的发展越来越关注生产端的劳动力问题，即艺术家劳动力市场，包括作者、表演者、手工艺者等。城市空间的生产也是文化产品的生产，除了城市空间自身的艺术价值之外，现代城市文化经济产业包括城市文化艺术街区、旅游文化产业项目、文化创意产业园区等文化产业的空间生产。

城市文化经济理论在城市更新中的研究是源于文化产品产业的经济地理学视角，现代城市文化及文化产业是如何在现代城市空间集聚形成的，现代城市表现出怎样的现代文化特征与文化空间逻辑，如何用文化经济学理论对于城市的更新演替续写城市历史与空间外貌？从城市文化生产的角度，文化产业是实现城市更新的重要手段[1]，文化产业自身是城市综合实力不断提升的依托与催化剂，它以市场为导向，以赢利为目的，所提供的文化产品或服务有确定的文化内容。经济、社会与文化要和谐共生、相互促进，特别是文化产业与科技融合会产生重要的外生变量，会促进催生文化价值、社会形态及技术的共生互斥作用[2]。

一个城市所表征的文化及其文化背后的生产逻辑，建立起文化产业复杂的社会、经济、地理关系结构。文化资源作为未来城市创造力资源的核心组成部分，是城市研究与城市更新过程中需要重点考虑的部分。例如，在我国，一些文化旅游名镇因过度的商业娱乐活动使其旅游文化发展境遇堪忧。因此，在全球化浪潮和文化产业资本冲击下，何塑造城市的"文化例外"，如何保持城市文化在地域空间的特色存在，如何加强城市文化在世界城市竞争中保持影响力是城市文化经济研究的重要课题。当然，文化的经济意义将远远超过人们的预料，其对地方整体经济具有乘数效益，将使城市发展大受裨益。不可否认，当文化与经济联结在

---

[1] 黄晴，王佃利．城市更新的文化导向：理论内涵、实践模式及其经验启示[J]．城市发展研究，2018，25（10）：68-74.

[2] 郭淑芬，赵晓丽，郭金花．文化产业创新政策协同研究——以山西为例[J]．经济问题，2017(04):76-81.

一起时，文化也就有了浓厚的商业色彩，而城市文化的创新当然也就包含商业因素。

如果我们寻找一个能够主宰 20 世纪末世界文化经济的城市，那么这个城市非巴黎莫属。一百多年前的巴黎就已经获得了世界上最具活力的艺术和时尚中心的地位。巴黎作为世界的时尚之都和艺术中心，对世界其他地区的艺术家有着不可抗拒的力量。巴黎的文化经济拥有着大量的基础设施和专业化的生产网络、熟练的从业者、各种职业协会和同业工会活跃的结构以及其他重要资产。"特定地区的各种文化生产部门，常常从彼此的溢出效应以及能够加深地点印象的地方公共物品（建筑纪念碑、博物馆和画廊、政府资助的文化节等）中获得竞争优势和市场支配力。"[1] 巴黎文化产品产业的就业、区位和组织形成了不同的空间产业集聚，形成产业集群，其机构充满了形式化的公共秩序，巴黎的文化经济几乎没有部门不被民间协会或政府机构以这样或那样的方式管制着。文化经济中特色的职业群体也会以专门的协会为代表。城市中文化经济的政府目标存在着大量的政策性措施，代表着整体产业环境的改善与产业政策的发展方向。

2.1.5 城市伦理理论

城市是人类聚集最主要也是最重要形式之一，城市伦理是人居环境伦理中绕不开的话题。从城市的产生发展、城市的社会生活方式及其交往结构、城市化及其城市文化建设等角度来看，城市伦理具有重要的理论意义和现实意义。

城市经济活动发生空间竞争，城市的竞争性重建计划带有明显的功利主义倾向，例如城市广场的政治性意涵要超越其美学价值；城市空间竞争的结果造成城市新发展区与先前发展区相互交织，构成了一种不连续的城市碎片，而且城市空间的商品化，尤其是公共领域私有化严重；城市中的不同社会群体存在着明显的社会排异现象。如果用一个形象的比喻来说明城市社会的空间存在，城市就像马赛克——一种不同类型肌理斑块拼贴而成的招贴画。城市社会地理学理论认为，城市居民阶层化与随之而来的居住分离是城市社会空间类型体系发展的内在动因，并由此形成了城市中不同等级、类型有如马赛克般镶嵌的城市社区体系 [2]。

城市空间存在着社会分层、社会隔离、空间分异与空间剥夺。

---

[1] 斯科特. 城市文化经济学 [M]. 董树宝，张宁译. 北京：中国人民大学出版社，2010.

[2] 王兴中. 中国城市社会空间结构研究 [M]. 北京：科学出版社，2000.

社会分层：是指社会成员、社会群体因社会资源占有不同而产生的层化或差异现象。

社会隔离：西方社会学、经济学等相关学科先后形成了三种不同取向的居住隔离理论，即强调不同人群空间分离的人文区位学居住分异理论，强调住宅更替规律的住房过滤理论，以及住宅阶级的新都市社会学居住隔离理论。

空间分异：空间是物体存在的客观形式，在地理上表现为人们生活、活动的具体场所。然而"空间"不仅仅是一个物理概念，在社会理论范畴中，空间还是社会关系的产物，产生于有目的的社会实践。居住空间分异是一种居住现象：在一个城市中，不同特性的居民聚居在不同的空间范围内，整个城市形成一种居住分化甚至相互隔离的状况。在相对隔离的区域内，同质人群有着相似的社会特性、遵循共同的风俗习惯和共同认可的价值观，或保持着同一种亚文化；而在相互隔离的区域之间，则存在较大的差异性。

空间剥夺：随着后工业化社会经济的发展，人本主义思潮下的社会发展观越来越注重社会公平以及对应的空间公正问题。对社会剥夺现象的研究主要以社会学为主体，对空间剥夺现象的研究主要以地理学为主体[1]。城市更新对城市居民的"剥夺"也不能忽视，城市更新对城市居民的生存空间影响巨大，对生存空间的过分剥夺必然会引起城市居民的激烈反抗，这也是限制城市更新的重要因素之一。

2.2 政治社会学理论

2.2.1 增长联盟理论

增长联盟理论又称为增长机器（Growth Machine）理论，国外学者对 20 世纪 70 年代西方的城市发展进行政治经济分析时提出的理论模型，由乔纳森·罗根（Jonathan Logan）与哈维·莫罗奇（Harvey Molotch）提出，他们认为由地方政府和开发商等各种支持城市增长的力量组成的"亲增长联盟"（Pro-Growth Coalition）对城市发展起着主导作用，这一联盟往往会通过实施房地产开发项目

---

[1] 王兴中，王立，谢利娟，王乾坤，杨瑞，曾献君，廖兰. 国外对空间剥夺及其城市社区资源剥夺水平研究的现状与趋势[J]. 人文地理，2008，23(06):7-12.

使城市变成一台"增长机器"，以改变社区空间的使用价值为代价，生产出交换价值，从而促进城市增长并从中获取各种利益。

地方权力结构是以土地为基础的增长联盟，其核心是以土地为基础的利润积累。增长联盟成员都期待土地增值，力图使土地和建筑物的"租金"最大化。强化土地利用最典型的方式是增长，通常，这种增长以人口的不断增长得以体现。劳动力的增长及其相伴随的购买力的提高，反过来又会引起零售业的扩张、其他商业活动的增加、大量的土地和住房的发展以及金融活动的增加。尽管增长联盟以土地所有权为基础，但它还包括了从强化土地利用中受益的所有利益相关方。这些连锁性事件是任何发达之地的核心，因此城市实际上成为一台"增长机器"，而那些支配它的人则形成"增长联盟"。

增长联盟的假设导致了对权力结构和地方政府之间关系的某种期待。显然，根据这一观点，政府的首要角色是促进增长，这是城市政府的重要功能。但是，地方政府与那些能促进城市经济快速增长的主体结成联盟，并以牺牲弱势群体的利益为代价来谋求城市经济的发展。增长联盟力图通过他们的土地和建筑物谋取更多利润，但如果开发商要建高层公寓、办公楼或沿公路的商业区，必将导致邻里发生很大变化。另一方面，邻里街坊们视他们的家园为安全、舒适之地，是他们养育子女以及和同道们打交道的地方。人们希望他们的房屋可以保值，在当今还能增值，但他们主要关注的还是"生活质量"。因此，他们都主张"邻避"——"别建在我家后院"（Not In My Back Yard）。

城市更新在本质上是城市"增长"需求的体现，各个城市的地方官员和经济精英在创造政绩和获取经济利益等动力的驱使下，结成一定的联盟，相互作用。因此，城市更新政策一定程度上可以说是体现在政策层面的城市增长联盟各个成员讨价还价的成果。在经济转型的过程中，我国也逐渐形成了城市增长联盟，它显著体现在我国大规模进行的城市更新中，体现于房地产市场中，如公有的土地产权制度、土地财政的形成、官员政绩考核机制等。在此过程中，对土地生存的寄托、征地补偿、房屋拆迁、民生就业等问题产生的"反增长联盟"现象出现，反增长联盟与增长联盟中的主体基于不同利益目的产生了复杂互动过程。

2.2.2 城市政体理论

城市政体理论（The Urban Regime Theory）是从政治经济学的角度出发，

对城市更新发展中的三种主要力量（以市政府为代表的政治性组织、以企业精英为代表的经济性组织、以社团为代表的社会性组织共同构成了政体的框架结构）之间关系的分析。城市政体理论认为，在市场经济条件下，城市权力分散在地方政府和私营部门手中，"城市政体"是一种合作式的制度安排，公私部门能够借此形成管理城市的能力。其中，政府、公司、社团、个人行为对资本、土地、劳动力、技术、信息、知识等生产要素控制、分配、流通的影响是其研究的主要内容。它们所形成的合作体系具有非正式性、价值多元性、类型多样性、动态性和相对稳定性等特征。

以斯通（Stone）为代表的城市政体理论学者，通过对"二战"后美国部分城市的案例研究发现，在城市发展政策形成的过程中，存在着多种不同利益主体，他们为实现各自的利益诉求，会采用合作的方式参与到政策过程中，通过讨价还价的方式影响政策的制定。城市政治是嵌入制度和经济层次结构的，城市除了服从，已经别无选择。正是城市的政治角色与能力之间的差距，推动城市的政治领导者去寻求强大的社会合作伙伴，主要是与商界合作。对于城市政体组成的问题，"政体"就是由掌握权力的政府和控制资源的私人集团的"钱"的结盟。这种结盟既代表统治群体的利益，同时又受社会的约束和来自市民的监督。一般而言，"权"和"钱"的结合总是大于社会的力量，因此，关键是如何加强社会的监督，培育社会参与和决策的能力。[1]20世纪80年代以来，城市政体理论从"谁统治"的问题转向了关注"如何统治"的问题，从将权力视为社会控制手段转向城市发展模式问题——例如社会生产的表达方式，研究地方政治的目标是如何设置和达成的。[2]

虽然城市政体理论也强调联盟建设，但与城市增长联盟理论相比，城市政体理论有着宽广的分析基础，而不是仅仅局限于增长问题。通过对不同国家城市政体的研究，学者们提出了不同的城市政体模式。城市政体理论体现着非正式合作伙伴关系形成的治理同盟，受此影响的公私合作伙伴关系（PPP），多是政府与商业集团之间的合作。公私合作伙伴关系 PPP 即 Public—Private—Partnership 的字母缩写，指政府与私人组织之间，形成一种伙伴式的合作关系。PPP 模式将

[1] 李江. 转型期深圳城市更新规划探索与实践 [M]. 南京：东南大学出版社，2015.
[2] 吴晓林，侯雨佳. 城市治理理论的"双重流变"与融合趋向 [J]. 天津社会科学，2017（1）：69-74，80.

部分政府责任以特许经营权方式转移给社会主体（企业），政府与社会主体建立起"利益共享、风险共担、全程合作"的共同体关系，政府的财政负担减轻，社会主体的投资风险减小。PPP 模式比较适用于公益性较强的废弃物处理或其中的某一环节，例如有害废弃物处理和生活垃圾的焚烧处理与填埋处置环节。这种模式需要合理选择合作项目和考虑政府参与的形式、程序、渠道、范围与程度，这是值得探讨且令人困扰的问题。PPP 本身是一个意义非常宽泛的概念，广义的 PPP 可以理解为一系列项目融资模式的总称，包含 BOT、TOT、DBFO 等多种模式。

2.2.3 城市治理理论

"治理"（Governance）概念源于西方，克里斯托弗·盖茨（Christopher Gates）指出"we need to make a shift from government to governance. "国内俞可平先生对其定义得到学界的普遍认可："治理不同于统治，它指的是政府组织和（或）民间组织在一个既定范围内运用公共权威管理社会政治事务，维护社会公共秩序，满足公众需要。"[1]俞可平对于"治理"进一步提出"善治"的概念，即"good governance"，"治理的理想目标是善治，即公共利益最大化的管理活动和管理过程。善治意味着官民对社会事务的合作共治，是国家与社会关系的最佳状态"。

治理被定义为"关注管理，不依赖政府权威资源，在公共事务领域实现集体行动"，是各种公共的或私人的个人和机构管理其共同事务的诸多方式的总和。它是使相互冲突的或不同的利益得以调和并且采取联合行动的持续的过程。这既包括有权迫使人们服从的正式制度和规则，也包括各种人们同意或以为符合其利益的非正式制度安排。不同于以控制和命令手段为主的、由国家分配资源的传统管理与统治方式，在现代西方语境下，治理强调的是使个人与机构、公家与私人等不同主体间相互冲突或不同的利益得以调和，并且采取联合行动的持续过程。它有 4 个特征：治理不是一整套规则，也不是一种活动，而是一个过程；治理过程的基础不是控制，而是协调；治理既涉及公共部门，也包括私人部门；治理不是一种正式的制度，而是持续的互动（表 2-3）。

---

[1] 俞可平. 中国的治理改革（1978-2018）[J]. 武汉大学学报（哲学社会科学版），2018，71（3）：48-59.

城市治理的代表性观点　　　　　　　　　　　　表 2-3

时间	知名学者代表性观点
1988 年	费孝通：根据我们的意思，社区是一定地域范围内的社会……即所谓构成了一个社会共同体。
2008 年	田玉荣：将社区、国家和市场三者有机结合起来而形成的一种社会互动方式。
2009 年	王巍：国家和社会组织对社区公共事务和公益事业的管理活动。[1]
2010 年	夏建中：社区治理就是在接近居民生活的多层次复合的社区内，依托于政府组织、民营组织、社会组织和居民自治组织以及个人等各种网络体系，应对社区内的公共问题，共同完成和实现社区社会事务管理和公共服务的过程。[2]
2012 年	赵小平：本社区范围内，政府与社区公民和社会组织共同管理社区公共事务的活动。
2014 年	张永理：涉及社区的多元主体间通过合作互动，共同提供公共产品和实施对社区公共事务的管理，提高社区居民自治水平，实现社区可持续发展的过程。
2017 年	王欣亮：其一是从狭义层面入手，将社区看作社区居民更好满足生活发展需求的外部环境，将社区治理的内涵集中于社区内部具体事务的协调处置以及公共服务提供等方面；其二是从广义层面入手，将社区看作国家社会发展稳定的基本单元，结合宏观发展目标分析社区治理的功能定位及基本要求。[3]

资料来源：作者根据相关资料整理

　　城市政府尽管仍然处于在中央政府统领的框架范围内，但在提供一些基本公共服务方面——尤其是在交通、环境治理、教育规划、公共健康和娱乐服务等方面——起到主导作用，甚至往往是唯一的供应者。特别是在全球化与地方化的视角下，城市社会正在成为全球化时代最显著的一体化机制和新的地方治理单元。

　　有关治理的概念均是从不同的侧重角度加以展开，相关释义如下：

　　社会治理：是指政府、社会组织、企事业单位、社区以及个人等多种主体通过平等的合作、对话、协商、沟通等方式，依法对社会事务、社会组织和社会生活进行引导和规范，最终实现公共利益最大化的过程，即实现社会协调以及集体目标的过程。

　　城市治理：与政体理论不同，城市治理理论明确要求地方政治机构的主要职能是通过协调当地机构以达成集体目标，也就是城市治理通常是与社会伙伴的合作来实现，政治机构的作用是确保决策实施，政治治理强调的是对政治和制度控制的限制，以及社会参与实现集体目标的重要性。[4] 对于城乡规划而言，必须充

[1] 王巍. 社区治理结构变迁中的国家与社会 [J]. 公共行政评论，2009，1（1）：200-201.

[2] 夏建中. 治理理论的特点与社区治理研究 [J]. 黑龙江社会科学，2010（2）：125-130，4.

[3] 王欣亮，任弢. 我国社区治理问题研究回顾与展望 [J]. 理论导刊，2017（7）：91-97.

[4] 乔恩·皮埃尔，陈文，史滢滢. 城市政体理论、城市治理理论和比较城市政治 [J]. 国外理论动态，2015（12）：59-70.

分体现政府、市场和社会多元权利主体的利益诉求，又要在公共利益、部门利益和私有利益间进行协调，还要统筹政治、经济、社会、生态、技术等的关系。因此，城市政府作为城市更新的主导者和协调者，必须从单向管治走向多元共治。

社区治理：在社区层面让市民和利益相关者参与对话，以对城市的优先事项采取行动，确保土地利用规划和社区服务，建设更具包容性和紧凑性的城市。设立小规模、自治化、民主化的社区组织或邻里政府，成为大城市居民的普遍选择，旨在对城市高层政府形成一定的权力制衡，促进城市社区的自治和公众参与。夏建中将社区治理定义为：为某特定区域内的居民提供物质与非物质性的公共产品，通过准政府组织与各种非政府组织的公正协商，去构建一种偏横向结构的社会合作网络的过程。

跨区域治理：西方城市碎片化和分散化的现实催生了许多"区域性问题"，由于城市边界不断扩大，跨区域问题成为城市治理研究的重要范畴。通过灵活的政策网络倡导区域整合和发展的协调，能有效缓解区域内各级政府各自为政、效率低下的问题，有利于组建区域治理的协作性或合作性组织，采取多种形式化解区域性公共问题。[1]

需要指出的是，城市治理理论表面上是秉持多元主义，"不重权力归属，重视合作治理"，实为倡导多元精英主体之间的合作[2]。城市的合作治理模式容易形成一种稳固的"政商联盟"，这种本质上是精英联盟的治理模式，很容易排斥其他阶层和普通公众。因此，面对各种治理理论，我们需要分析其本源、价值取向和适用条件，尤其要警惕"新自由主义"对城市治理的全面侵入，如若任由城市治理过度拥抱资本而失去制约，就会存在损害公民权利的巨大隐忧。

2.2.4 城市伦理理论

作为人类聚集最主要也是最重要形式之一的城市，城市伦理是人居环境伦理中绕不来的话题。从城市的产生发展、城市的社会生活方式及其交往结构、城市化及其城市文化建设等角度来看，城市伦理具有重要的理论意义和现实意义。

[1] 吴晓林，侯雨佳. 城市治理理论的"双重流变"与融合趋向 [J]. 天津社会科学，2017（01）：69-74，80.
[2] 吴晓林，侯雨佳. 城市治理理论的"双重流变"与融合趋向 [J]. 天津社会科学，2017（01）：69-74，80.

城市经济活动发生空间竞争，城市的竞争性重建计划带有明显的功利主义倾向，例如城市广场的政治性意涵要超越其美学价值；城市空间竞争的结果造成城市新发展区与先前发展区相互交织，构成了一种不连续的城市碎片，而且城市空间的商品化，尤其是公共领域私有化严重；城市中的不同社会群体存在着明显的社会排异现象。如果用一个形象的比喻来说明城市社会的空间存在，城市就像马赛克——一种不同类型肌理斑块拼贴而成的招贴画。城市社会地理学理论认为，城市居民阶层化与随之而来的居住分离是城市社会空间类型体系发展的内在动因，并由此形成了城市中不同等级、类型有如马赛克般镶嵌的城市社区体系[1]。城市空间存在着社会分层、社会隔离与空间分异。

社会分层（social stratification）是指社会成员、社会群体因社会资源占有不同而产生的层化或差异现象。

社会隔离：西方社会学经济学等相关学科先后形成了三种不同取向的居住隔离理论，即强调不同人群空间分离的人文区位学居住分异理论，强调住宅更替规律的住房过滤理论，以及强调住宅阶级的新都市社会学居住隔离理论。

空间分异：空间是物体存在的客观形式，在地理上表现为人们生活、活动的具体场所。然而"空间"不仅仅是一个物理概念，在社会理论范畴中，空间还是社会关系的产物，产生于有目的的社会实践。居住空间分异是一种居住现象，在一个城市中，不同特性的居民聚居在不同的空间范围内，整个城市形成一种居住分化甚至相互隔离的状况。在相对隔离的区域内，同质人群有着相似的社会特性、遵循共同的风俗习惯和共同认可的价值观，或保持着同一种亚文化；而在相互隔离的区域之间，则存在较大的差异性。

空间剥夺：随着后工业化社会经济的发展，人本主义思潮下的社会发展观越来越注重社会公平以及对应的空间公正问题。对社会剥夺现象的研究主要以社会学为主体，对空间剥夺现象的研究主要以地理学为主体[2]。城市更新对城市居民的"剥夺"也不能忽视，城市更新对城市居民的生存空间影响巨大，对生存空间的过分剥夺必然会引起城市居民的激烈反抗，这也是限制城市更新的重要因素之一。

[1] 吴晓林，侯雨佳. 城市治理理论的"双重流变"与融合趋向 [J]. 天津社会科学，2017（01）：69-74，80.
[2] 王兴中. 中国城市社会空间结构研究 [M]. 北京：科学出版社，2000.

2.3 规划与设计理论

2.3.1 城市触媒理论

触媒（Catalyst）是化学名词，又称接触剂、催化剂，将触媒概念用于城市建设和城市设计，表征一栋独立建筑、一个计划、政策都会带来相关影响，影响城市开发和城市形式的改变。1989年美国学者韦恩·奥图（Wayne Atton）和唐·洛干（Donn Logan）在《美国都市建筑——城市设计的触媒》一书中提出了"城市触媒"（Urban Catalysts）的概念。促进城市设计与城市开发、管理联系起来，开发建设与城市结构、经济的影响联系起来。特别是城市更新改造中，触媒即指一种建筑，或建筑群，或一个核心空间，将其加入到旧城环境中，促使原有环境加速更新改造。这种能够促进环境持续发展变化的建筑称之为触媒建筑（Catalyst Architecture）。

更新触媒需要发掘促进城市更新转型发展的关键要素。在城市更新中，不同类型的更新触媒会触发不同效应的更新活动，而且更新触媒也存在"边际递减效应"。在城市衰败地区的更新计划中，我们要善于激发城市"更新触媒"来带动城市持续地、健康地、有规律地改变。那么，到底什么样的关键要素可以带动城市如此高效的改变呢？这些触媒可分为既有性触媒和置入性触媒，既有性触媒大多为城市原有的历史文化遗产和具有文化价值的公共产品，因没有进行有效的保护与利用而形成价值洼地；置入性触媒是指通过城市设计的方法，对原有的不适应现有需求的城市功能进行转型和置换，通过新功能的外部性效应影响和实现城市活力复兴（图2-3）。

处于城市中心的老旧城区，由于城市的发展，土地用途发生了大规模转换，原来土地用途不合理或者优化升级的现象时有发生，遵循土地区位级差地租的价值规律，城市需要更高效合理的城市结构、完善的功能设施和高质量的生活环境作为物质基础。因此，在传统的旧城更新中，我们需要从单纯地注重物质环境改善转向对城市发展能力以及更综合目标的关注。"城市结构调整"日益成为当前我国城市更新改造的关键问题，以社会经济发展为先导，跳出既定的城市框架，整体研究城市更新动力与经济环境关系、城市功能结构目标、新旧区发展的互动关系、更新的内容构成与社会综合发展的协调性等。因此，城市更新触媒作为城市发展的催化剂，要体现城市的结构性需求与内生动力的催生与激励，并且城市更新触媒项目要有极强的外部性特征，能够对城市既有社区环境的更新产生综合的催化效应，激发城市活力。

可以说，触媒理论并没有为所有的城市地区规划出单独完成目标的方法、形式或视觉特质，而是描述一个城市开发的必备特征：可激起其他作用的力量。可以说，城市触媒的目的是如何利用单个的城市开

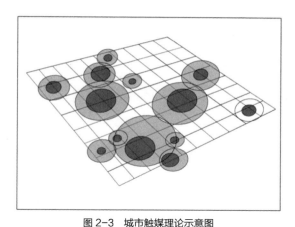

图2-3 城市触媒理论示意图
图片来源：金广君 . 图解城市设计 [M]. 北京：中国建筑工业出版社，2010

发活动来促使城市构建持续与渐进的改革。在信息化时代和经济全球化的背景下，城市之间的竞争焦点已不仅仅是传统的资源、人才等物质竞争，"机会"竞争往往是城市实现跨越性发展的质变触发点，而城市事件的本质就是这样一种"机会"竞争方式。例如城市事件从某种意义上来说，就是城市触媒的"发生源"，城市事件的发生能够"激发并维系城市发生化学反应"，引发城市发生强烈的连锁反应，并具有一定的延续性，使城市变得更加充满活力，也更加充满魅力。如北京由于奥运会的筹备，城市结构进一步扩展，带动了城市旧城更新，城市基础设施得到进一步完善，城市功能得到全面提升，北京奥运会成为城市全面发展的加速器。

归纳起来，城市更新触媒主要有三类，城市空间触媒、经济活动触媒、社会文化触媒[1]。城市空间触媒主要指由于实体空间建设所触发的对城市更新的影响，如城中村、旧工业区改造等；经济活动触媒是指从经济规律的角度分析哪些因素可以触发城市更新活动，如大型展事、节事活动，如大型商贸展会、商业综合体建设及其他市场投资项目等；社会文化触媒强调文化传统、民俗风情、文化事件、文化旅游项目等，如哈尔滨之夏音乐节、哈尔滨啤酒节等。以上的城市更新触媒，触媒之间是相互交叉互为关联的，每个触媒对城市更新的推动也会因为发展环境的改变而产生动态变化。

---

[1] 李江 . 转型期深圳城市更新规划探索与实践 [M]. 南京：东南大学出版社，2015.

2.3.2 精明增长理论

"精明增长"（smart growth）是20世纪90年代末诞生于美国规划界的概念，作为一种应对城市蔓延的城市发展概念，它并没有确切的定义，不同的组织对其有不同的理解。总的来说，精明增长是一种在提高土地利用效率的基础上控制城市郊区化的无序扩张，是一种保护生态环境、服务经济发展、促进城乡协调、提高人们生活质量的紧凑式城市发展模式。其理念的核心是提倡以中心城区、公共交通、步行系统为导向的新的增长模式，如紧凑社区、土地混合使用、城市增长边界、TOD发展模式以及城市废弃地再利用等，通过合理控制空间向外的无序蔓延，提高基础设施利用效率，从而创造一个更为高效、集约、紧凑、可持续的城市空间。

这里的紧凑、高效是区别于粗放、低质的空间增长而言的。如果我们将增量阶段的城市增长视为粗放增长，那么存量阶段所提出的空间增长目标则可称为"精明增长"。"精明增长"源于美国学者对欧洲城镇"紧凑发展"的研究，欧洲城镇的发展模式令许多历史城镇保持了其紧凑而高密度的形态，并被普遍认为是居住和工作的理想环境。美国人因此取法欧洲，提出了"精明增长"概念。"精明增长"的核心目标是要将城市建设尽量以最低公共成本投入去创造最高收益，这不仅指经济效益，还包括宜居宜业、社会公平、环境可持续发展等。可以说，精明增长是一种在提高土地利用效率的基础上控制城市扩张、保护生态环境、服务于经济发展、促进城乡协调发展和提高人们生活质量的发展模式。

精明增长理论的主要特征是：

（1）保护开敞绿色公共空间，包括对农田的保护；

（2）鼓励对中心城区、近郊区等已开发地区的投资；

（3）提倡公共交通为导向的高密度、紧凑发展的开发模式；

（4）通过居住环境的改善，就业岗位的创造来增强中心城区的吸引力；

（5）提倡土地混合开发，反对用地功能的生硬分离；

（6）鼓励填充式的开发和再开发。

精明增长理论是具有针对性的整体性空间发展策略，适合城市存量空间价值的再发掘、有利于提升城市存量空间的品质和活力。在城市更新中，提高开发强度、紧凑发展是平衡各方利益的核心和关键所在。同时，面对我国逐渐刚性收紧的空间管控趋势，精明增长理论有利于集约利用城市空间，优化置换城市空间结构，将城市人口、土地使用、产业发展、交通条件、生态环境、基础设施等要素纳入同一空间评价系统，进行整体研究、综合利用、系统评价。

2.3.3 紧凑城市理论

"紧凑城市"最早见于 1973 年丹齐格（Dantzig.G）和萨蒂（Satty.T）的著作《紧凑城市——适于居住的城市环境计划》。1990 年，欧洲社区委员会在布鲁塞尔发表了《城市环境绿皮书》，较为系统地提出城市紧凑发展与改善城市环境的关系，提出了回归紧凑城市的城市形态。英国学者迈克·詹克斯等人则于 1996 年编著了《紧凑城市——一种可持续发展的城市形态》，对紧凑城市能否成功迈向可持续展开了较为系统的探讨。何谓"紧凑城市"？紧凑城市主要是从城市功能形态角度给出的限制城市空间蔓延的规划概念。"紧凑城市"的形态取决于城市中人口和建筑的密度，强调土地混合使用和密集开发策略，主张人们居住在更靠近工作地点和日常生活所必需的服务设施附近，是一种基于土地资源高效利用和城市精致发展的新思维，具体体现在功能紧凑、规模紧凑、结构紧凑。

所以，总体上紧凑城市体现的是一种紧凑、集中、高效的城市发展模式，在有限的城市空间布置较高密度的产业和人口，节约城市建设用地，提高土地的配置效率。紧凑城市的研究内涵可以说是多种多样的，比如在我国，城市要解决职住平衡的问题，减少对中心城区的依赖，通过区域性的功能疏解使城市的人口、资源、环境走向协调，按照城市承载能力，实现职住平衡，减少钟摆交通；在荷兰主要对应的是内城衰败（后被"网络城市"取代）；在日本对应的是缺乏公共服务的弥漫式扩展；在美国对应的是郊区化和逆城市化；在澳大利亚主要对应的是城市中心活力丧失；在欧洲对应的是自然环境被破坏。

紧凑城市的功能形态特征可概括为：

（1）高密度：人口的高密度、建筑的高密度、经济的高密度、就业的高密度、城市土地的高强度开发；

（2）功能混用：通过功能混合，调节职住平衡，追求空间功能紧凑；

（3）形态紧凑：防止城市蔓延，节约土地、减少基础设施和公共服务设施配置成本，提高使用效率、减少出行的距离，节约能源和资源。释放城市经济积聚效益，促进城市和区域实现高效、集约、绿色、可持续发展。

"紧凑城市"也要学会"精明增长"，"精明增长"需要城市"紧凑"。精明增长是内涵，紧凑城市是框架。首先，"紧凑城市"是基于中国的国情，中国的人口基数决定了中国城市的人口密度本身就是远高于西方的，比如总体规划中我国大城市每平方公里一万人的规模概数，共享经济的形成也是基于较高的人口密度。当然，紧凑城市主要是指功能上的紧凑，随之呈现的是规模紧凑、结构紧凑。建设"紧凑城市"，尤其需要强化一个意识：空间布局错误是最大浪费。其次，精明增长强调以中心城区、公共交通、步行交通为导向的高效率的新增长模式。实现精明增长，紧凑城市的城市结构最适宜精明增长的城市格局形成。

2.3.4 新陈代谢理论

新陈代谢派（Metabolism）：在日本著名建筑师丹下健三的影响下，以青年建筑师大高正人、積文彦、菊竹清训、黑川纪章以及评论家川添登为核心，于1960 年前后形成的建筑创作组织。他们强调事物的生长、变化与衰亡，极力主张采用新的技术来解决问题，反对过去那种把城市和建筑看成固定地、自然地进化的观点；认为城市和建筑不是静止的，它像生物新陈代谢那样是一个动态过程。黑川纪章于 1959 年率先提出"从机械的时代到生命的时代"作为其核心的建筑设计、都市规划思想。主要是在进行建筑和城市规划时加入了时间要素，所谓新陈代谢式建筑和城市就是过去、现在、将来的共生和实践的共生。在此后 30 多年的不懈探索和大量实践中，逐渐形成了成熟的、具有特色的城市规划理论。其主要思想发展可总结为：20 世纪 60 年代的"新陈代谢理论"和 20 世纪 80 年代的"共生思想"（图 2-4）。

新陈代谢理论的第一原则是"历时性"，即不同时期的共生与生命所经历的过程和变化，不同时间的共生，意味着时间的变化。新陈代谢的思想是将过去、现在与未来的不同时间段，在一个城市空间中表现出来。第二原则是共时性，共时性是在同一时间段，应该同时存在着各种各样的文化，是由国际主义及欧洲文化中心论向多元文化论的范型转换。[1]

共生思想的内容：异质文化的共生、人与技术的共生、内部和外部的共生、部分与整体的共生、历史和未来的共生、理性与感性的共生、宗教与科学的共生、人与自然的共生。共生思想在建筑设计上的主要表现手法有：

[1]（日）黑川纪章. 黑川纪章城市设计的思想与手法 [M]. 覃力等译. 北京：中国建筑工业出版社，2004.

（1）沿袭历史上的形式，但引进新的技术和材料，使之产生渐进的变化。

（2）将历史上的外表形式打散成若干断片，将这些断片自由地配置于现代建筑作品之中，予以重新组合，使历史上的形式获得多重价值和意味。

（3）表现隐藏在历史上的符号和形式后面的思想、宇宙观、美学、生活习惯和思维方式，采用隐喻的方法来表现这些隐形的内涵。

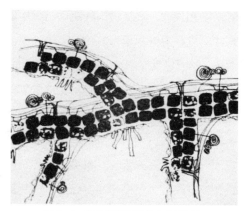

图 2-4 新陈代谢理论的生物学图解

图片来源：[日]黑川纪章. 黑川纪章城市设计的思想与手法 [M]. 北京：中国建筑工业出版社，2004

（4）运用抽象的符号体系，从现代主义和现代建筑遗产中保留其抽象化，作为一种双重信码和多重信码来显示丰富的传统内涵，他认为抽象的符号体系可以传达多重意味。

2.3.5 有机更新理论

"有机更新"最早是生物学的一个概念，其理论经过不断的发展和演变，形成整体、和谐、成长、衰落的思想，并广泛运用于各领域的理论和实践。"有机更新"可以被看作是符合"新陈代谢"理论的一种小规模整治与逐步改造的方法。将"有机"概念引入城市更新，城市有自己的兴衰履历，完美契合了城市更新的发展过程。起源于西方"二战"后的大规模城市更新，由于机械式的拆除重建破坏了原有城市肌理和内部空间的完整性而受到广泛的质疑。人们更认识到，城市更新肩负着衰败地区的复兴需求，带动城市活力的重要使命。逐渐开始从大规模的物质更新到"城市更新转向小规模、分阶段、渐进式更新阶段，强调城市更新是一个连续不断的过程"。这一早期西方城市更新的运动演化不断孕育出有机更新理论的核心思想。

"有机更新"的理论雏形早在 1979-1980 年吴良镛教授领导的什刹海规划研究中已经形成。吴良镛先生提出的有机更新理论是在对中西方城市发展历史和城市规划理论的充分认识基础上，认为从城市到建筑，从整体到局部，如同生物体一样是有机联系、和谐共处的。有机更新理论主张城市建设应该按照城市内在的秩序和规律，顺应城市的肌理，采用适当的规模，合理的尺度，依据改造的内容和要求，妥善处理目前和将来的关系，在可持续发展的基础上探求城市的更新发展，不断提高城市规划的质量，使得城市改造区的环境与城市整体环境相一致。

我国城市更新正进入有机更新的新阶段[1]。从城市的发展阶段来看，我国城市逐渐从扩张式发展转向内涵式发展的量质转变阶段，城市的有机更新必将注入新内容，成为城市新经济、新产业、新文化孕育发展的重要转型载体，成为城市提质升级的重要抓手。有机更新从传统的物质层面、拆旧建新、文脉延续的城市更新，发展到满足由"楼宇经济"向"互联经济"的新形态转变，从拆除重建到存量提升、智慧优化转变，从福特经济向文化创智引领转变，从重视经济发展到重视社区营造、促进邻里、社会融合、创造和谐社会等社会治理方向转变。从城市经营的视角，城市的有机更新融入了产业、运营等思维，城市更新开始对于资本有着更多的要求。总之，对现代城市有机更新的认识形成了包括产业共生、业态共享、多元化的资本参与、优秀的资产管理等智慧有机的新型城市发展形态的多元认知。城市更新开始进入以功能环境重塑、产业重构、历史文化传承、社会民生改善为重心的有机更新阶段。

[1] 秦虹，苏鑫. 城市更新 [M]. 北京：中信出版社，2018.

第三章 城市更新的历史认识

3.1 西方城市更新的思想溯源

3.2 西方现代城市更新的运动演化

3.3 中国现代城市更新的四个阶段

每个时代都需要城市更新，城市更新作为城市自我调节机制，是城市发展的一种常态现象，自从出现了城市，城市更新就随之出现。世事变迁，时代更迭，正因为有着人类文化及其发展，每一个时代的更新变革才必不可少。从历史的视角，城市的变迁往往会导致城市历史价值和文化财产的流失，这并不是一件新鲜事。以罗马帝国为例，伴随帝国的衰落，巨大的知识流失同时发生。历史让它用足了500年的时间去恢复，而文艺复兴就是这样一个过程：所失去的知识，技术和美学原理被重新发现——一场巨大的文艺革命恢弘而来，引导了艺术、建筑和城市设计的经典主义回归。但是，历史的教训往往需要付出巨大的代价才能够让人们醒悟，而城市更新的过程就是记录着城市经济、社会、文化嬗变的过程，城市更新的核心问题就是保护权和发展权的取舍，以及城市更新的实现方式问题。

3.1 西方城市更新的思想溯源

3.1.1 "形体决定论"的历史形成

1. 奥斯曼的巴黎改建

（1）巴黎城市发展

巴黎位于法国北部巴黎盆地的中央，法国首都，法国政治、经济、文化和交通中心。巴黎建城之初为小渔村，曾聚居着凯尔特 / 高卢部落的"巴黎希"人，巴黎的发展是在公元前 2 世纪上叶（公元 123 年），罗马人入侵地中海沿岸地区后，建立了称之为高卢的罗马行省，罗马人在塞纳河左岸地区建造了一座新城——吕戈戴斯。

17 世纪，法国发展成了当时的世界强国，这时期城市的发展主要集中在塞纳河右岸，建成了香榭丽舍大街等多条干道和一批纪念性建筑物，这些纪念性建筑同主要干道、广场等联系起来，形成轴线——17 世纪形成的巴黎轴线。1853-1870 年的 17 年间，巴黎完成了几项重大的工程，修通长 400 公里的城市道路，开辟广场，建设公园，改善城市通风（图 3-1）。

1859 年，拿破仑三世任命奥斯曼负责巴黎的城市改造和建设，奥斯曼拆除了巴黎的城墙，建设城市环路，在旧城区开辟很多林荫大道，建造了许多新古典主义风格的广场，以及住宅区、学校、图书馆、医院、火车站、地下水道、供水网……这一时期他对巴黎做了详细的总体改造规划，奠定了巴黎市区街道的基本结构和

图 3-1 巴黎改建

图片来源：钟继刚. 巴黎城市建设史 [M]. 北京：中国建筑工业出版社，2002

城市肌理。

1875 年，法兰西第三共和国宣布成立，此后巴黎又经历了第二次大规模的发展时期。1889 年建造了埃菲尔铁塔。20 世纪初，工业革命和小汽车的出现，使巴黎的城市发展进入扩张阶段，同时也给巴黎带来了严重的环境污染、交通拥挤、郊区扩散等问题。20 世纪 70 年代末，拉德芳斯新区开始建设，巴黎城市空间规划的特色体现在它独特的自然空间形态，以及通过轴线的延伸和建立张拉力的方法延续城市的肌理。拉德芳斯使巴黎的历史轴线向西延伸，在紧邻巴黎城外形成一个风貌与地区截然不同的区域。巴黎城内多个里程碑的建筑之间及诸多广场中央的纪念性建筑间建立了张拉力线，城市交通枢纽多以城市广场作为其基本布局。

（2）巴黎城市改建

法国大作家雨果曾提出一个根本性的问题：当局能否背离城市自身的发展过程，对之进行重新规划？[1] 乔治·奥斯曼主持巴黎市政建设的 17 年，拆除大量

---

[1]（法）贝纳德·马尔尚. 巴黎城市史 19-20 世纪 [M]. 北京：社会科学文献出版社，2013.

图 3-2 巴黎改建前后

图片来源：http://www.sohu.com/a/308300859_268920

破旧的建筑，开通了多条城市干道，这一时期他对巴黎做了详细的总体改造规划，奠定了巴黎市区街道的基本结构和城市肌理（图 3-2）。

1）改建的背景：

①经济发展很快；

②人口增长迅速；

③城市发展滞后于经济发展；

④城市基础设施建设不充分；

⑤出于经济政治的目的进行改建。

2）改建的内容：

①交通路网系统（循环系统）：竖向设计 & 开辟新路

奥斯曼巴黎改造计划的核心，重要内容是完成巴黎的"大十字"干道和两个环行路。"大十字"干道把里沃利大街向东延长，其西端与爱丽舍田园大道联成巴黎东西主轴，并作一条与之垂直的南北干道。"十大字"主要是东西和南北两条轴线，两条环路：内环——在塞纳河以北，大体沿原路易十三和查理五世时期的城墙遗址，以南为圣·日耳曼大街；外环——为拆除 1785 年城墙后建成的大街。主要的纪念性建筑大都布置在广场或街道的对景位置上。

②美化巴黎城市面貌

奥斯曼的都市计划新建的楼房统一了巴黎的街景。重视绿化建设，各区都修筑了大面积公园，建设了滨河绿地和花园式林荫大道。

③新建主要的基础设施，如建造了完善的大规模地下排水管道系统，改善自来水供应并且增加水压等。

④独立设施与街道设施

墓地：城市外围规划一个大型公墓，通过一个铁路系统与所有医院相连接。

采用新的城市行政结构，从管理层次上变革。同时，把市中心分散成几个区中心，以适应城市结构变化而产生的分区要求。

3）需要解决的问题：

①交通

②卫生

③社会和谐

至此，巴黎市区的城市形态基本定型，其特征如下：

①在高度或体量上具有一定特点的建筑物作为整个建筑群的主体性建筑统领全区；

②各建筑物间的组合形式呈规则几何形且各组间多呈闭合状态；

③在建筑群的中心轴线地带内，均为绿化园林区（带）；

④城市的各交通枢纽均以城市广场作为其基本的布局形式。各交通枢纽间均以宽阔、笔直的林荫大道相连，且每条大街都通向一处纪念性的建筑物。

2. 现代建筑运动

1922 年柯布西耶出版了《明日之城市》（The City of Tomorrow）提出了在巴黎老城区中心区建设新城的设想方案。书中提出了一个 300 万人口的城市规划——柯布西耶的现代城市，并阐述了他从功能和理性主义角度对现代城市的基本认识，规划的中心思想是提高市中心的密度，改善交通，提供充足的绿地，全面改造巴黎老城，形成新的城市。1931 年，柯布西耶发表了《光辉城市》（The Radiant City）的规划方案，用二十四栋兵营式的高层建筑替代巴黎中心区。这一方案是他的现代城市规划和建设思想的集中体现，并逐步形成了理性功能主义的城市规划思想。

3. 城市美化运动

伴随奥斯曼的巴黎改建，城市"景观改造运动"影响了欧洲各国：包括西特的城市形态研究，美国的"公园运动"。城市美化运动的核心思想——恢复城市中失去的视觉秩序与和谐之美。卡米诺·西特运用艺术原则对城市空间实体与空间关系及形式美的规律进行探索，力求从城市美学和艺术角度来解决大城市环境卫生问题和社会问题。例如，1893 年芝加哥世博会采用了古典主义加巴洛克的风格手法设计城市。城市美化运动的另一代表人物是奥姆斯泰德（F.L.Olmsterd），他主持了纽约中央公园的规划设计，传播了城市美化的理念，即保留荒野以使城市自然化，从而令城市更加文明化。

4. 现代建筑协会（CIAM）与《雅典宪章》

CIAM 指的是国际现代派建筑师的国际组织，1928 年在瑞士成立。1933 年雅典会议，分析了欧洲四个城市的状况，提出了关于"功能城市"的《雅典宪章》（下称《宪章》）。《宪章》认为城市规划的目的是解决居住、工作、游憩与交通四大功能活动的正常进行。其中，居住问题主要是人口密度过大、缺乏空地及绿化；生活环境质量差；房屋沿街建造，影响居住安静，日照不足；公共设施太少而且分布不合理等；工作问题是工作地点远离居住区，建议有计划地确定工业与居住的关系；游憩问题建议新建的居住区要多保留空地，增辟旧区绿地，降低旧区的人口密度，并在市郊保留良好的风景地带；交通问题主要是城市道路大多是旧时代留下来的，宽度不够，交叉口过多，未能按照功能进行分类。

5. 对"形体决定论"的反思

对于城市建筑形体的直观关注以及受 CIAM 及《雅典宪章》功能主义思想的影响，单纯的空间物质性开发——形体决定论主导了这一时期的城市更新活动。20 世纪 30 年代资本的过度积累导致了经济危机的爆发，引发了第二次世界大战。受到经济大萧条的打击和两次世界大战的战争破坏，战争将过度积累的资本消解，资本的扩大再生产又有了新的扩张空间。西方国家（主要是欧洲国家）在战后普遍开始了大规模的城市更新运动，并拟定了雄心勃勃的城市更新计划[1]。城市更

---

[1] 汤晋，罗海明，孔莉. 西方城市更新运动及其法制建设过程对我国的启示 [J]. 国际城市规划，2007（04）：33-36.

新运动的目的是战后重建，对毁坏的建筑和老街区进行重建和再开发，以及恢复内城活力，清除城市中心区的贫民窟，为城市居民提供更多的住宅，改善城市的物质生活条件等。战后重建缺少不了资本逐利的逻辑，城市空间的恢复重建为资本的重新积累提供了一个很好的载体。然而，这一时期英国、德国、法国的城市更新过程中，采取了大规模推倒重建的更新改造方式，致使长期的邻里社区关系突然消失，瓦解了城市原有稳定的社会关系，严重破坏了原有城市的有机结构和城市多样性，引发了居住分离和社会分化现象。历史经验表明，大规模的以形体规划为思想基础的城市改造并没有预料的那样成功，而城市更新解决的不仅仅是物质的老化与衰败，更重要的是经济、社会、文化等方面的衰退问题。总之，规则、秩序、唯美成为早期城市更新运动的主要指导思想，以物质环境改善为重点的城市美化运动由于缺少对城市社会问题的关注，被称之为"形体决定论"思想。

参考案例：重建规划——战后重建的德国城市遗产保护与城市更新发展

20世纪40-60年代，欧洲战后解决战争对城市的影响，核心就是城市重建与城市复苏，解决城市基本生活居住空间。"二战"之后欧洲各国集中力量进行城市的重建工作，其中德国将重建工作集中于市中心和已有城市街区。"二战"时期盟军地毯式的轰炸使得德国城市超过80%的建筑都毁于一旦，整个国家都被瓦砾掩埋了。超过4亿立方米的废墟成为城市的一部分，成为日后的城市大量重建空间。对许多现代城市的规划者来说，德国重建工程是一个打破原先拥挤、混乱城市格局的好机会。同时在东德和西德，城市规划者都在进行着激进的改造。但是，一场关于到底是推出有别于战前风格的新式风格还是照搬旧式风格的争论在德国展开了。20世纪60年代，西德每年有57万独立的住房被建起。到了20世纪70年代，东德也在高速重建着城市和街道（图3-3）。

在综合多方因素的基础上，德国的重建工作，形成了以下启示：

（1）尊重历史格局是前提

尊重历史格局和塑造城市风貌是城市保留文化痕迹的重要方式，包括道路格局、建筑布局、建筑形态等方面。虽然新建建筑"和以前已经完全不一样了"，但是新的建筑会采取"对历史的审慎态度"体现对历史的保护与延续。

（2）"现代"和"传统"的博弈

复兴历史街区，需要在保护历史格局的前提下将新的建筑"融入历史街区的氛围中去"，重建的过程具有明显的"当代"创作痕迹，如"新巴洛克式"建筑形成了"现代"和"传统"的博弈。重建城市的吸引力就是在这一再创作的过程中形成了新的艺术风格与场所认知。

（3）工作的透明化和公众的参与

公众参与对复建工作和城市规划的指导性原则起到了很大影响，而且公众的参与并不仅

图 3-3 德国战后重建

图片来源：https://www.douban.com/note/86755026/

仅停留在意见的表达上，民间组织的积极宣传与募款求援为城市的复兴重建起到了关键性作用。由城市开发基金与私人基金共同开发，特别是对历史核心区，对已有建筑的改造、社会参与与社区发展，致力于重塑城市的吸引力和可识别性。

3.1.2 "有机疏散"思想的形成

1. 霍华德的分散理论

霍华德的田园城市建设实践试图通过建立新的、长期闲置人口规模的"乡村"式城市来限制城市化的不断扩大，即"城市—乡村"的二元系统来解决城市的功能结构、过度膨胀和环境恶化等问题（图 3-4）。

到 20 世纪 20 年代，雷蒙·恩维（Raymond Unwin）和贝里·帕克（Berry Parker）提出了卫星城概念来继续推进霍华德的思想。1924 年，在阿姆斯特丹召开的国际城市会议上明确提出了卫星城市的定义：卫星城是一个经济上、社会上、文化上具有现代城市性质的独立城市单位，但同时又是从属于某个大城市的派生产物。

2. 柯布西耶的集中理论

1931 年，柯布西耶发表了"光辉城市"的规划方案。采用大量的高层建筑来提高密度，希望通过新型的、高效率的城市交通系统，充分利用新材料、新结构、新技术带来城市建设的可能性。主张以工业化时代的城市功能、尺度、风格和景观取代已经老化的城市中心。

1）积极意义：

（1）通过高密度解决城市拥挤的问题，并在高层建筑周围腾出空地提高绿地率，形成大面积户外开敞空间；

（2）调整城市内部的密度分布，用平均密度取代传统的"梯度密度"，通过疏解城市功能与就业密度，促进人流合理分布整个城市；

（3）建立人车分离的分层高架道路交通系统，快速交通与市内交通的分离，市区与郊区联系的地铁和郊区铁路的结合。

2）消极意义：

（1）没有意识到巴黎古城保护的价值，在建筑形式上完全抛弃了传统的街廓形式，忽视了历史文化价值和社会结构关系；

图 3-4　田园城市模型
图片来源：http://landscape.cn/article/65476.html

（2）其建筑思想对"二战"后城市建设产生了广泛的影响，然而过于生硬机械的功能分区与宏大尺度未能形成亲切宜人的城市环境。

3. 伊里尔·沙里宁有机分散理论

伊里尔·沙里宁（Eliel Saarinen）提出了不同于柯布西耶的集中理论、霍华德的分散理论的"有机疏散"理论。沙里宁认为，城市混乱、拥挤、恶化仅是城市危机的表象，本质其实是文化的衰退和功利主义的盛行。城市与自然界的所有生物一样，都是有机的集合体，必然存在两种趋势——生长与衰败。他对现代城市出现衰败的原因进行了揭示，提出了治理现代城市衰败、促进其发展的对策——进行全面的改建。

有机疏散理论就是把大城市目前的那种拥挤区域分解成若干个集中单元，并把这些单元组织成为"在活动上相互关联的有功能的集中点"。"对日常活动进行功能性集中"和"对这些集中点进行有机的分散"两种组织方式是使原先密集城市得以从事必要的和健康的疏散所必须采用的两种主要方法。有机疏散思想对以后特别是"二战"后欧美各国改善、重组、疏解大城市功能，重组城市空间结构关系，卫星城的建设等起到了重要的指导作用。

3.1.3 现代主义与"后现代"思潮的影响

"现代主义"（modernism）产生于 18 世纪中叶，在农业手工业社会向工业社会过渡转型的时期，在挣脱宗教文化束缚的思想自由时期，在工业化带来的新兴事物的冲击下，诞生的一种新的社会文化意识，它并无范围和领域的限制，一切应社会新技术、新材料、新需求的发展而产生出的一种应对意识，这种意识是社会进步的体现，摆脱传统的束缚、摒弃繁复冗杂的、倡导单纯简单的，更加注重功能与效率，这与机器化大生产的时代背景特点相适应。由于工业革命带来的一系列城市问题相继暴露，因资本主义的扩张需要大量生产资料和劳动力，原有城市与社会发展需求产生出很大的矛盾：道路无法满足现代通行工具的要求，工人的居住问题亟须解决，生产生活区域的划分问题亟须解决。如何高效快速地解决这一系列城市问题，"现代主义建筑"在探寻解决方式的过程中发展了起来，而原有的城市功能在不断增多、城市面貌在逐渐改变，总体是在适应现代社会的生产和发展需要，从这一点上来说，"工业革命"使传统的城市出现了弊病，而"现代主义"就如同是当时的处方，为了治愈那一历史时期的城市病而产生出一系列城市改造活动，这一过程中，城市由传统向现代过渡，经历了一次次的变革与更新。西方的现代建筑运动在两次大战之间达到高潮。以现代派建筑大师的思想与时间为代表所推动发展的现代建筑派，在相当一段时期里被人认为是抛弃旧世界、建立新秩序的发展必然。现代派建筑师们普遍强调设计与建造技术以及使用功能之间的逻辑关系，这种理性精神也是他们之所以能引领这个时代建筑发展的关键所在。两次世界大战之间成立的国际现代建筑协会于 1993 年制定的、以"功能城市"思想为核心的《雅典宪章》，直接影响了战后欧洲众多城市有关重建、更新或开发的规划实践。主要源于从勒·柯布西耶的"光明城市"构想所制定的《雅典宪章》，形成了以居住、娱乐、工作和交通四大功能来理解城市结构的规划思想，其实质关注的是功能秩序和生产的合理化。结果，它带来城市中简单、死板的功能分区，也带来单一类型的城市居住方式与机械、枯燥的城市空间。

"后现代主义"（post modernism）：一种思潮的诞生离不开它特定的历史背景，离不开当时的生产水平和社会类型。资本主义的不断发展导致西方国家相继进入后工业社会，生产的迅速发展伴随着物质的极大丰富，生产效率极大提高，人们的生活节奏变得很快，在此时，人们的物质生活有了保障，转而开始注重精神生活的追求，面对快节奏的生活与生产方式，企图冲破工业化社会带来的束缚，企图冲破现代主义诞生的理性与科学的束缚。而后工业社会就成为后现代主义诞生的经济条件。面对现代主义追求的秩序与统一所带来的诸多社会问题、城市问题，各界学者、思想家开始对现代主义进行批判性的评价，开始强调人的个性、人性的自由，开始思考如何解决现实中的社会问题。后现代主义是 20 世纪 60 年代，继现代主义之后诞生的一种哲学思想，或者可以说是一种思维方式。它对现代主义所推崇的真理与科学持怀疑和反思的态度。它强调人类理性的局限性，真理的复杂性，以及社会的多元性，出现在建筑学、文学批评、心理分析学、教育学、社会学、政治学等多个领域。最主要的特点是不设定唯一的规则或者评判标准，提倡应该从人本身出发，考虑人的个性，考虑社会性、文化性、情境性等因素。从总体上来说，它更像是一种相对的思维方式，没有固定的答案和标准，这种思维导致的结果是会尊重个性、包容差异性，在后现代主义思想影响下的各个领域的作品会呈现出多样化的效果，在进步的社会中，这种方式更加适合人类本身的发展，所以它比现代主义更具有人情味。后现代主义近几十年来对我们有非常大的影响，它尊重个性，提倡多元性的思想让我们的社会和国家，甚至民族以一种更加开放和包容的态度接受差异，形成多样性的社会产物。

后现代城市规划代表人物桑德库克认为，现代主义源于实证科学，是城市规划的本体论基础；而后现代主义源于人文关怀，是城市规划的价值或标准理论。一些批判现代主义的声音在 20 世纪 50-60 年代推动建筑发展的部分建筑师中已经出现。20 世纪 50 年代末，从国际现代建筑协会中分离出来的第十次小组十分尖锐地揭示了功能城市规划思想的不足。在 1961 年的时候，两个非常重要的学者，一个是芒福德，还有一个是雅各布斯，他们对城市有很多独到的见解。一个是在城市发展史角度，芒福德把土地空间、经济空间、文化空间变成一个整体来讨论，他认为城市是复杂的、更高层次的文明空间。雅各布斯是一名美国的女记者，她把传统规划精英思想全部彻底地批判，把城市建设成如此不堪的情景就是因为规划带来的影响。这些思想对于如何理解城市以及城市的转型发展都产生了极大地影响。

可以说，后现代思考开始于西方世界对自身建立的工业文明与现代化模式的全面反思。后现代主义理论渐渐取代了现代主义对当代西方规划理论的影响。出现了可持续发展替代盲目增长；淡化功能分区，提倡混合使用；主张多元化社会强调公众参与；避免城市规划社会性增加而忽视物质性规划等现象。

3.2 西方现代城市更新的运动演化

西方国家城市更新的运动演化与其城市的历史进程有关，工业革命的产生导致城市形态的巨大变化与冲突，机器大生产时代打破了城市类型期的有机城市格局，城市陷入了空间的混乱、失控——现代城市规划也就应运而生。两次大战后，英德等受战争破坏较大的国家围绕经济复苏、战后重建等议题，主要应对大量住房需求，国家和地方政府是更新项目的发起人、规划制定人、资金的主要提供者。城市重建与城市更新的相关理论在大规模实践中不断演化、丰富。

3.2.1 从历史保护到旧城更新

1960 年以后，随着战后大规模的住宅重建和新建，城市中大量历史环境迅速消失，导致了人们怀旧情绪的加重和历史保护意识的增强[1]。欧洲议会通过的《建筑遗产的欧洲宪章》，明确了历史保护的现实意义。"城镇历史区的保护必须作为整个规划政策中的一部分，这些地区具有的历史的、艺术的、使用的价值，应受到特殊的对待，不能将其从原有的环境中分离出来，而要把它看成是整体价值的一部分，尽量尊重其文化价值。"20 世纪 60 年代，欧洲的建筑和城市遗产保护经历了一个快速发展的阶段，被战争破坏的古城都按照"修旧如旧"的原则得到了很好的维修。

西方国家受 20 世纪 70 年代开始的全球范围内的经济下滑和全球经济调整影响，经济遭受极大冲击。以制造业为主导的城市开始衰落，导致城市中心聚集着大量失业工人，中产阶级纷纷搬出内城，造成了内城的持续衰落。20 世纪 70 年代时欧洲开始讨论城市更新，以及内城更新与城市再生。进入 20 世纪 80 年代，西方城市更新政策迅速变为市场导向的、以地产开发为主要形式的旧城再开发。旧城更新因其历史条件的限制，以及综合性、复杂性的关联要素，与局部更新相比较更强调整体和综合的观点，改善居住环境，完善道路交通和基础设施，发展第三产业成为旧城更新的主要动因。更新主要涉及三方面的内容：开发或改建（redevelopment）、整治（rehabilitation）、保护（或维护）（conservation），对于旧城历史地段，则予"保护"，旧城更新需要重视古、旧建筑的改造利用

[1] 张冠增 . 西方城市建设史纲 [M]. 北京：中国建筑工业出版社，2011.

和城市传统文化遗产的保护。旧城更新往往受到城市现状条件的制约，基础设施不健全、交通拥挤、居住密度高、社会结构复杂，居住环境恶劣等问题，以及居民形成了一定的聚居的社会心理和生活习惯。历史经验表明，旧城更新不当会造成城区功能衰落、文化心理失衡、社区结构破坏等；受经济利益的驱使，还会引起社会公平、拆迁矛盾、粗制滥造等一系列问题；规划控制不合理更会造成旧城文化特色丧失、空间形态趋同、基础设施超负荷等系统性的问题。旧城更新过程中，政府与私有部门深入合作是市场导向城市更新的显著特点，政府出台政策鼓励私人投资标志性建筑及娱乐设施来促使中产阶级回归内城，并刺激旧城经济增长。此外，因为旧城更新的诸多问题也使得许多城市建设新城，作为实现旧城疏解，并通过改变城市结构由单中心到多中心转变，由集中走向有机疏散的途径选择。

知识点：

我国《城市规划法》解说中提出城市旧区改建的主要原则如下：

——城市旧区改建应当遵循加强维护、合理利用，调整布局、逐步改善的原则，统一规划，分期实施。

——城市旧区改建的重点是对危房棚户、设施简陋、交通阻塞、污染严重地区进行综合整治。

——城市旧区改建应同产业结构的调整和工业企业及技术改造紧密结合，改善用地结构，优化城市布局。

——城市旧区特别是历史文化名城和少数民族地区的旧区改建应当充分体现传统风貌、民族特点和地方特色。

3.2.2 从物质更新到多目标导向

受当时现代建筑师协会倡导的城市规划思想影响，许多城市（包括伦敦、巴黎、慕尼黑等历史悠久的城市）都曾在城市中心区进行了大量的拆旧建新活动。从西方国家的发展历程看，城市更新呈现如下规律：由拆除重建式的更新到综合改造更新，再到小规模、分阶段的循序渐进式的有机更新；由政府主导到市场导向，再到多方参与的城市更新；由物质环境更新到注重社会效益的更新，再到以人为本、可持续发展、多目标导向的城市更新。

物质环境更新（20世纪40-50年代）：在现代建筑师协会倡导的建筑要随

时代发展而变化的思想下，各胜利国政府纷纷出台了"高大上"的空间规划，城市中心的老建筑被大量推倒，取而代之的是以购物中心、高档宾馆和办公室等各种标榜为"国际式"的高楼。政府作为投资主体，在更新过程中拥有绝对的话语权。这种推土机式的拆除重建很大程度上提升了城市建成环境。[1] 这种"物质决定论"的思想在今天看来主要来自于采用主流实践形式的常规城市主义者，他们多来自城市设计、建筑学、景观建筑学和城市规划，他们常常认为自己是物质城市的管理者，是公共利益的守护者，是城市景观美学的拥护者。正如阿西姆·伊纳姆（Aseem Lnam）所指出的"城市主义者有创新力、善于整合、跨学科、以行动为导向"。然而，"尽管城市主义者能够利用各种新途径来披露问题、建造物质城市，他们对美学、形式和空间的执着却降低了他们的效能。这种执着和以项目为主导的思考，令城市主义者长期受制于更强大的城市形式制造者。通常围绕对项目思考所欠缺的，是对大型城市体系、模板的批判"。很长时间以来，城市主义者几乎只关注与城市形式相关的课题，这在很大程度上损害了城市设计其他方面的创新……在此后的认识中，城市设计师"正对社会科学和自然科学、交通和市政工程、水资源和废水处理、分区和公共政策等越来越敏感"，"从更多元化的维度挖掘出城市设计更包容的思考和行动领域的可能"。[2]

多目标导向（20 世纪 60-70 年代以来）：经过"二战"后的复苏期，西方国家在 20 世纪 60 年代进入了经济快速增长时期，长期的经济繁荣使城市更新运动的重点也随之变化。城市更新开始由单纯的物质环境规划转向社会规划、经济规划和物质环境相结合的综合性更新规划，城市更新工作发展成为制定各种政府政策的纲领。一方面，城市的更新改造更加强调对综合性规划的通盘考虑；另一方面，以大城市、大规模的更新改造为特点的城市更新运动蓬勃发展。20 世纪 70 年代后期，城市更新政策逐渐从以往关注大规模的更新改造转向较小规模的社区改造，由政府主导转向公、私、社区三方伙伴关系为导向，此时期更新周期长、需要庞大资金支撑的更新项目越来越难以实施。此时的城市更新转向小规模、分阶段、渐进式更新阶段，强调城市更新是一个连续不断的过程。城

[1] 杜坤，田莉. 基于全球城市视角的城市更新与复兴：来自伦敦的启示 [J]. 国际城市规划，2015，30（04）：41-45.

[2] （美）阿西姆·伊纳姆. 城市转型设计 [M]. 武汉：华中科技大学出版社，2016.

市更新的绩效亦转向多目标评价的阶段，即城市更新的结果实现要从包括经济、社会、生态、文化等在内的多个目标进行综合考虑，首先城市更新要有价值判断，要读懂城市的内在逻辑；其次，要具备复杂思维与多目标处理能力，运用综合手段进行多目标的处理；最后，空间场所的营造和综合目标的最终实现是城市更新塑造全维环境的终极目标。多目标导向的城市更新表明对城市更新的认识已经从"物质环境更新"向更具深层意义和根本价值转变，这些专业领域或多或少与政治经济学、社会学等领域交叉。一些著名的学者从不同的学科领域进行了开创性的研究，比如理查德·佛罗里达（Richard Florida）、皮特·霍尔（Peter Hall）《城市和区域规划》（1975）、尼尔·史密斯（Neil Smith）、简·雅克布斯（Jane Jacobs）《美国大城市的死与生》（1961）、罗和凯特《拼贴城市》（1975）等。

3.2.3 从空间生产到社区营造

20世纪60年代以来，以列斐伏尔、哈维等代表的西方马克思主义学者，发展了经典的新马克思主义空间生产理论。他们利用马克思主义观点和理论方法来研究城市空间生产，并对其背后的社会政治、经济动因进行分析和批判，使得我们能够透过社会生产方式的理论框架去审视城市发展所产生的各种现象。空间生产首先具有物质性，土地是空间生产的载体；其次，空间生产是资本运作的过程，空间生产是空间剥夺的过程。资本运行于空间生产上，首先是对土地的盘剥，然后是投机建筑和房地产业，最后是空间消费，通过空间营造消费氛围，通过空间消费实现资本增值。通过空间生产的过程，我们可以看到它是一种社会关系的生产，"城市空间和空间中的政治组织体现了各种社会关系，但反过来作用于这种社会关系"。人们在空间生产的过程中形成了不同的社会关系，对空间的分配和占有呈现了这种社会关系。[1] 可见，空间的生产是资本化的城市开发模式，"由权力和资本主导、以土地/空间效益为目标的经济开发型模式"。

社会–空间生产的社区规划，是空间的资本化生产到社区营造的转变，西方城市更新经历了拆除重建–旧城改造–社区更新的发展阶段。随着经济全球化的加速，大众消费社会的来临和快速城市化的进程，使得社会生活变得空前复杂，

---

[1] 齐勇. 西方马克思主义空间生产理论探析 [J]. 理论视野，2014（07）：39-41.

客观上要求更具有建设性、变革性的、积极的社会管理，来整合社会生活的秩序。社区作为宏观社会的缩影和社会有机体的基本单位是进行基层社会治理创新的最佳落脚点。如何实现由"建设"向"管理"的转变，强化社区的社会参与，形成自我管理、自我服务的共治格局。回顾社区规划在全球的发展历程，其核心议题普遍经历了从"物质性"向"社会性"的转变，从政府主导并关注物质环境建设，转向强调社会多元自治的社区总体营造。在社区规划中，用"社会"逐步取代"空间"，重新回归生产的目标核心，构建多元主体共建、共治、共享的行动模式，以空间为主要生产手段，营造有主体意识和发展能力的社区共同体[1]。社区营造是一项长期且广泛的社会实践，发展社区产业是营造社区的主轴。例如在乡村社区营造中，充分利用地域特色发展传统文化创意产业和生态旅游业是乡村社区营造的主要方式。在现代城市中呈现出高密居住形态、人口流动率高、地方连接度低、工作场所活动时间大于居住场所等现象，同时现代社区也具有网络与社群发达、民众移动成本低、媒体能见度高、民间社会资本丰富等条件。在社区营造中要分析现代社区的特点，寻求积极有利因素，通过循序渐进的方式激发居民对生活环境的关怀，进而鼓励居民参与社区公共事务，社区营造的实践重点在于打造居民共同体意识、重塑社区生活。

3.3 中国现代城市更新的四个阶段

3.3.1 第一阶段（从解放初至 20 世纪 70 年代）

新中国成立之后，我国推行计划经济体制，城市经济也体现出计划分配、自给自足的特点。这一时期由于需要恢复进行社会主义经济建设，国家主抓工业生产，城市功能以生产服务为主，全国上下掀起生产建设高潮。当时中国城市遗留下很多战争时期的问题，由于政府精力有限，国力不足，因此对旧城的改造只能是"充分利用，逐步改造"，旧城改造主要着眼于棚户和危房，增添些最基本的市政设施，以缓解居民的基本生活保障。

新中国成立之初，对于房屋土地管理的原则在于没收生产资料，保留生活资料，对城市私有房产进行社会主义改造，从而改变所有制建立社会主义所有制国家。

[1] 刘佳燕，邓翔宇. 基于社会－空间生产的社区规划——新清河实验探索 [J]. 城市规划，2016，40（11）：9-14.

在住房公有制条件下，个人之间有关房地财产的纠纷、转移，需要通过国家（单位、房管所）的介入完成。在计划经济体制下，实行的是住房申请和调配制度，单位制福利分房成为具有强烈时代色彩的体制烙印。国家体制对私人生活不断的渗透过程中，造成了公有与私有财产边界的模糊。产权模糊不清导致城市建筑维护不善、人均面积小、基础设施差，而人们对改善生活条件的愿望日益提高，住房矛盾问题日益凸显。同时，社会生产力低下，城市发展活力不足，也更深远地影响了当时的城市建设。

这一时期，所谓旧城改造主要是着眼于改造棚户和危房简屋，同时增添一些最基本的市政设施，以解决居民的卫生、安全、合理分居等最基本的生活问题，交通方面限于拓宽打通少数道路，"旧城区整体上维持现状，未进行实质性的更新改造。"[1]

3.3.2 第二阶段（20世纪70年代后期到20世纪90年代初）

这是计划经济向市场经济的转化期，转变的时间节点就是1978年改革开放的重大国策实行之际。这一阶段是中国的计划经济后期，市场经济初期的阶段，此时的中国社会正经历着政治运动后剧烈的思想碰撞。"文革"之后，生产恢复，随着国民经济的逐步发展和人民生活水平的不断改善，城市发展的主要矛盾是城市职工住房短缺的问题。城市中开始出现大片工业区、商业区、单位职工大院等，城市建设有着强烈的计划经济色彩，采用分配体制，统一的设计、统一的材料、统一的技术造就了计划性的秩序空间。

在当时的社会经济条件下，经济建设能力有限，对于历史文化保护观念淡薄，城市监督管理体制不到位，城市建设出现了诸多的问题。由于年代的特殊，城市规划的思想、组织形式、改造模式和技术手段等方面都有着极大的不同。总体上，由于诸多限制因素，城市规模发展缓慢，城市结构和形态并未发生质的改变，一方面是城市不断地发展需求与不能满足人们物质文化生活需求的社会生产力矛盾，城市更新缓慢，旧城环境逐渐恶化；另一方面，城市传统街区尚未遭到大规模建设性破坏，城市社会生活方式保存了朴素与传统的方面，城市社会文化结构随着社会发展缓慢进步。

---

[1] 阳建强. 中国城市更新的现况、特征及趋向 [J]. 城市规划，2000，24（4）：53-55，63.

　　"20世纪70年代的住房体制是将高度集中的中央土地投资所有权下放给政府、国营和集体企业"。当时进行的危房改造全权由国家负责，财政拨款成为唯一资金来源。由房管局组织施工，以单一的危房改造为目的，居民几乎整体回迁，不涉及土地功能的置换。"这种模式与包容合一的国家—个人关系相对应，市民利益与城市更新步调一致，但进展慢、规模小、效益差；面对着大片亟待改善的区域，政府财力捉襟见肘，城市发展面临无米之炊的困境"。[1]

　　1980年，邓小平以"建筑业也是可以挣钱的"明确了中国的住宅建设应该向商品房属性转变。以深圳为代表的罗湖和南山等城市先发地区的自发建设活动开始出现蔓延趋势，这个阶段的自发改造没有经过规划指导，"旧村自改"成为城市最混乱的地区之一。[2]

　　20世纪80年代开始的改革开放和20世纪90年代影响渐深的经济全球化，给中国的城市发展带来了巨大动力和空前巨变。中国的城市更新处于一个不同于西方国家的更加复杂的背景之中。[3]

　　1988年中央颁布《土地法》，城市市区的土地属于国家所有。农村和城市郊区的土地，除由法律规定属于国家所有的以外，属于农民集体所有；宅基地和自留地、自留山，属于农民集体所有。《土地法》中明确指出："承认私人对土地的私有权（使用权、承包权），并允许土地的自由转让"。

3.3.3 第三阶段（20世纪90年代初到21世纪初）

　　这一时期是我国城市扩张速度最快的一段时期，属于增量扩张阶段的快速城市化与城市旧城更新并行的时期。1992年邓小平南方谈话之后，我国进入了发展的快轨道。一方面，城市建设需要大量土地，工业的繁荣使得城市的绿地、住宅区、农用地被工业用地所取代；另一方面，外来务工人员的涌入及城市自身的扩张使得城市中出现大量棚户区、旧住区、废旧厂房，加上一些地区落后的基础设施，旧城区的生活条件不断恶化。

　　进入21世纪，我国城市发展的特征是，城市规模化、新城郊区化、中心城区

[1] 施芸卿. 再造城民 旧城改造与都市运动中的国家与个人[M]. 北京：社会科学文献出版社，2015.

[2] 李江. 转型期深圳城市更新规划探索与实践[M]. 南京：东南大学出版社，2015.

[3] 程大林，张京祥. 城市更新：超越物质规划的行动与思考[J]. 城市规划，2004（02）：70-73.

高密化。这一时期的城市更新是以城市开发为主，追求"超额利润"为重要目标。由于城市发展资金匮乏，被商品化的土地和空间成为城市政府的第一笔资源。这种认识源于西方城市规划理论，认为城市规划的核心旨在最大化实现土地的交换价值，以最有效的模式在市场中分配土地。由于城市中心区存在的老旧住区与城市未来的商业用地的空间重合，"开发带危改"的旧城改造模式应运而生。[1]

这一时期也是我国城市历史文化建设性破坏最为严重的一个时期，在"土地财政"的维系下，城市盲目追求快速扩张，城市空间以数量增长型为主，快速增长的雄心代替了对空间理性的思考，千城一面，特色弱化。诚然，在我国东部、南部一些重要的中心城市由于较大的资本投入与较高的管理水平，逐渐成为中国乃至世界特征鲜明、高度发达的城市，比如，北京、上海、广州、深圳等。但是，与光鲜亮丽的城市景观相伴随的，是快速扩张造成的公共基础设施配置匮乏、市政基础设施投入不足、城市交通阻塞严重、生态环境污染严重、城市历史文化遭受大规模破坏等一系列问题。与之同期，经济的高速发展导致的工业阶段与工业布局的诸多问题开始爆发，城市雾霾问题日益严峻，山湖水系污染严重，中国经济高速增长带来的可持续发展等综合性问题日益凸显。

经过 30 多年的改革开放，一些先锋城市发展进入稳定期，可增量土地资源亦捉襟见肘，城市更新成为世纪之交中国城市发展的研究主题之一。伴随中国工业化进程开始加速、经济结构发生明显变化、社会进行全方位深刻变革的关键时期，城市更新作为城市发展的调节机制亦正以空前的规模和速度在全国各地展开。[2] 由于粗放型的扩张与规模化的发展，先期城市与产业规划的不合理，功能转型需求、人口压力陡增等问题凸显。以深圳为例，经过 30 多年的建设，可开发土地资源消耗殆尽，城市发展迅速从外延扩张转变到内涵挖潜的阶段，深圳市政府提出了"二次创业"的口号，开始改变土地供需结构，着手进行以城中村和旧工业区改造为重点的城市更新。至 21 世纪初，我国主要中心城市空间转型与统筹更新的需求显现——"城市更新已逐步由早期个体自觉改造向理性秩序的方向转变，由追逐个体利益向实现城市整体效益转变"[3]。

[1] 施芸卿. 再造城民 旧城改造与都市运动中的国家与个人 [M]. 北京：社会科学文献出版社，2015.
[2] 阳建强. 中国城市更新的现况、特征及趋向 [J]. 城市规划，2000，24（4）：53-55，63.
[3] 李江. 转型期深圳城市更新规划探索与实践 [M]. 南京：东南大学出版社，2015.

3.3.4 第四阶段（21世纪初至今）

中国的城市规划进入了存量规划与增量规划并存阶段。中国城市也进入了转型发展的新时期。由于经济发展需要转型，同时我国法律制度的不断健全、信息科技的不断突破、经济社会的不断进步也为城市更新的转型发展创造了良好条件。此一时期，城市更新的目标亦转向"在城市整体功能结构调整综合协调的基础上，由过去注重单纯的城市物质环境的改善转向对增强城市发展能力、实现城市现代化、提高城市生活质量、促进城市文明、推动社会全面进步的更广泛和更综合目标的关注"[1]。

首先，消费结构转型。为推进和实现我国经济的整体转型，理所当然应首先调整需求结构，把扩大国内居民消费需求作为当下保增长的现实选择，又作为推进我国经济整体转型的持久动力和增进社会福祉的根本途径。从2009年下半年开始，我国各级政府已出台了一整套扩大消费政策举措，引导社会需求健康发展。其次，产业结构转型。产业结构的调整升级是个不断演进的动态过程，在不同阶段有不同的要求和任务，形成面向未来的产业结构发展战略。再次，贸易结构调整。贸易结构是指进出口贸易的比例、产品及市场构成及其相互制约的联结关系。过去我国经济增长过多依赖出口，依赖国际市场，从一定程度上说，这是一种出口主导型经济。今天我们要将外需主导型经济转变成内需主导型经济，扩大内需，寻找经济新的增长点。最后，要素结构调整。要素结构调整是经济转型的必由之路，经济增长与发展是由劳动投入、资本投入和科技进步等多种要素决定的。以往我国经济快速增长的背后，是物质资源、能源和劳动力的巨大消耗，事实已充分证明，这种靠资源消耗的发展不可持续，必须对生产要素的投入结构进行坚决调整，由要素投入推动型转变为科技创新推动型，这是实现我国经济整体转型的必由之路。

消费结构、产业结构、贸易结构、要素结构的调整意味着要通过城市更新带动地区发展转型升级，通过城市更新赋予城市发展新动力，帮助区域、城市实现价值的提升。在珠三角制造业面临外需不振，产业结构偏低等问题下，广东省提出"腾笼换鸟"的产业转移战略，制定《珠江三角洲地区改革发展规划纲要（2008-2020年）》，提出要推动产业实现转型升级、优化发展。同时，经过

1] 阳建强. 中国城市更新的现况、特征及趋向[J]. 城市规划，2000，24（4）：53-55，63.

30 年的发展，广东特别是珠三角地区产生了土地资源紧缺、城市空间不足等制约因素，面对产业结构及城市空间发展的问题，广东遂于 2012 年率先在全国开展"三旧"改造试点工作，实施此举的一个重要原因就是为了助推产业结构调整。例如，蛇口网谷项目通过复合式更新改造从原来的旧厂房转型，引进互联网、电子商务、软件开发、移动互联网等企业取代传统制造业，成功实现产业升级，并在 2013 年作为深圳城市更新中旧工业区综合整治的成功样本被加以推广。可见，城市更新不是简单的房屋翻修，而是对土地利用价值的重新发现，可以成为城市经济新的增长点——通过城市更新，有助于实现市区土地资源价值的提升，也有助于各类产业的加快导入。

知识点：

我国《物权法》于 2007 年 3 月颁布实施，《物权法》从国家法定层面进一步明确了对各种所有制形式的合法财产的保护。城市规划和建设将不仅仅是满足城市生产、生活的各类需求，更在于公民财产和权利的保护。特别是在城市更新中，由于城市空间具有空间固定性、价值转让长期性和多种商品属性，所以尊重城市是各方利益的共同体，合理保护现有权属人，保护市民的合法权益是《物权法》赋予的法律权益。在《物权法》出台前，居民似乎无权可维，因为所有土地的所有制均为社会主义公有制，公共部门可以因为模糊的"公共利益"而收回土地使用权，政府可以为积累资金以土地代替资本打开征地通道。显而易见，这种盈利性的土地制度并不能保证城市更新中的社会正义 [1]。

《中华人民共和国物权法》摘录：

第四章 一般规定

第三十九条 所有权人对自己的不动产或者动产，依法享有占有、使用、收益和处分的权利。

第六章 业主的建筑物区分所有权

第七十条 业主对建筑物内的住宅、经营性用房等专有部分享有所有权，对专有部分以外的共有部分享有共有和共同管理的权利。

第七十一条 业主对其建筑物专有部分享有占有、使用、收益和处分的权利。业主行使权利不得危及建筑物的安全，不得损害其他业主的合法权益。

第七十六条 下列事项由业主共同决定：

（一）制定和修改业主大会议事规则；

（二）制定和修改建筑物及其附属设施的管理规约；

[1] 何舒文，倪勇燕. 从四个角度看中国城市更新的本质 [J]. 现代城市研究，2010，25（03）：91-95.

（三）选举业主委员会或者更换业主委员会成员；

（四）选聘和解聘物业服务企业或者其他管理人；

（五）筹集和使用建筑物及其附属设施的维修资金；

（六）改建、重建建筑物及其附属设施；

（七）有关共有和共同管理权利的其他重大事项。

决定前款第五项和第六项规定的事项，应当经专有部分占建筑物总面积三分之二以上的业主且占总人数三分之二以上的业主同意。决定前款其他事项，应当经专有部分占建筑物总面积过半数的业主且占总人数过半数的业主同意。

并且，《深圳市城市更新办法》中摘录：

第三十四条 同一宗地内建筑物由业主区分所有，经专有部分占建筑物总面积三分之二以上的业主且占总人数三分之二以上的业主同意拆除重建的，全体业主是一个权利主体。

第四章 城市转型与城市更新

4.1 城市转型的分类

4.1.1 产业转型

从世界范围看，城市发展的历史就是城市持续转型升级的历史，城市转型发展的核心动力来自于产业和经济的转型。产业转型目前有两种解释，一种是较宏观的，是指一个国家或地区在一定历史时期内，根据国际和国内经济、科技等发展现状和趋势，通过特定的产业、财政金融等政策措施，对其现存产业结构的各个方面进行直接或间接的调整。也就是一个国家或地区的国民经济主要构成中，产业结构、产业规模、产业组织、产业技术装备等发生显著变动的状态或过程。从这一角度说，产业转型是一个综合性的过程，包括了产业在结构、组织和技术等多方面的转型。另一种解释是指一个行业内，资源存量在产业间的再配置，也就是将资本、劳动力等生产要素从衰退产业向新兴产业转移的过程。产业转型的成功需要借助城市更新的运作杠杆，淘汰落后产能，建立低效用地的退出机制，分散工业用地的整体规划、统筹考虑，并考虑引导产业结构升级，政策激励与公共服务优先，税费优惠与融资模式创新等，促进产业转型能够实现城市的连片开发、整体转型。

城市之间因为资源禀赋的不同、所处发展阶段的差异以及治理方式上的差异，对转型发展的时机切入、推进措施和具体对策，都会有自身的独特性，由此形成了产业链延伸型、整体转换型、混合发展型、特色引领型类型的转型模式[1]。

城市发展的根本性推动力是科技革命、技术革命和产业革命，但是如能顺应经济产业的发展周期就会为城市转型提高效率、减少代价。城市的发展需要把握好产业周期与城市周期转换的战略节点，培育创新驱动下可持续发展的产业环境。熊彼特提出周期创新学说[2]，认为创新是延长和扩展经济周期的基本动力，能够让城市保持持久的驱动力，摆脱产业主导的经济周期的制约，实现可持续发展的新城市生命周期。在我们国家的城市创新体系中，创新型城市、地区，其经济发展的质量与抗风险的能力越来越强，最根本的原因在于知识、创意取代了传统的发展要素，创新型、服务型经济重构于城市的生产组织方式和空间结构形式之中，

[1] 李程骅 . 国际城市转型的路径审视及对中国的启示 [J]. 华中师范大学学报（人文社会科学版），2014（03）：35-42.
[2] 熊彼特 . 经济发展理论 [M]. 北京：中国画报出版社，2012.

新产业空间也逐渐变成城市主要的功能区，同时企业的创新活动也源源不断地转化为城市的创新文化。

为适应城市更新转型中产业的发展特征对城市用地的需求，我国对城市产业发展用地的政策举措进行了不断地深化。据统计，在 2013 年至 2015 年期间，我国总共出台了 45 个不同行业的产业用地政策。这些产业用地政策在土地用途、供地方式、集体土地流转、旧工业用地的再利用、地价政策等方面均有诸多的创新和突破。其政策导向是以产业为主要驱动力，以存量土地二次开发的集约利用为主要方式，将原来以"居住新城"为主的开发方式变为以"产业新城"为主的新型开发。城市更新的核心是产业的回归，并正从单纯改善居住环境向产城融合的新城区模式演进，通过产业融合破解原有产业单一的难题，重塑区域的城市活力，这是城市产业转型更新驱动的最主要途径。例如，深圳市在城市更新中，要求拆除重建类城市更新项目升级改造为新型产业用地功能的，应配建创新型产业用房。新型产业用地是指为适应传统工业向新技术、协同生产空间、组合生产空间及总部经济、2.5 产业等转型升级需要而提出的城市用地分类，即在工业用地（M 类）中增加新型产业用地，具体是指融合研发、创意、设计、无污染生产等新型产业功能以及相关配套服务的用地。又如，四川省绵阳市在城市产业主导功能中除了高科技产业还加入了现代服务业的内容，最终要形成主导产业、新兴产业、现代服务相融合的新型产业格局。在产业转型中，绵阳市通过城市更新过程，植入新产业，以往与旧城区难以相融的产业也可以找到新的发展空间，通过特色产业带动、文旅产业主导、新旧产业融合等几种产业更新途径。

知识点：工业城市与新型工业化

工业城市：福特主义时代，传统工业城市的工业化（Industrialization）是以劳动要素、资本要素为基本要素的工业生产替代以劳动要素、土地要素为基本要素的农业生产的过程。传统工业城市，例如资源型矿业城市，随着矿产资源的枯竭，并且制造业向原材料和人力资本更低廉的地区转移，建立在工业基础上的城市产业功能开始萎缩，工业城市被迫转型。

新型工业化：进入后福特主义时代，西方城市功能正逐渐由工业生产型向信息服务型转变。新型工业化是发展经济学概念，指知识经济形态下的工业化，即在信息工业基础上发展起来的智能工业，一种以人脑智慧、电脑网络和物理设备为基本要素的新型经济结构、增长方式和社会形态。增长方式是知识运营，知识化、信息化、全球化、生态化是其本质特征。在知识经济时代，没有经过传统工业化的发展中国家可以直接通过新型工业化缩小和发达国家的差距实现赶超战略，避免所谓的"中等收入陷阱"，使它们不再重复那些污染工业、高耗能工业和剥削性经济，借助知识文明尽快直接达到工业文明的繁荣，使之后来居上——既保持回归自然的特色，又享受工业文明。

4.1.2 空间转型

城市空间的最初转型是由于历史和社会的变迁，原有空间不满足新的发展需求引起城市空间功能的改变。在产业转型的同时，同步进行的是空间布局优化和空间功能内涵转型伴随着中国城市化进程的快速推进，利用级差地租的方式实现城市旧城空间整体更新，就是在中国社会发生的一个个现实的城市空间转型。我们也可借鉴美国城市转型的历程，美国城市的转型反映了对城市发展阶段转变的应对方式。20 世纪 60 年代美国的制造业遭受了巨大的冲击，70 年代又遭遇了严重的石油危机，伴随着美国经济发展的阶段性问题，美国各大城市和地区以不同的驱动力、方法、路径实现着经济的转型，涌现出很多中心城市转型的成功典型，代表性的如芝加哥、洛杉矶、纽约等 [1]。这些中心城市的转型是一个持续的过程，经济结构的转型和经济政策的调整促使城市空间发生转型，城市原有的功能区由单中心型逐渐转向多中心型 [2]；而郊区也由原来的经济型住宅区向混合型多功能的次中心转变；由于美国城市的去工业化，中心城市的功能也由制造业城市向服务业城市进行转变。美国城市的转型过程体现了城市服务价值的追求促使城市功能发生转变，资本逐利的空间生产逻辑保障了空间转型的最终完成，低效激活的地价级差促成了城市转型在经济上得以实现。可以说，城市从制造业主导向服务业主导转型几乎是所有城市都必须经历的阶段。

在信息时代，网络的即时性在一定程度上突破了传统的地理空间对城市布局的制约，淡化了空间区位的差异，而城市生产的分散、工作与生活界线的模糊化也促进了土地使用功能的兼容与城市功能的空间整合。时空压缩效应促使"流空间" [3] 开始出现，卡斯特尔（Castells）设想了一个由计算机网络所创造的新的生产与管理空间，即流空间（space of flows）。他从技术决定论出发，认为流空

---

[1] 钱维 . 美国城市转型经验及其启示 [J]. 中国行政管理，2011（05）：96–99.

[2] 崔蕊满. 城市空间转型的多重维度思考——记"比较视野下的城市空间转型跨学科工作坊" http://ex.cssn.cn/lsx/sjs/201711/t20171109_3737254.shtml.

[3] 当前国内外的地理研究中比较重要的一个着眼点就是社会学家 Castells 提出的流空间，并给出其动态化空间的概念。其中对流空间中各种流，特别是信息流的研究则成为寻找流空间特征的重要途径。

间将取代场所空间。Castells 区分了流空间和场所空间，并提出了流空间由三层构成：第一层由电子脉冲回路所构成，它促使了一种无场所的非地域化的和自由型的社会；第二层是由其节点和枢纽所构成，促使了一种网络，连接了具有明确的社会、文化、物质和功能特征的具体场所；第三层指主导的管理精英的空间组织，它促使了一种非对称的组织化社会。随着流空间的分析、模拟与可视化研究深入，流空间正与实体空间一步步走向结合。可见，流空间是围绕人流、物流、资金流、技术流和信息流等要素流动而建立起来的空间（组织形式），其以信息技术为基础的网络流线和快速交通线为支撑，创造一种有目的的、反复的、可程式化的动态运动。流空间是信息密集型、功能复合型、创新高效的空间单元，流空间对于当前的地理空间格局起着润滑与重新塑造的作用。

城市空间转型意味着城市建设内涵的相应转变，城市发展的阶段性价值需求及城市自身的功能需求促使城市空间转型的系统性发生。例如从投资驱动转向创新驱动；从形象工程转向民生工程；从生态破坏转向生态修复；从标准化空间生产转向凸显地域特色；从重建设轻管理转向"建管并重，有效治理"等。总之，城市空间可从历史维度、自然维度和文化维度等多重维度来解读城市空间转型问题。文化是城市空间发展的重要的推动因素，包括提高城市的管理能力、城市的创新等。城市空间要从经济、文化发展，或产业发展的特点来寻找到自身的特色。现代城市服务功能和空间品质自身的完善与提升也会带来城市空间的创新，促使城市的生态、绿色、低碳、智慧、集约等内涵转向，从而塑造智慧创新与可持续发展的城市空间，这也是城市空间转型的重要方面。

由于经济条件变化是推动城市空间变动的主要力量，有研究认为产业结构升级影响和推动了城市的空间结构变动。从推动经济发展的动力来看，可分为劳动力、投资、财富和创新推动四个阶段，城市不同阶段推动力量的变化必然会导致城市经济结构，集聚的要素类型，空间的表现形式等方面的变化。根据波特的城市发展阶段论，世界经济可以划分为三个阶段：要素推动、资本推动和创新驱动。创新驱动的实质是城市通过在以核心产业为中心形成的价值链上，向前后端环节延伸推动着产业内部结构升级，进而推动产业结构升级，这是城市产业功能拓展与延伸的本质，也是城市创新的本源所在。在市场机制作用下，创新性经济活动会在基础设施比较完善的区域集中，城市高利润的生产服务业与高技术产业趋于向中心城区集中，因为，空间网络化和产业信息化是城市新经济集聚的重要前提因素。

为顺应城市空间的规律性原理，在产业转型、空间转型之外，城市政府的战略性规划也发挥了根本性的引领和推动作用，城市政府应该根据城市发展的驱动因素、发展阶段，制定符合实际的城市战略规划，确立城市发展目标，制定城市复兴计划，为城市的成功转型提供了宏观政策和体制保障。[1]

4.1.3 社会转型

"社会转型"（social transformation），这个词在社会学、历史学、经济学等学科中都有丰富的含义。第一，社会转型的概念和一般的社会变化相联系，社会变化是所有社会的体征，但并不是所有社会变化都称为社会转型，只有那些密集的、大范围的、根本性的、影响了几乎所有人日常生活变化的才能被称为社会转型；第二，社会转型是标示特定社会变迁的社会学术语，一般是指社会整体从传统型向现代型转变的过程，亦或是社会现代化过程；第三，社会转型是一个长时段，是在一个社会母体内经历长期与不断的变迁（变量）所导致的社会结构性的转变（质变），这种结构的转变包括经济、政治、文化等诸多领域，概言之，社会转型是一个包容人类社会各个方面发生结构性转变的长期发展过程；第四，社会转型是一种由传统的社会发展模式向现代的社会发展模式转变的历史图景。主要体现在三个方面：经济领域由非市场经济模式向市场经济模式的转型；政治领域由专制集权政治制度向现代民主政治制度的转型；文化领域由过去封闭、单一、僵化的传统文化向当今开放的、多元的批判性的文化的转型；第五，社会转型，从其字面意义上说，是指人类社会由一种存在类型向另一种存在类型的转变，它意味着社会系统内结构的转变，意味着人们的生产方式、生活方式、心理结构、价值观念等各方面深刻的革命性变革。

在我国社会学学者的论述中，主要社会转型有三方面的理解：一是指体制转型，即从计划经济体制向市场经济体制的转变。二是指社会结构变动，持这一观点的学者认为："社会转型的主体是社会结构，它是指一种整体的和全面的结构状态过渡，而不仅仅是某些单项发展指标的实现。社会转型的具体内容是结构转换、机制转轨、利益调整和观念转变。在社会转型时期，人们的行为方式、生活方式、价值体系都会发生明显的变化。"三是指社会形态变迁，即"指中国社会从传统

[1] 左学金等. 世界城市空间转型与产业转型比较研究 [M]. 北京：社会科学文献出版社，2011.

社会向现代社会、从农业社会向工业社会、从封闭性社会向开放性社会的社会变迁和发展"。城市规划中的社会转型是特指因为城市产业转型、经济环境、制度变革等方面所带来的城市人口数量、人口结构、社会关系的重大变化。我国经历了从传统农业社会向现代城市社会的转变、从计划经济向市场经济的转变，形成了相互推动的趋势。急剧的社会变迁是社会矛盾、城市问题的催化剂。改革开放以来，我国城镇化的快速发展引起城市规模的快速膨胀，不断打破城市内部社会生态系统的平衡，城市社会的各种冲突与矛盾在形态上显现出城市的区域性分异特征。例如，经济特区发展引起的大量人口迁移，国有企业改革引发的工人下岗失业增加现象，大量新区的建设造成的社会结构单一、社会交往匮乏等等。

产业转型、空间转型、社会转型之间是相互促进的，彼此影响，互为因果，共同阐释城市转型的本质属性。产业转型是城市转型的主导动力和基本源泉，空间转型反映空间内涵建设转向，促进社会服务功能完善、支撑产业创新激励，为城市发展的要素集聚提供载体平台。以典型的老工业城市沈阳为例，工业用地比例接近三层，其中大部分用地的产出和投入效率低下，城市转型过程中的产业升级、产业替代和产业融合对城市的人才需求、城市的服务能力、城市的文化建设等起到了主导作用。城市转型带来了较短时间内城市人口的流动集聚，社会关系重构、社会体制变革、社会阶层分化等社会转型特征。同时，社会转型要求也带动空间转型，空间载体向服务优质化、设施智慧化、居住生态化、信息共享化转向，进而促进产业转型的持续发展动力。

知识点：资源型城市转型经验

2007 年 12 月，国务院印发《关于促进资源型城市可持续发展的若干意见》，正式提出资源型城市的概念，资源型城市转型在我国东北地区有着极其重要的战略意义。回顾资源型城市转型历程我们可以总结出以下几点经验：一是必须坚持以改善民生为中心，高度重视就业、社保、棚户区、生态环境等人民群众高度关注的历史遗留问题，广泛公众参与。二是必须坚持以绿色发展为遵循，处理好绿水青山和金山银山的关系，坚持生态保护优先，加快构建绿色发展方式，使绿水青山产生巨大生态效益、经济效益和社会效益。三是必须坚持以多元产业为支撑，加快培育壮大多元并举、多级支撑的产业体系，彻底改变资源型产业一业独大的经济结构，增强抵御风险的能力。四是必须坚持以长效机制为保障。我国资源开发属于成长期和成熟期的城市，占全部资源型城市总数的 2/3，要避免这些城市重蹈矿竭城衰的覆辙，必须加快建立开发秩序约束，资源开发收益分配共享，资源产品价格形成，接续产业扶持等长效机制，为可持续发展提供有效的制度机制保障。五是必须坚持以统筹规划为引领，建立国家层面顶层设计，各级地方政府分级负责，衔接有效的规划体系，充分发挥转型规划的指导和引领作用。

4.2 城市转型的发展规律

产业转型升级是推动城市转型的最大经济学动力因素，通过促进发展转型，增加城市就业，优化人力资源，最终仍是激发产业的创新发展。魏后凯在《论中国城市转型战略》中指出了"城市转型是指城市在各个领域、各个方面发生重大的变化和转折，它是一种多领域、多方面、多层次、多视角的综合转型[1]。"叶裕民等认为，城市转型也是一种综合意义上的转型，制度转型、发展转型与增长转型同时展开，并以主导产业的演进与更替为主线而呈现出明显的阶段性特征。

4.2.1 产业转型升级是城市发展的持续动力

1. 转型与更新的作用关系

从城市转型与城市更新的作用关系来看，城市产业结构的更新转型是指一座城市重工业与轻工业、加工制造业与服务业等的变化与更新。当一座城市的产业结构发生变化和升级后，会引发城市的变化和更新，这一过程我们称之为城市转型。转型中的城市如果无法提供新的可持续的充足的需求，城市原有的基础设施就会处于闲置。这时就需要通过城市更新进行资源整合，实现土地资源二次开发，达到产业结构调整、城市功能协调、整体社会效益提升的目的。

工业化时期，城市作为生产和人口的中心，必须承担工业的对外服务与内部服务的职能。城市面对其所生产产品的需求关系的变化，需要不断调整内部结构以适应新的发展，需要城市再开发来调整改善城市基本功能，需要满足工业规模的扩大维持社会生产的增长，保障社会福利，增加社会就业，维持经济繁荣。随着经济全球化、科技进步及产业革命的积累爆发，传统的、福特主义的工业城市的空间规模经济正在逐渐失去魅力。当很多城市赖以存在的工业经济的产业基础开始出现衰落时，城市不可避免的会产生衰退，甚至是衰败。此时，城市必须孕

---

[1] 魏后凯 . 论中国城市转型战略 [J]. 城市与区域规划研究，2017，9（02）：45-63.

育新的经济功能替代型产业，这一时期也表现为城市发展的阵痛期，因为新产业的发展成熟是一个较为缓慢的过程，这一过程正需要作为预测科学的城乡规划对城市未来赖以发展的基础做出预见性的研究。然而，当城市新产业成熟后便能够迅速发展，完成产业替代。一般来说，"主导产业群在整个城市经济达到顶峰之前到达顶峰，城市的衰退速度要慢于产业衰退的速度"[1]。

2. 产业发展与城市发展

在产业发展与城市发展关系方面的研究，形成了以钱纳里等学者为代表的经济发展阶段和工业发展阶段的经典理论。城市经济理论研究表明，城市发展同时受第二三产业的影响，并且经济发展阶段不同，有着不同的经济结构与之对应：在城市发展的初期阶段，第二产业与城市化水平同步上升；而在城市发展的中后期，第二产业比重则开始下降、第三产业成为带动城市发展的主要动力。纵观世界主要大城市的发展经历了"工业化""服务业化""服务业高端化""创新发展"四个阶段，发展动力由要素推动型向创新推动型转变[2]。信息化是实现城市可持续发展的重要途径，智慧城市则是城市信息化建设的高级阶段。

S 形城市化增长曲线[3]：城市化分为三个阶段，前工业化阶段，是农业占据主导阶段，城市化水平低发展速度慢；第二个是工业化阶段，人口向城市迅速聚集，城市化加速发展；第三是后工业化阶段，城市化水平高于 70%，城市发展进入稳定阶段。同时，根据中国社科院研究院李恩平指出："中国学者对'诺瑟姆曲线'的冠名是错误的，国际学界并不认可这一说法；这条三阶段曲线的第二阶段，严格说来并不能称之为加速阶段"。实际上，两个拐点之间尽管表现出相对较快的城市化速度，但城市化水平并不能表现出加速增长趋势，相反，其增长加

---

[1] 陈明珠. 发达国家城镇化中后期城市转型及其启示 [D]. 中共中央党校，2016.

[2] 张莉. 转型时期特大城市郊区产业结构特征及发展趋势研究 [C]. 理性规划——2017 中国城市规划年会论文集，中国城市规划学会，2017：11.

[3] "S" 形城市化增长曲线首次介绍到国内大约在 20 世纪 80 年代中后期，1987 年焦秀琦在《城市规划》上发表了一篇论文《世界城市化的"S"形曲线》，首次系统地介绍和推导了城市化增长曲线的"S"形变化规律。但可能是由于当时外文文献阅读限制，焦秀琦 1987 年的论文错误地把这条曲线的出处，确定为美国经济地理学者诺瑟姆（Ray M. Northam）1979 年编著的《经济地理》一书。而实际上诺瑟姆此书的出版时间比联合国《城乡人口预测方法》晚了 5 年，而且诺瑟姆《经济地理》全书对"S"形城市化增长曲线的介绍仅仅一页，不足2000 字，既没有理论分析，也没有实证说明，当然也没有文献引用说明。由于在国内首次介绍城市化增长曲线，焦秀琦的论文被广泛引用，随后国内的研究者认同和沿用了焦秀琦的说法，1992 年宋俊岭等人开始把"S"形城市化增长曲线冠名为"诺瑟姆曲线"。随后，国内与城市化曲线有关的研究几乎都提及诺瑟姆的贡献，而忽略联合国的研究。

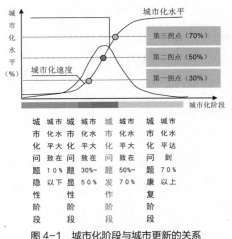

图 4-1　城市化阶段与城市更新的关系

图片来源：本书作者根据相关资料整理

速度呈现不断下降趋势。因此，两个拐点之间可称之为"快速发展阶段"，而不是"加速发展阶段"。欧洲等较早开展城市更新的国外地区经验显示，当城镇化率达到 50% 以后，城市前期加速发展所积累的问题开始放大呈现，"城市病"进入高发期。城市更新也就成为解决城市面临的安全与卫生、资源约束和环境质量可持续发展等不同问题的重要手段（图 4-1）。

知识点：

联合国方法：经过早期对城市化过程的模拟和试错，城市化水平随时间增长的规律逐渐被认识和推导。1974 年联合国在《城乡人口预测方法》中，从理论与实证两个方面详细论证了城市化水平随时间增长的"S"形变化规律。其核心思想有两点：其一，确立"城乡人口增长率差"（简称 URGD）作为城市化速度的考核指标；其二，放弃传统的复利增长率方法，采用指数形式计算城乡人口增长率。假定"城乡人口增长率差"不变，则城市化水平曲线表现为一条由 0 到 1 向右上倾斜的"S"形曲线。进一步，还可以推导出城市化水平增长速度曲线表现为一条倒"U"形变化曲线，城市化水平增长加速度曲线表现为一条斜"Z"形变化曲线，如图 4-1 所示。联合国对城市化增长曲线的推导和研究方法被广泛引用，并在城市化水平估算和预测中被称作"联合国方法"。

4.2.2　空间更新转型是资本的市场驱动结果

赵燕菁指出："存量规划是设计存量收益最大化的城市制度"，"不管城市更新的理念如何不同，背后的深层次原因都是如何分配社会财富"。城市财富实现方式是指一座城市是通过什么样方式创造或获取财富，城市形态的更新体现了城市获取财富方式的变化。我们所见的城市是以我们所能感知到的空间呈现在人们面前的，城市所追逐的财富、繁华、时尚亦是我们每个个体所追求的，也是我们每个个体所创造的。城市财富的实现方式决定了城市在城市体系的价值链的生态位，不同生态位的城市体现出不同的城市形态特征。同时，一个城市形态聚集状态也必然体现城市获取财富的方式。例如福特主义时代的城市以大规模工业化生产作为城市财富的创造方式，这些城市体现了最基本的工业城市形态关系即居住用地与工业用地的规划布局关系；又如后工业化城市英国的伦敦、美国的纽约是当今世界的国际金融中心、城市服务经济聚集地，它们通过金融服务业创造城市财富，形成了以中央商务区（CBD）为典型特征的城市形态。伦敦通过"城市重建计划"将18世纪的工业城市转变为20世纪后半叶的国际性金融产业城市、创意产业城市、旅游城市后，市民的就业方式也从以蓝领为主逐步转变为白领为主；劳动方式从体力劳动为主转变为脑力劳动为主。因为，现代城市的高端服务产业对于国民经济的拉动效应是巨大的，在全球化的竞争中每一个城市都不断努力发展，力争占据现代城市链的上游。展望工业4.0的时代，人工智能的迅速发展将深刻改变人类社会生活、改变世界，这些创新产业必将吸引大量社会资本的集聚，城市新型产业空间和智慧城市的应用场景也必将成为推动城市空间重组的重要力量。可以说，城市财富的集聚形式产生了变化，城市空间的集聚形态也跟随着产生了变化，城市空间更新转型是资本的市场驱动结果。

4.2.3 精明收缩管理是危机转型的系统应对

1. 收缩城市与精明收缩

收缩城市形成的类型主要有四种，边缘城市对中心城市依附形成收缩、全球制造业转移导致工业城市收缩、郊区化进程引发城市中心地带收缩、地方制度响应失败造成城市收缩（杜志威、李郇，2017）。中国国家发改委《2019年新型城镇化建设重点任务》提出，"收缩型中小城市要瘦身强体，转变惯性的增量规划思维，严控增量、盘活存量，引导人口和公共资源向城区集中。"等级越高的中心城市，越能获得更优质的要素，尤其是公共产品，例如教育资源、医疗资源等。在这一基本规律作用下，在缺乏优质公共服务设施配套的情况下，收缩城市一般首先发生在中小城市。转型中的城市问题与机遇共存，效率与公平失衡加剧。对于中心城市而言，大量外地民工和流动人口持续进入城市，加剧大城市基础设施超负荷运行，同时引发大城市市容、环卫、治安等城市问题的严重。

从马克思主义政治经济学分析，城市收缩是过度积累危机的城市表征，过度积累的典型特征是资本盈余和劳动盈余，分别表现为不断上升的失业率、闲置的生产能力、缺失生产性和盈利性投资。城市在收缩背景下如何取得经济驱动力实现城市发展是面向精明收缩的城市研究的首要任务。城市收缩形态的规划引导与收缩城市增长的动力机制相辅相成。应对收缩城市要综合研究确定城市在未来经济发展中的角色和定位，优化生产、土地、劳动力与资本之间的关系，形成空间经济的高质量发展及其相适宜的城市规模才是维持城市可持续发展的长远基石。在欧美地区，有不少小城镇走出一条"小而美"的发展道路，例如依托优质教育资源的剑桥大学所在的剑桥市。在美国，其小城市的一个特殊点在于，全美有5000多座运输机场，很多小城市也融入于航空网络中。

2. 产业空心化及其优化转型

所谓"产业空心化"，是指以制造业为中心的物质生产和资本，大量、迅速地转移到国外，使物质生产在国民经济中的地位明显下降，造成国内物质生产与非物质生产之间的比例关系严重失衡，国内投资不断萎缩，就业机会不断减少，这是在许多发达国家经济发展过程中普遍存在的现象。由于产业环境和市场结构的变化，以及房价、土地、人力成本的增加，必然触及产业"成长极限"的天花板，造成部分产业外迁转移的"挤出效应"。这种结构性升级造成了城市产业空心化，例如日本的产业空心化问题的产生，是由于20世纪80年代，日元升值使得在日本国外进行产品生产比国内更有成本优势，进一步导致了直接对外投资的不断扩大。一些丧失比较优势的劳动密集型、低附加值资本密集型产业转移到成本更低的国家或地区。造成日本国内产业结构中非物质生产部门的畸形发展，形成了所谓产业空心化。

产业空心化现象不仅存在于国家经济发展中，也会出现在区域经济的范畴内。倘若一个地区在工业化进程中，盲目跨越式发展，使得本地的基础产业落后，而新的产业又无法及时引进，那么最终就会导致地区产业链脱节，经济发展失衡。从表面上看，产业空心化虽然也表现为第三产业地位的提升，但其实它是在产业转型升级过程中，由于缺乏长远规划，贪图低廉的劳动力、就近的生产资料等，盲目地跨地域、跨国界扩张物质产业的生产规模，从而致使本地、本国三次产业之间良性循环被破坏，供给力与需求力不平衡，科技和生产力不升反降的负面现象。谨防产业空心化，不等于死守现有的传统产业，也不等于盲目壮大第三产业，而是在维持物质与非物质生产、供应与需求能力相平衡的基础上，以技术进步提升第一二产业的生产效率，促进其产业升级，在此基础上大力发展新兴产业，逐步完成整个产业结构的优化转型。

3. 产业转移与科学统筹

发达国家的城市转型中，产业的更新迭代经历了一般重工业向现代重工业，重工业向轻工业，轻工业向服务业，一般服务业向现代服务业渐进式更迭的产业更新规律。城市在产业更新过程中，通过产业扩散，将原来的产业扩散、搬迁

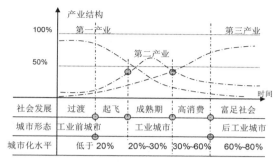

图 4-2　产业结构变化与城市发展阶段示意图

图片来源：本书作者根据相关资料整理

到更远的地区，逐渐完成更高生产效率的新产业形态对原有产业的替换。在产业更新的同时，与新产业相适应的产业建筑、产业人口、产业文化等会替换过去的老产业环境，使城市因为产业变化而发生变化和更新（图 4-2）。

值得注意的是，在发达地区的产业扩散与转移的过程中，城市转型中所淘汰的生产力往往会转移到经济欠发达地区。那些高投入、高耗能、高污染的"三高"产业往往成为欠发达地区发展经济的救命稻草，这类城市受制于短期快速发展经济的政治意愿，成为这些"三高"企业发展的温床。科学的统筹方式是，用科学的发展眼光去制定城市的长远规划，拒绝"三高"产业，而以提高产业科技含量、提高产品附加值，提倡绿色、可持续的产业链规划。不以经济增量论城市发展之成败，而应以经济发展的质量和科学合理性来统筹协调城市在经济、社会、文化、生态等方面的区域职能。

4.3　城市转型的历史分析

4.3.1　第一次类型期：传统城市成型期（史前 3500- 工业革命前）

第一个转型期是史前城市形成到工业革命之前这一段比较长时期，其主要内容称作是"城市类型的成型期"，因为它的持续时间极长，1800 年城市人口占世界总人口的 10%，增至 1900 年的 15%，而到了现代的 2000 年城市人口达到了50%。早期的城市数量少、规模小，但城市有机形成对自然资源的依赖性强，城市依附于其农村腹地的资源供给，一般主要承担行政、宗教、军事防御或者手工业贸易中心的职能。19 世纪开始的工业革命真正开启了世界的"城市纪元"。由

于工业的快速发展，大量农村人口不断往一些工业城镇聚集，城镇数量不断增加且城市规模不断扩大，现代城市规划应运而生。

城市类型成型期是相对于农耕文明的城市营建技术，这一时期的城市设计与建筑学和视觉美学密切相关。城市空间的组织方式源于社会结构的特殊性——欧洲以教皇为代表的宗教势力和以皇帝为代表的世俗贵族。中世纪设于各个聚落内的教堂成为城市的系统核心，这个系统内兼顾防卫、生活和其他服务设施等。城市的类型原型可分为要塞型、城堡型和商业交通型（中世纪时期城市）等。中国形成以统治中心城市、手工业中心城市、贸易中心城市和防卫堡垒等城市类型。

4.3.2　第二次类型期：工业城市时期（工业革命-20世纪末）

工业革命标志着现代城市的诞生，突出体现在城市自身状态的改变——从传统农业社会向现代城市社会的转变，现代城市的功能性开始不断完善，我们可称作"功能城市时期"。英国工业革命的奇迹激发了欧美其他国家进行工业化的热情和决心，与此同时，第二次产业革命在英国、美国、德国、法国等发达国家相继兴起，以电气、石油、钢铁为主的重工业迅速取代了轻工业成为主导产业，并带动了城镇化在欧美发达国家地区的推行。这一类型期城市所展现的基本特征是：由于交通与通信技术的进步，城市之间的地域界限模糊了，城市间人员的流动频率加大了，像过去独立城邦的状态减弱了，而城市文化作为城市功能本身，打破地域门槛扩展得非常迅速。城市成为文化的展示、创造、传播的重要平台，这是工业时代的城市，主要体现在欧洲国家，它创造了一种崭新的城市形态。

工业城市的发展极大地改变了城乡面貌，在工业化的初期、中期和后期阶段分别呈现出不同的城乡差别与城乡关系，可分为：

城乡混杂阶段——工业化初期。城市和工业不断向农村扩张，城市国有用地和乡村集体用地混杂交织，城中有村，村中有城。

城乡分野阶段——工业化中后期。工业城市的发展加大了城乡差距，农村生产效率的提高产生了大量富余劳动力，闲置的农村人口迅速向城市集聚，中心城市的规模迅速扩大，源源不断地吸引人口和产业进入。

城乡融合阶段——后工业化时期。随着人们生活质量的提高，广大城乡居民提出了生产、生活兼顾发展的强烈需求。与此同时，中心城市集聚到一定规模也产生一定的挤出效应，一些经济要素会在周边中小城市或卫星城集聚。

工业城市时期，开启了世界城镇化率的进程。城镇化率接近 55% 时是其发展最瞩目的，是工业化全球领导者势头最明显的时期。发达国家整体城镇化率在 1950 年已经达到了 51.8%，其中英国的城镇化率已经达到了 79%，美国达到了 64.1%，法国达到了 55.2%。具有代表性的是德国的发展，得益于第二次科技革命，以鲁尔地区城市的煤炭、钢铁业为基础，19 世纪末 20 世纪初德国的现代化大工业基本已经建立了起来。工业城市的类型期随着各个国家各个经济体的发展进程是不一样的，相对于欧美发达国家，中国的工业化在 20 世纪末基本完成，中国的城镇化率也进入了城镇化发展水平的中期阶段。

4.3.3 第三次类型期：人文生态城市（20 世纪末至 21 世纪 10 年代）

人文生态城市是对工业革命带来的城市问题的修正，是后工业时代对工业城市发展方式的反思。工业城市给城市文明带来了史无前例的改变，也给现代城市带来了前所未有的问题，工业化带动的城市化的不断推进，城市规模加速扩张、城市人口不断膨胀、城市用地紧张、交通过度拥挤、资源逐渐枯竭、生态质量下降、持续增长动力不足。工业城市的发展让人类对城市自身生命周期认识不断提高，城市有其出生、发育、发展、衰落的过程，在面临衰落或者危机的时候，城市就需要转型来使得城市进入下一个更高层次的周期。1977 年 7 月颁布的《内城政策》针对旧工业衰败地提出复兴的具体措施。工业城市的衰落使城市出现大量衰败地区和工业废弃地，而新的生产力和生产活动将会使城市的格局和形式发生改变，城市面临的问题是如何让旧工业城市转型为新的城市类型。工业城市的转型是从城市产业结构的升级来分析城市转型的思路，这是其一。城市转型除了保持经济繁荣不衰退之外，还应该有一个更加综合的转型目标导向——以人为本、生态优先、可持续发展。可持续发展作为一种全新的发展观在 1992 年巴西里约热内卢联合国环境与发展大会上得到全球的共识。可持续发展是指经济、社会、人口与资源和环境的协调发展，既满足当代人不断增长的物质文化生活的需要，又不损害满足子孙后代生存发展对大气、淡水、海洋、土地、森林、矿产等自然资源和环境需求的能力。可持续发展观为我国城市规划提出了新的要求，城市发展需要实现城市的宜居性、人性化，并具有生态持续、环境健康、形态友好、智慧便捷的要求。从全球城镇化发展历程来看，城镇发展先后经历了农业文明、工业文明到生态文明的发展阶段，而人文城市是凸显以人为核心的原则。生态人文城市是工业城市转型之后，在知识经济带动下，将"人文、生态、宜居"成为城市建设的总体目标。

仍以德国鲁尔为例，作为工业城市阶段的典型代表，鲁尔区曾是欧洲最大的密集区和工业区，由53座紧密相连、互相依托的大小不同城市群组成，因坐落于鲁尔河两岸而得名。当时的鲁尔区共有约530万人口，占地为德国国土面积的1.3%，以采煤、钢铁、化学、机械制造等重工业为经济核心。其钢铁产量占全国70%，煤炭产量更高达80%以上，经济总量曾占到德国国内生产总值的三分之一。但是，自20世纪70年代以后，随着世界煤炭产量迅速增长、石油和天然气的广泛使用，鲁尔区的煤炭、钢铁等传统工业逐步衰退，工业结构单一、环境污染严重、大量人口外流、社会负债增加等问题。对此，德国鲁尔区一直进行区域的全面整治与更新，转变城市定位，调整产业结构。通过统筹规划改造传统产业，改善基础设施，培育新兴产业，发展文化旅游等，成功实现了从制造业中心到高科技企业集中地区的转变。

鲁尔的转型应对是以人文生态为本，实现工业城市的现代转型的代表。在这一过程中，鲁尔区一方面通过努力改善当地的自然环境及其生态状况，为新型经济的发展创造适宜的物质空间环境；另一方面通过产业结构转化过程中必要的人文关怀，为新型经济的发展创造良好的社会人文环境、提供必要的社会文化资源。从投入巨资长期致力于埃姆歇河流域的环境污染整治和自然生态恢复，到通过建立完善的社会保障制度维持产业工人，甚至包括失业人员的基本生活质量，再到保护利用重要的传统工业遗迹、发展工业文化旅游和新兴文化产业等。鲁尔的转型期也是传统"功能主义导向"的城市规划向"人文生态导向"的城市规划转变发生期。针对城市发展引发的环境恶化、资源枯竭、交通拥堵等问题，"人文生态导向"是以城市未来发展，区域生态和谐、城市环境宜居为出发点，以社会、经济、环境协调发展为目标，对城市土地利用和空间环境进行规划，形成和谐的生产消费关系、社会结构关系，实现自然生态、社会生态、人文生态等多个方面的整体发展。

4.3.4 第四次类型期：智慧城市（21世纪10年代——）

智慧城市是人文生态城市与科技变革的深度融合，是以人工智能技术为代表的新科技革命即将带来社会与城市运转方式的变化。关于智慧城市的起源，国内外学者的观点存在差异。国内学者一般认为智慧城市起源于2009年IBM公司提出的智慧地球概念。IBM将智慧城市定义为：能够充分运用信息和通信技术手段感测、分析、整合城市运行核心系统的各项关键信息，从而对包括民生、环保、公共安全、城市服务、工商业活动在内的各种需求做出智能的响应，为人类创造更美好的城市生活。[1] 后来的学者分别以城市运行模式、城市发展角度、城市制度层面为不同侧重点对智慧城市进行了定义，包括以信息通信技术与城市基础设施融合为手段，提高政治、经济和城市运行效率；转变政府管理方式，为市民提供优质公共服务，实现智慧治理、智慧服务；鼓励科技进步，扶持智慧产业，将创新视为智慧城市建设的重要推动力量；从政策及制度层面高度重视人力资本和社会资本在城市发展中的作用。在国内，"智慧城市"概念最早在 2010 年由杨再高教授提出，他认为智慧城市的核心是以更加科学的方法，利用物联网、云计算等为核心的新一代信息技术来改变政、企、民相互交流的方式，对包括社会安全、环境保护、公共服务等在内的各种需求做出快速、智能的响应，提高城市的运行效率，提高居民的生活满意度。

21 世纪 10 年代中国城市开始进入转型发展的关键时期。这一时期被认为是人类第四次科技发明的先端，科技的进步预示着城市的巨大革新，城市不仅仅变得更加宜居生态，而且也变得更加智慧、智能。智慧城市时代城市拥有自己的数据大脑，并且催生了先进制造业的发展。先进制造业是相对于传统制造业而言，指制造业不断吸收电子信息、计算机、机械、材料以及现代管理技术等方面的高新技术成果，并将这些先进制造技术综合应用于制造业产品的研发设计、生产制造、在线检测、营销服务和管理的全过程，实现优质、高效、低耗、清洁、灵活生产，即实现信息化、自动化、智能化、柔性化、生态化生产，取得很好经济收益和市场效果的制造业总称，如 5G 自动驾驶、车联网、远程医疗影像等先进装备制造等。此外，包括芯片制造、传感器设备、系统集成在内的物联网产业集群也依托核心智慧城市建设逐渐发展壮大。例如，在芯片制造领域，上海、北京、深圳等城市已具备相当的产业规模；西安、武汉、成都等中西部城市则依托自身的科研教育优势，在射频识别（RFID）、芯片设计、传感传动、自动控制、网络通信与处理、软件及信息服务等领域形成了较好的产业基础。

智慧城市类似的概念有数字城市、智能城市、无线城市、虚拟城市、信息化城市、智慧社区、智慧增长、创新型城市、学习型城市等。智慧城市内容可分为

---

[1] IBM 商业价值研究院 . 智慧地球 [M]. 北京：东方出版社 ,2009.

智慧城市技术设施（大数据、云存储、物联网）、智慧城市基础设施（智慧交通、智慧物流、智慧能源等）、智慧城市管理（智慧城市治理、智慧城市运营）、智慧城市服务等[1]。当然，智慧城市也包括城市组成部分的智能化，比如智能制造、智能家居、智慧生活等。在智慧城市组成内容的影响下，城市将进入城市生态智慧系统阶段，比如随着物联网技术的发展，城市气候、环境等方面随着人们的生活方式、生产方式、城市服务、空间组织、交通方式等方面的智慧化，必然会引起城市物质空间的未来转向，这一智能化技术革命必将深刻影响未来城市形态与人们的社会关系。

4.4 转型城市更新的实现方式

4.4.1 全局转型的统筹更新

深圳的城市更新单元制度，最开始是借鉴中国台湾的做法。但是，从中国台湾、中国香港以及整个西方的对比来看，这种市场主导的更新模式，在城市更新的前期推动阶段，由于存在大量的市场可行性较高的土地，效率是十分高的。但是，随着现状开发强度低、拆迁容易的潜力空间开发殆尽，市场在推动更新的过程中动力越发不足。另外，随着城市更新的深入发展以及城市发展阶段的转变，城市更新所面对的问题早已不再停留在简单的住房提供、基础设施完善等物质层面，而是向城市的可持续发展与整体复兴的综合职责转变，这些目标的实现不可能由市场完成。当前，深圳市过于强调"市场主导"，依托项目式的"城市更新单元"进行管理的缺点和问题日趋显著，政府管理部门开始有意识地介入这种市场主导的城市更新之中，其中更新统筹就是政府介入的手段之一。

特别是在城市的转型发展期，规划的综合调控能力变得越来越重要，公共资源的最优化配置是城市更新加强统筹的内在动因。城市更新改造项目中单个更新单元面积相对较小，腾挪空间有限，大型公共设施和部分厌恶型设施无法落实，且项目间设施贡献差异较大，迫切需要从片区层面开展统筹研究。以深圳为例，在片区统筹中，通常选择更新项目相对集中的片区，以法定图则为基础，以实施为导向，合理划分单元，优化用地布局，科学确定实施时序。其中涉及对法定图

---

[1] 孙彤宇. 智慧城市技术对未来城市空间发展的影响 [J]. 西部人居环境学刊, 2019, 34（01）: 1-12.

则强制性功能进行调整的，还要提出法定图则修编或局部修编建议。深圳城市级管理部门通过"战略规划"——"五年规划"——"年度计划"等对全市各区的更新项目进行统筹；区级部门通过"五年规划"——"片区统筹"——"单元规划"推进城市更新项目落地，其中"片区统筹类规划"逐步成为各区平衡市场逐利行为，加强政府把控的重要手段（土地整备、利益统筹）。城市更新通过城市更新统筹"片区化"，城市更新单元"项目化"解决空间博弈与规划落地的制度安排。其中片区统筹作为中间环节，在整个层级中起到承上接下的作用，一方面深化全区宏观统筹目标，另一方面又作为审查更新单元规划的重要依据。

统筹更新的主要内容包括五个方面：首先，明确发展目标、发展要求，从而制定合理的发展策略。在全区更新规划明确后，对片区规划进行指引，并且根据政策标准、基础设施容量、更新产业规模等指标，在与同类片区对比之后，确定各片区更新增量。其次，根据各片区的建设现状和土地权属去划定小的更新单元，并且明确各更新单元的更新模式。最后，依据发展目标，确定更新区域的各系统的发展规划，并进行系统统筹，比如：市政设施、道路交通、公共空间等。第四，明确各区域重点产业项目、公共空间、地下空间等方面，制定合理的更新分配规则，以及需要进行开发权转移的捆绑关联地区。第五，落实城市各区域建筑形态、空间组织、公共空间控制和慢行系统等内容，深化区域更新中城市设计对其的控制要求。[1]

通过对区域的统筹更新可以达到以下目标：第一，通过对大片区的统筹规划，避免小规模、单一开发造成的土地价值攀升，实现区域利益捆绑与平衡，经济的联动发展。第二，通过统筹各方的责任与利益，减轻政府财政负担，避免公共设施缺口进一步扩大的趋势，完善城市公共服务能力，提高城市生活品质。第三，通过对片区整体的统筹将城市零散部分整合，实现城市的整体协调发展，同时为城市战略与规划的实施空间提供制度保障。例如，深圳《更新"十三五"规划》中提出，重点研究"十三五"期间全市城市更新总体目标与发展策略，划定城市更新的标图建库范围和不同更新模式的分区指引，确定全市及各区拆除重建类城市更新计划规模、供应用地规模及综合整治类城市更新计划规模，明确配建保障性住房、创新型产业用房及各类配套设施的任务等。[2]

[1] 盛鸣，詹飞翔，蔡奇杉，杨晓楷.深圳城市更新规划管控体系思考——从地块单元走向片区统筹[J].城市与区域规划研究，2018，10（03）：73-84.
[2] 孙延松.空间生产视角下大城市核心区大街区统筹更新模式研究[D].大连：大连理工大学，2017.

参考案例：深圳不同层面统筹更新的项目介绍

区域层面：以城市更新战略、策略研究，区域功能研究为主，主要包括《深圳市福田区城市更新发展规划研究》《龙岗区城市更新"十三五"规划》《深圳市龙岗区城市更新专项规划》《宝安区城市更新发展战略与策略规划研究》《深圳市龙华区城市更新发展策略研究》等。

片区层面：以重点片区更新统筹为主，主要包括《深圳市福田区八卦岭更新统筹规划》《深圳市蛇口老镇城市更新统筹规划》《龙岗区龙城街道嶂背片区更新统筹规划》等。

单元层面：以专项规划、更新单元规划为主，主要包括《罗湖区蔡屋围城市更新统筹片区更新单元规划》《南山区沙河街道沙河五村城市更新单元规划》《龙岗区木棉湾片区城市更新单元规划》等。

4.4.2 增长转型的旧城更新

在我国城市发展加速的增量建设阶段，由于中心城区发展空间受到诸多限制，城市建设的重心开始转向中心城区的边缘或外围地区，很多城市通过开辟新城来缓解中心城区用地空间不足的问题，并起到疏解城市功能，调整城市结构的作用。一般来说，旧城区居住密度高、设施欠账多，改造成本高、难度大、利润低；相对而言，新城区开发成本低、利润高、负担少。经过几十年的发展，我国新城与旧城建设均出现了不同的发展问题，值得我们思考。许多新城建设功能相对单一，文化积淀薄弱，空间特色不明显，持续发展动力不足；旧城的空间发展则呈现多维度空间加密现象，居住密度大，社会组成复杂，动迁难度大，然而在很多城市的旧城更新中，"推土机式"推倒重建的旧城改造模式却层出不穷。针对这些问题，正确理解与科学引导旧城更新与新城建设，特别是协调旧城和新城的功能关系就成了城市发展的重要课题。

旧城衰落是城市发展过程中一个难以回避的现象，主要表现为旧城区房屋老化、结构失衡、功能衰退和经济迟滞等[1]。旧城更新的实现方式可分为以下两种：其一，在保持原有旧城用地性质与功能基本不变的前提下，扩大与改善旧城区的环境容量与质量，优化升级旧城区的核心功能区，增强旧城区与新城区城市功能的相互作用，进而提高旧城区在新的城市系统中的效能；其二，通过改

---

[1] 周婷婷，熊茵.基于存量空间优化的城市更新路径研究[J].规划师，2013，29（S2）：36-40.

变旧城区的用地性质,使旧城区的功能在城市总体布局结构中产生根本性的变化,近而使城市各功能之间的组织关系和发展态势发生变化,近而从城市总体关系上优化空间资源配置与功能关系,提升城市经济和社会的机能效率。

在旧城更新中,城市更新的实现方式体现为针对旧城以市场为导向的政策形势。城市更新过度依赖政府,政府负担沉重,公共支出太多,对自由市场限制过多。旧城更新开始关注私人部门的力量,通过释放市场、采用公私合作,减少国家和地方政府干预等方式实现房地产驱动的更新和城市更新的私有化。但是,在旧城更新中,涉及城市风貌保护与更新发展等根本性问题,不仅关系到城市发展的经济与社会空间重组,还会引发文化价值与空间伦理的深层次思考。因此,城市旧城更新应以提升旧城主体功能活力为目标,以实现各功能区发展联动为突破口,以维护公共利益的公共政策引导为手段,特别是制定产业结构优化升级与土地置换相结合的产业、土地政策等,应该充分考虑有利于新、旧城区的互补互利和联动发展。吴良镛先生对旧城保护提出了四项原则:积极保护的原则(主动保护、积极应对)、整体保护的原则(整体协调、相辅相成)、循序渐进的原则(改进力度不能太大,量力而行)、有机更新的原则(新陈代谢的有机更新)。

4.4.3 存量转型的优化更新

城市扩张出现"土地约束""资源约束"或"环境约束"等一系列制约因素。"质量矛盾"成为城市面临的主要矛盾,城市发展模式不得不从增加要素投入向发展内涵转变,存量优化成为城市建设的主要路径。从扩张到优化是城市发展的必然过程,城市的发展必须判断城市的不同推动阶段,从而推断该阶段城市发展的核心驱动要素,在存量时期城市更新是盘活空间资源的重要手段。哈佛大学教授迈克尔·波特根据不同时期推动经济发展的关键因素,将发展划分为要素推动、投资推动、创新推动和财富推动 4 个阶段 [1]。在这一推动过程中,城市更新的主要原则是适应城市治理的体制优化升级,使得城市在减少社会分化和社会隔离的前提下,实现城市要素的集聚与驱动,实现城市的空间转型与环境提升改善。不同社会群体、不同生活功能、不同环境条件、不同要素集聚,通过优良的城市优化而共存。

---

[1] 郑国,秦波 . 论城市转型与城市规划转型——以深圳为例 [J]. 城市发展研究,2009,16(03):31-35,57.

在现实背景下，珠三角因为发展阶段和特殊的农村集体土地问题，较早进入存量空间主导阶段。珠三角城市经济发达然而空间资源却极度匮乏，以城市更新为主的存量土地二次开发，已经超过新增建设用地而逐步成为空间供给的主要来源。例如，深圳 2012 年出现城市发展用地拐点，城市存量开发供地达到56.3%，首次超过新增用地供应，此后存量用地维持在 60%~75% 之间。据统计，2012 年以来，深圳城市更新供应用地总量连续 6 年超过 200 公顷，2017 年甚至达到 261 公顷，城市更新成为深圳土地供给的重要手段，直接影响城市的转型升级。

与此同时，国内其他发展地区城市增量拐点也相继出现，标志着城市用地逐渐进入刚性管理阶段。例如，上海新增建设用地自 2011 年起逐渐减少，2017 年已由 2011 年的 25 平方千米调整到 6 平方千米。东莞 2015 年国有建设用地供应计划指标为 16.5 平方千米，其中存量用地高达 97.6%，城市存量土地的二次开发体现最为明显。对空间资源的强烈需求促进了在存量更新方面的制度框架建设。早期的三旧改造项目都是零散探索，后来各市开始探索搭建框架将更新纳入法定规划管控体系，其标志性节点是 2009 年广东省《关于推进"三旧"改造促进节约集约用地的若干意见》的实施，广州市初步搭建了制度框架，率先将城市更新纳入法定规划的管控范畴（表 4-1）。

城市更新的不同主导模式 表 4-1

	深圳：市场主导、政府引导，"守夜人"	广州：从"政府引导"到"政府主导"	佛山：扶持产业导向下政府补贴市场
背景	城市发展面临"四个难以为继"，空间资源紧缺	落实"中调战略"，化解城市发展速度和质量矛盾	促进产业升级和环境再造
导向	提升城市发展质量：产业升级公共设施完善	退二进三，产业结构调整，公共服务设施建设	提高城市化发展水平，提升工业优势地位
对象	旧工业区、旧商业区、旧住宅区、城中村及旧屋村等	旧厂房、旧村居、旧城镇	旧厂房、旧村居、旧城镇
模式	三种类型：综合整治、功能改变、拆除重建	新建、更新、改建、整治	成片重建、零散改造、历史文化保护性整治

资料来源：本书作者根据相关资料整理

存量资源转型中城市空间的利益主体逐渐多元化。增量空间主要通过城市设计的手段进行城市空间资源的初始分配；在存量空间中，往往通过城市更新的方式，城市更新问题的根本在于公共利益及其边界的确定。也就是说，城市需要优化更新的用地与其周边地段存在外部性，而外部性的边界往往难以确定。城市更新利益边界的确定是矛盾体的两面，例如，城市建成环境具有多重价值，其中包括私有财产具有的公共属性，这涉及城市更新中私人历史建筑保护的问题；反过来，市场开发也会带来的就业增长、经济复兴与收入增长、环境改善，也具有公共利益的特征。因此，在城市优化更新中政府需要做好主导人，从政策、产业、资源、资金等方面统筹平衡，带动转型主体积极参与。并且，存量优化的地块成片转型既要注重产业布局优化和产业能级提升相结合，还要注重城市功能升级和城市形态完善相结合，实现产城融合。

如果说增量转型的旧城更新是一种战略的转型更新，那么存量转型的优化更新则是一种战术的博弈更新。城市存量更新的用地分布往往是破碎化、随机性的存在，以或点或面的诸多更新项目所构成，更新形态在整体上呈现的却是一种多重博弈的结果，这种作用结果的外显就形成了演替中的城市空间形态。可以说，城市优化更新的最大问题是文化价值的挑战，增量时代导致的同质性的生产空间，在优化更新的机遇下，又有望重塑城市的文化价值。问题的关键在于不同的项目主体试图塑造差异性的同时，如何减少对"其他"差异性的损害？纵观世界城市的很多成功案例是值得我们借鉴的。

具有 2000 年历史的伦敦在城市更新下正焕发着新的活力，它作为工业城市转型的成功是不言自明的。随着时代的发展，伦敦的有些优势失去了，面临转型，伦敦采用了一种多维度层积的方式，通过空间重混来解决时间压缩问题。在古代的遗产里面局部插入一些新的要素，在现代建筑里面熔铸一些旧要素，把历史遗产的传承从宏观延伸到微观细节，从二维空间延伸到三维空间。伦敦创造了一种不同的城市更新模式，从形式上看，更新后的城市是新与旧的完美结合。新旧建筑的交替显现，从城堡到教堂，从酒店到住房，从办公楼到公共建筑，这种新旧结合的表现形式实际也是城市更新彰显城市遗产机制理解的表达（图 4-3）。

深圳 2035 总体规划对于城中村采取的是一种更有温度的认识方式。城市建设中的"城中村"，由于历史和管理体制等原因，出现规划管理无序、布局结构混乱、卫生状况不佳、基础设施缺失等问题，极大地阻碍了城市化步伐，影响城市整体面貌，几乎每一个城市都有着消灭城中村的计划。然而对于城中村而言，它为城市提供了廉价的就业和居住的机会，是城市多样性和城市活力的重要组成部分。对城中村的全新认识是，它是城市的生活状态，有着城市文化价值，是人们存在的深刻的社会结构和生活记忆，有待留存，有待挖掘。基于上述情况，深

图 4-3　伦敦新旧层积的城市更新

图片来源：https://m.ctrip.com/html5/you/travels/london309/2289510.html

圳城中村改造有两种模式。一是综合整治；二是全面改造，目前仍以综合整治模式为主。为此深圳城中村改造坚持了相应的原则：坚持积极稳妥、有序推进的原则；坚持政府主导、市场化运作的原则；坚持统筹兼顾、综合改造的原则；坚持区别对待、因地制宜的原则；落实科学发展观、建设节约型社会的原则等。

深圳城中村综合整治是指基本不涉及房屋拆建的环境净化、美化项目。此类项目可不编制城中村（旧村）改造专项规划，由区政府编制"城中村（旧村）环境综合整治规划"并组织实施。

深圳城中村全面改造包括整体拆建和局部拆建。整体拆建是指改造率（被拆除改造的建筑面积与改造前总建筑面积之比）在 30% 以上的项目；局部拆建是指为全面消除安全隐患、建设城市基础设施和公共服务设施，改造率不足 30% 的项目。全面改造的项目应编制专项规划，局部拆建项目应符合城中村（旧村）改造专项规划的技术规范要求，其专项规划由市规划主管部门审查批准。

4.4.4　工业转型的棕地更新

棕地的成因在于工业区衰退和城市产业结构调整所导致的城市土地价值改变，

并在环保及可持续发展思想的影响下，一些重污染企业纷纷调整区位或转产，其原厂址成为棕地。在后工业时代，技术的进步和产业的更迭带来城市的转型更新，转型中的城市大多具有产业结构失衡、功能设施配套不健全等问题。在城市用地方面，城市转型也面临着严控增量，存量改造的约束条件，存量工业用地更新成为城市更新的重要路径——积极利用城市更新手段对工业用地进行存量更新，利用腾挪空间建设创新产业，推动产业升级转型。从用地性质上看，转型城市的再开发以工业用地居多（棕色地块），有的是废弃的，有的是还在利用中的旧工业区，规模不等、有大有小，但与其他用地的区别主要是都存在一定程度的污染或环境问题。棕地因其现实的或潜在的有害和危险物的污染而影响到它们的扩展、振兴和重新利用。美国的"棕地"最早、最权威的概念界定，是由 1980 年美国国会通过的《环境应对、赔偿和责任综合法》（Comprehensive Environmental Response，Compensation，and Liability Act，CERCLA）做出的。几十年来，棕色地块的清洁、利用和再开发问题越来越受到美国联邦、州、各地方政府以及企业和民间非盈利组织的极大关注。政府出台了许多政策措施，各相关城市社区和民间组织积极配合，希望以整治棕色地块为契机，推动城市及区域在经济、社会、环境诸方面的协调和可持续发展。

棕地修复项目不单纯以"房地产开发"为导向，棕地再生发展的同时带动了棕地调查、环境影响评估等环保产业的发展。美国一直是棕地更新的先行者，也是"棕地"治理中，成效最显著的国家。1993 年美国环保局"棕地经济再开发行动"的出台，标志着棕地开发行动的开始。英国棕地修复产业法律体系的建立以 2000 年的《环境保护法》的修订为标志。它是指导棕地确定、评估和修复的新的规则体系。这一体系将棕地修复产业视为实现城市可持续发展的关键保障。国外在棕地更新最先始于技术层面。之后逐渐上升到包括与棕地开发相关的政策法律法规、环境风险和责任、利益相关者、对策以及棕地治理与开发价值评估等在内的管理层面。在空间特征上，工业类棕地的场地地形基本平坦，最显著的空间元素为大型的工业建筑遗产。在污染特征上，工业类棕地的污染以土壤污染与地下水污染为主，具有隐蔽性强、潜伏期长，项目周期长且具有不确定性的特点。著名的美国西雅图市煤气厂公园经历了长达半个多世纪、几轮的环境勘测与污染治理过程，至今场地中仍然可能残存有污染物质，充分体现了工业类棕地的上述特征。工业棕地类项目更新的基本程序与内容是：第一，棕地项目在一般性开发建设之前需要增加对于场地污染的调查、评估与修复工作；第二，根据场地不同的污染物质以及所采取的修复策略，污染治理的时间长短不一。目前国外比较推崇的是原位修复，要求棕地再生应该避免对其他场地造成二次污染；第三，公众因污染所产生的顾虑使其对棕地再生项目具有较高的关注度且对项目安全性的质疑增多，需要通过多种形式的公众参与活动与公众进行充分沟通（表4-2）。

部分场地类型的潜在污染类型   表4-2

行业分类	场地类型	潜在特征污染类型
制造业	化学原料及化学品制造	挥发性有机物、半挥发性有机物、重金属、持久性有机物污染、农药
	电气机械及器材制造	重金属、有机氯溶剂、持久性有机物污染
	纺织业	重金属、氯代有机物
	造纸及纸制品	重金属、氯代有机物
	金属制品业	重金属、氯代有机物
	金属冶炼及延压加工	重金属
	机械制造	重金属、石油烃
	塑料和橡胶制品	半挥发性有机物、挥发性有机物、重金属
	石油加工	挥发性有机物、半挥发性有机物、重金属、石油烃
	炼焦厂	挥发性有机物、半挥发性有机物、重金属、氰化物
	交通运输设备制造	重金属、石油烃、持久性有机物污染
	皮革、皮毛制造	重金属、挥发性有机物
	废弃资源和废旧材料回收加工	持久性有机物污染、半挥发性有机物、重金属、农药
采矿业	煤炭开采和选洗业	重金属
	黑色金属和有色金属采选业	重金属、氰化物
	非金属矿物采选业	重金属、氰化物、石棉
	石油和天然气开采	石油烃、挥发性有机物、半挥发性有机物
电力燃气及水的生产和供应	火力发电	重金属、持久性有机物污染
	电力供应	持久性有机物污染
	燃气生产和供应	半挥发性有机物、挥发性有机物、重金属
水利、环境和公共设施管理业	水污染治理	持久性有机物污染、半挥发性有机物、重金属、农药
	危险废物的治理	持久性有机物污染、半挥发性有机物、重金属、挥发性有机物
	其他环境治理（工业固废、生活垃圾处理）	持久性有机物污染、半挥发性有机物、重金属、挥发性有机物
其他	军事工业	半挥发性有机物、重金属、挥发性有机物
	研究、开发和测试设施	半挥发性有机物、重金属、挥发性有机物
	干洗店	半挥发性有机物、有机氯溶剂
	交通运输工具维修	重金属、石油烃

资料来源：《场地环境调查技术导则》（HJ25.1-2014），pp11

参考案例：棕地更新——西雅图煤气厂公园

西雅图坐落在普结湾和艾略特海湾之间，位于美国的东北部。西雅图煤气厂占地面积8公顷，自1906年经营了50年后倒闭，其原厂址由于多年污染物的堆积，成为城市的主要污染区域，周边生态环境也受到严重影响。1962年西雅图市政府收购该地，将其打造成城市中央公园。

针对煤气厂的更新改造，首先进行生态修复：在土壤污染方面，经过检测分析，对其修复采用的方法是，从周边建筑工地运来新土去覆盖表层污染严重部。而对于深层很难清除、污染严重的土壤，则采用化学和生物手段，利用能够降解这些污染物的微生物去清除沉积已久的有毒物质，采用这种原位修复的方法，节约了资源和成本，对脆弱的生态系统干预小，同时促进了它的自我恢复。在植物种类的选择上，面对土体条件差的问题，针对性地选择了能改良土壤的优良乡土植物，同时具备抗虫害、抗旱耐湿等特点，在恢复生态的同时解决了基地地表凹凸不平的问题。总体来说，在生态修复方面，充分考虑到了基地的现状问题，同时抓住自然规律采用生态学理念，调节好自然系统。

在空间再利用上：旧工业区原工业功能转换为文化娱乐类功能，能迅速改善城市形象，吸引文化旅游，从而带动服务业等行业的发展，振兴地方经济。考虑到工业遗址的历史价值，将遗留的工业设备进行筛选，将有特点的设施，经过处理改造成小品、雕塑，暗示曾经的工业历史，也成为公园的标志性形象；将风格独特的建筑，经过清理建成展览、餐饮、娱乐设施，实现最大程度的资源再利用，降低建设成本，实现可持续化发展；对于场地的缺陷之处——山顶的凹陷地区，设计者创意设计一个日晷，参观者以自己的身影作为指针去判断时间。整体规划注重环境、文化和历史的完美融合，尊重场地原始样貌，挖掘废弃地的艺术性，将曾经辉煌的工业史向游客展示，实现了场地精神的延续。

资料来源：朱金，李强，王璐妍. 从被动衰退到精明收缩——论特大城市郊区小城镇的"收缩型规划"转型趋势及路径 [J]. 北京：城市规划，2019（3）：34-49

4.4.5 减量转型的精明更新

随着工业化与城市化的快速发展，欧美国家的一些工业城市、矿区城市由于产业的转移与转型，给城市带来了诸如经济萧条、人口减少等问题。转型期城市在城市经济衰退后人口不断流失，我们可称之为"收缩城市"。精明收缩的概念最早起初源于德国，是德国对较为贫困破落的东部地区的城市问题而提出的规划管理模式，主要针对人口衰落城市的经济问题和物质环境问题。2002年，美国罗格斯大学的波珀夫妇（Deborah E.Popper and Frank J.Popper）首先提出了精明收缩的概念，并将其进行首次定义，将其概括为："规划减少：更少的人、更少的建筑、更少的土地利用"（planning for less：fewer people, fewer buildings，fewer and uses）。且"精明收缩"对于正在无序蔓延扩张的城市、郊区、农村这三种不同对象提供了收缩规划的策略。由德国联邦文化基金会支持的研究项目"收缩的城市"，对城市的收缩现象进行了总结描述，并将成果收录在《收缩的城市》一书中。其统计结果表明，超过 370 个人口在 10 万人以上的城市都在萎缩；美国东北部工业带上的布法罗城、底特律、匹兹堡等城市萎缩和衰退迹象最为明显。面对城市"后工业化"的转型，一些欧美国家的城市提出了应对策略——"精明收缩"策略。

"精明收缩"作为一种城市规划策略，其真正意义上得以确立的标志则为俄亥俄州扬斯敦 2010 年规划（Youngstown City Plan 2010）。在扬斯敦的规划中，以城市收缩下的土地制度、合理的城市尺度、人文关怀等问题为焦点，规划策略包括强调收缩下的市场化运作的土地银行、绿色基础设施建设、公众参与、集约紧凑发展等。精明收缩的核心思想是在城市人口不断减少与城市萎缩发展的同时，注重对城市活力的培养，进行合理的城市规划、复兴邻里及空间肌理，提倡集约型的土地使用模式。许多收缩城市都制定了针对本地特定问题的人口政策，如莱比锡制定的外来人口的吸引政策 [1]。为了重振由城市收缩而萎缩的土地市场，许多城市提出了针对收缩的土地利用规划政策，如韩国仁川提出的网格状社区规划 [2]、澳大利亚阿德莱德的社区土地管理政策 [3]、美国弗林特的土地银行政策 [4] 等。对于收缩城市而言，土地银行是城市更新的重要动力 [5]。"土地银行"利用土地资本杠杆拉动，促进闲置和废弃资产的再利用，绿色基础设施空间网络构建涉及将废弃或闲置资产更新为新的城市公园、社区花园、修复后的生物栖息地、防洪减灾和雨水处理场地，以及都市农场等，并将其与现有绿地联系起来 [6]。为了重获商业市场和就业岗位，许多城市则期望通过吸引创业来完成，并可以间

[1] Rūta Ubarevičienė,Maarten van Ham1,Donatas Burneika. Shrinking Regions in a Shrinking Country: The Geography of Population Decline in Lithuania 2001－2011[J]. Urban Studies Research,2016.

[2] David Harvey.Spaces of hope[M].University of California Press,2000.

[3] Karina Pallagst, Thorsten Wiechmann,& Cristina Martinez Fernandez. Shrinking cities: International perspectives and policy implications.London: Routledge,2013.

[4] Nigel G.Griswold & Patricia E.Norris.Economic impacts of residential property abandonment and the Genesee county land bank in Flint, Michigan[R].Michigan State University Land Policy Institute,2007.

[5] 黄鹤 . 精明收缩：应对城市衰退的规划策略及其在美国的实践 [J]. 城市与区域规划研究，2011，4（03）：157-168.

[6] 张贝贝，李志刚 ."收缩城市"研究的国际进展与启示 [J]. 城市规划，2017，41（10）：103-108，121.

接为城市带来人口，如曼彻斯特提出的"旗舰发展计划"，力图将城市努力打造成为知识经济时代重要的创业都市和英国重要的商业中心[1]；克利夫兰则以创业作为先导，着重短期计划来获取国家政府的援助，以部分驱动整体[2]。还有一些城市立足于本地原有的工业基础，将政策集中于再工业化战略，如西班牙的兰格雷奥[3]。

"精明收缩"的特点主要是为衰退的城市所服务，但在制定收缩规划的同时也同样注重对于活力增长的培养。其核心内容在于人口减少的同时注重城市内在的发展潜力，以主要动力机制作为城市的发展的重点，带动城市的经济发展。政府的行政管理能力以及政府机构的直接参与是"精明收缩"发展的基本保障。而公众的角色及他们的积极参与也是对规划不可缺失的一个重要环节。在"精明收缩"的路线中，其规划的重心特点在于强调了对活力低下、使用频率低效、环境恶劣、生产生活空间格局混乱的对象进行重新审视，因地制宜，针对不同的问题而采取不同的理论，强调对于低使用率、低活力、差环境、乱格局的生活生产空间，采取分门别类，针对其不同的问题采取不同的处理方式，从而使空间能够得到有序的发展。

参考案例：收缩管理应对——《合庆镇总体规划（2015-2040）》

合庆镇合庆镇位于上海浦东新区的东南角，作为上海的郊区小城镇，过去在传统增长理念的发展中暴露出种种问题，显现出"被动衰退"的趋势。合庆镇现状在人口规模上，经历2000至2010年的快速增长后开始出现收缩趋势，2014年人口较2010年减少1.32万。在用地规模上，合庆镇镇域面积42.8平方千米，其中建设面积28.1平方千米超过土地利用总体规划划定面积3.5平方千米，蔓延现象明显，工业用地、农村居民点和农业用地交错碎片化。在经济发展上，一产总收入低，三产发展滞缓，二产工业因产业结构不合理以及低效工业企业居多，造成环境严重污染，空间增长低效等问题。在城镇发展品质上，合庆镇整体风貌与环境品质还滞留在十多年前的水平，交通不便，公共服务不够完善，同时缺乏完整的绿化网

---

[1] Fernando Ortiz-Moya.Coping with shrinkage: Rebranding post-industrial Manchester[J]. Sustainable Cities and Society,2015.

[2] Zingale, Nicholas C,Riemann, Deborah. Coping with shrinkage in Germany and the United States: A cross-cultural comparative approach toward sustainable cities[J]. Urban Design International,2013,18(1).

[3] Prada-Trigo . Local strategies and networks as keys for reversing urbanshrinkage: Challenges and responses in two medium-size Spanish cities[J].Norsk Geografisk Tidsskrift-Norwegian Journal of Geography,2014.

络系统。

政府针对合庆镇现状问题进行了《合庆镇总体规划（2015—2040）》的编制工作。在镇村体系上，基于农村对土地的依赖度下降，规划采用宅基地置换的方式，将23个行政村撤并到新镇区，同时形成以镇区为主的公共服务集聚点，从而实现精明重构，提高城镇的品质与等级。产业功能瘦身，二产在空间上适度收缩，通过保留现有工业用地，清退和复垦外围零散工业用地来达到一个瘦身功能。在产业门类上，产业园区须遴选产业类型、淘汰落后产能、提高技术能级，推进产业转型，积极打造产城融合的都市型产业园。维持一产规模不变，加强土地污染治理，利用现代农业技术和农业生产手段，规模化组织生产。三产鼓励与一产融合，打造特色乡村体验区，以滨海休闲产业引领镇域产业转型发展。在空间布局上，规划形成疏密有致的"城镇－生态－滨海"形式，强化沿海区域的生态屏障。

资料来源：朱金，李强，王璐妍. 从被动衰退到精明收缩——论特大城市郊区小城镇的"收缩型规划"转型趋势及路径 [J]. 北京：城市规划，2019（3）:34-49

第五章 社区营造与城市更新

5.1 社会结构变迁与城市更新

5.2 社区组织与聚落空间生成

5.3 社区营造的聚落更新方式

5.1 社会结构变迁与城市更新

5.1.1 从乡村结构到城市社会

1. 乡土化与乡村结构

20 世纪 20-40 年代，揭示近代中国乡村结构嬗变与影响的莫过于"乡村建设运动"。乡村建设运动是在 20 世纪初中国农村经济日益走向衰落的时代背景下，由美国名校毕业的晏阳初在内忧外患的中国腹地引领，以乡村教育为起点，以复兴乡村社会为宗旨，后陶行知、梁漱溟、卢作孚等人也从东到西践行"上山下乡"，分头实施乡村建设试验，复兴濒临崩溃的中国乡村。这是一场由知识精英推进的乡村社会改造运动，由不同的理论流派组织进行的"乡村建设"实验活动。梁漱溟先生当时的乡村建设理论指出，理解近百年来中国落后与失败的一个重要表现，当是中国乡村"社会构造"的解体与"社会秩序"的崩溃[1]。在与现代工业（西洋都市机器工业）竞争中，小农经济开始解体，"农村无产化"现象加剧，乡村建设失去了人才基础和物质基础，这也就是帝国主义入侵和其后的军阀混战是近代以来农村第一次衰落的背景和根源[2]。因此，乡村结构的弱势性和基础性的农业经济的天然地位决定了，"市场化导致农村相对性衰落这一基本规律"。

中国传统乡村结构的主要形态是宗族社区，族长作为社区领袖，族田作为社区经济基础，祠堂作为社区亲缘纽带，族规民约作为社区价值规范，构建了一套强有力的社区治理体系，在"国权不下县"的传统政治架构中发挥着基础性作用。然而，现代社会发展至今，在一个更加开放的市场体系中，农村经济亦难以在完全市场经济下赢得普遍性生机，在市场化进程中农村人口规模性流动速度和市场化程度正相关，客观上导致农村发展缺乏足够的人力资源，农村文化共同价值观解体，导致乡村衰落与空心化。进入现代社会，国家权力深入乡村基层，以村党支部和村民委员会为主体的二元权力中心形成，成为中国特色的乡村政治基础——国家治理和社会自治的平衡。乡村文化也在掌握新知识的村民群体的影响下逐渐与现代文明对接，通过融合现代科技与互联经济的乡村经济功能，提升现代乡村社会文化认同的社会意识，实现现代乡村振兴视角下乡村价值与乡村风情的重塑。

---

[1] 田文军."文化失调"与"礼俗"重构——梁漱溟论"教化""礼俗""自力"与乡村建设 [J]. 孔子研究,2008 (7):44-50.

[2] 陶元浩. 近代中国农村社区转型中的两次"相对性衰落" [J]. 江西社会科学,2008 (3):124-132.

2. 公社制与城乡二元结构

新中国成立之初，面临着许多旧社会遗留下来的社会问题，社会主义经济体系的建立就是重中之重。为建设一个新社会，中国共产党进行了大规模的社会救助、救济以及社会改造运动。在解决问题的过程中，以居委会、居民小组为单元的社区组织也发挥了一定的作用，加速了社会改造的完成。在新中国成立初期三大改造完成之后，我国进入了社会主义建设的新阶段。在苏联模式的影响下，经济上国家实行了全方位的计划经济，社会管理上推行单位体制。单位功能的泛化形成了后来的单位办社会，大企业小政府的畸形社会管理体制，企业负担沉重，专业社区社会工作失去了生存的基本条件，街道办事处、居民委员会的管理对象只是没有单位的城市居民。同一时期的农村经济则是"公社制"——农村的人民公社是政社合一的体制。在农业合作化基础上建立起来的农村人民公社体制，是高度集中计划经济体制在农村的微观组织基础。国家对主要农产品实行统购统销，为的是确保城市居民生活和国家工业化建设对农产品的需要。在社会管理上，实行城乡分割的二元户籍管理制度，严格限制农村人口向城市流动。政社合一的农村人民公社，起着抑制价值规律和市场调节的作用，是确保农产品统购统销贯彻到底的基层组织制度形式。表现在国家通过指令性生产计划、农产品统购统销、关闭农贸市场、限制农村人口向城市流动等。

改革开放以来，在计划经济向市场经济过渡的时期，中国社会已经实现了从传统农业社会向现代工业社会的全面过渡。这一时期，农村社会对经济体制改革的积极性远超城市社会，因为农村合作社制是受计划经济限制最严重的地方，农村经济体制改革也是试错成本与改革成本最低的，有利于迅速打开改革的局面。1978年党的十一届三中全会召开以后，我国政府废除农村人民公社，实行包产到户的"家庭联产承包责任制"，把生产经营自主权还给农民。这一时期，稳定以农户为基础的土地承包关系是我国土地制度的核心，是农村政策的基石。同一时期的城市社会也发生着剧烈的变革，20世纪90年代以来，处于转型期的中国社会出现了前所未有的一系列问题，比如城乡两极分化、失业问题、老龄化、空巢家庭、青少年犯罪等。城市中的人们经历着从"单位人"向"社会人"的转变，住宅商品化与市场经济的发展、社会福利事业的社会化都催生着我国城市社会人的主体性的根本转变。

3. 市场化与城市社会

传统文化原真、膜拜的和自律性的"光晕"在消费社会中遭到前所未有的颠覆，现代社会出现了严重的人文生态危机。进入 21 世纪，伴随着完善健全的社会主义市场经济体系的形成，我国国民经济驶入了发展的快车道，城市建设也逐渐进入存量发展的新阶段。然而，经济的发展引起了的社会关系的极速变化，社会分层、贫富差距、邻里距离等问题逐渐凸显，社区建设转型与基层社区治理等问题成为城市社区研究的热点。费孝通指出，中国传统社会的基本关系结构是血缘关系和地缘关系，两种关系在传统社区中存在空间的重叠。然而，大规模的城市改造颠覆了原有的社会结构网络，传统中国城市社会的社区组织关系已经被完全打破。在新生活方式的不断改变中，城市居民的相互关系经历着的维系、变化、断裂与重组的不断破碎化过程。城市社会群系族裔差异逐渐消失，经济贫富差异却逐渐加剧，体现最为突出的就是城市空间的包容性问题。在空间的表征方面，随着新区建设与老城更新，原有社会邻里结构遭到破坏，城市空间向绅士化转向，空间兼具类型化与简单化，城市隔离与社会排异现象事件频发，居住与社会空间分异明显。

市场化的城市社会需要法治化的治理结构。在我国长期的计划经济时期，国家行政权力下沉，单位制度从党政军机关扩展到国营和集体企事业单位。随着市场化的深入，"行政松绑"从经济领域延伸至社会政治领域，社会组织也朝着独立和自治发展。基层社会从最初单位制解体后的无序、失范和离散状态，逐步进入到由党组织、政府、社区自治组织、民间社团、企业、居民等多元利益主体的社区治理结构。多元主体之间相互独立、相互制约而又互动合作，这既是一种公共选择的过程，也是博弈的过程[1]。经过几十年的改革开放，民间组织的数量迅速增加，合法性日益增大，社会资本流动起来，社会利益趋于多元化。于是，社区治理（自治）作为社会整合的有效框架被提了出来，开始有序发展基层社区治理组织。美国学者理查德·C·博克斯指出，之所以运用"治理"框架，是旨在说明治理包含着参与社区公告政策制定和执行的公民、选任代议者和公共服务职业者的全部活动，契合了美国社区治理制度发展的历史和实践过程。[2]

5.1.2 从乡村聚落到城市聚落

"聚落"概念的引入，是希望通过聚落形态感知社区价值，重拾聚落形态建

[1] 卢剑峰. 社区治理的法治思考 [J]. 科学经济社会 ,2008,26(04):107-111.

[2]（美）理查德 .C. 博克斯 . 公民治理 引领 21 世纪的美国社区 [M]. 孙柏瑛译 . 北京 : 中国人民大学出版社，2014.

构与现代社区治理的"一体两性"。按照社会学上的定义，所谓聚落，是人类进行生产、生活及其他社会活动的场所，是人类在地表集聚的空间组织形式[1]。所谓农村型聚落，就是人口密度和人口规模一般比较小，社会关系大部分局限于地域内部，居民大部分从事第一产业的地域社会[2]。与农村聚落相比较，城市型聚落具有人口总数和非农业人口数量多，人口密度大，居民职业构成、社会构成复杂，以人工景观为主，各种物质和精神现象高度集聚，生活方式高度现代化和社会化等特征[3]。

"聚落形态研究是城乡规划的基础研究，是引导城乡协调、科学发展的基础性工作。关于聚落形态的研究，中外学者采用过各种各样的方法。这些方法，从不同层面、不同角度以及不同范畴，深入研究了各种人类聚落形态，包括城市、乡镇村落的空间形态。"从设计学科的视角，传统乡村（农村）聚落的社会性包含了文化、精神、意识形态等非物质的、由人赋予并转化为内核的、深层表达聚落特征的第三维属性。比如，东方文化中的社会性因素主要有历史文化、宗教信仰、社会阶层、社会交往、民俗礼仪、亲属关系、家庭结构、生活方式等。中国传统乡村聚落正是基于由这种传统文化中体现的乡土文化与乡土经济的社会关系等第三维属性维系着乡村聚落的演化与发展。中国古代的皇家太庙和民间广泛存在的宗族祠堂是维系传统城市聚落与乡村聚落的文化凝聚力，是这种维系特征的重要体现。但是，进入现代社会，由于市场化及市场经济的发展，城市文化的不断冲击，传统封闭保守的乡村结构的维系属性正逐渐土崩瓦解或分化转型。与之相比，现代城市具备开放性与多样性的特征，城市这一特殊容器包容了不同血缘、谱系、文化的社会交融。与此同时，城市自身的多样与繁荣在全球传播的视野下，却体现出区域间城市空间生产的趋同性，趋同性的空间生产使得现代城市聚落的空间识别变得十分困难。

城市聚落具有的普遍性的空间识别特征可做如下描述：

1. 居住行为的聚落文化

从乡村聚落到城市聚落的转变开始了人类社会城市类型期的漫长演化过程，这一过程产生了灿烂多样的城市文明。孟子所描绘的农业社会理想："五亩之宅，

[1] 陈立旭. 都市文化与都市精神 中外城市文化比较 [M]. 南京：东南大学出版社，2002.

[2]（日）富永健一. 社会学原理 [M]. 严立贤等译. 北京：社会科学文献出版社，1992.

[3] 陈立旭. 都市文化与都市精神 中外城市文化比较 [M]. 南京：东南大学出版社，2002.

树墙下以桑，匹妇蚕之，则老者足以衣帛矣"（《孟子·尽心上》），正是乡村聚落的写照。城市聚落则在长期中国古代社会发展中，形成了"以血缘为纽带，以等级分配为核心，以伦理道德为本位的思想体系和制度"，它既是规定天人关系、人伦关系、统治秩序的法规，也是制约生活方式、伦理道德、生活行为、思想情操的规范，渗透到中国古代社会生活的各个领域。进入现代社会，城市聚落的概念也可看成是现代城市内不同功能与群系关系所形成的具有群体识别特征的物质空间形态。城市聚落也从传统的血缘关系、熟人社会转变为以用地权属为代表的法理关系。

2. 居住方式的地域特色

传统聚落形态根植于当地文化思想体系的、包含于深层的相对稳定的控制性物质要素，就是这个聚落的传统性代表及其核心价值。"传统性"表达的是聚落的在地性、时间性、社会性和传承性。对聚落形态影响最大的因素始终是环境。地域地形、气候水文作为先决条件，在聚落的规模边界、结构组织、扩张走向等方面都划定了明确的范围。聚落的"在地性"是在长期发展中，聚落与自然地理环境逐渐融合为不可分割的整体，再不断加入历史传统、文化沿革、建筑风格、材料工艺等，扩充丰富"在地"的内涵，也使聚落具有稳定、连贯、规律性特质。

3. 居住形态的空间分异

聚落生态文化是人类文化生态体系中的一个极为重要的组成部分，应充分认识其存在的形态及发展演变的规律——聚落形成及社会认同、功能演化与空间分布。人类的生产方式和生产力水平决定了空间规模与居住方式，"空间"不仅仅是一个物理概念，在社会理论范畴中，空间还是社会关系的产物，产生于有目的的社会实践，空间生产的结果必然会形成空间的分异形态。例如，居住空间分异体现一种居住现象，在一个城市中，不同特性的居民聚居在不同的空间范围内，整个城市形成一种居住分化甚至是相互隔离的状况。

4. 聚落空间的风格肌理

由于自然、经济、文化等因素的影响，城市空间的历史特征往往能够形成特有的空间形态的风格肌理。肌理是保持城市文化特征、延续城市个性识别、体现内在活力要素的重要媒介，也是控制城市空间形态的重要手段。肌理的形态可以是历史遗留的片断，也可以是建成不久的建筑群落，只要其空间形制与内容能对引领整个地段的风格有着影响，这种布局就可以称之为肌理。但是城市肌理形态特征随着城镇化与城市更新的发展正逐步消失。肌理来自于对序列的重复，而美感的产生渊源于重复中的组织秩序，尤其当它以一种设计手段被有意识地运用时。

5.1.3 城市社区与生活圈构建

我国的社会结构经历了从单位制结构向社区制结构转化的客观过程，城市社区成为基本的组织单位。2003 年国务院发布的《物业管理条例》明确了居民小区"社区自治、业主共同管理"的治理模式。通过 1993 年《城市居住区规划设计规范》（经 2002 年、2016 年两次修订）到 2018 年《城市居住区规划设计标准》逐渐缩小街区尺度，形成社区自治。

1. 城市居住区与城市社区

城市居住区（简称居住区）的概念是，泛指城市中不同居住人口规模的居住生活聚居地。我国居住区按照居民能够在步行范围内满足基本生活需求的原则，可划分为 15 分钟生活圈、10 分钟生活圈、5 分钟生活圈及居住街坊四级。主要考虑的因素是：以人的基本生活需求和步行可达为基础，充分体现以人为本的发展理念。居住街坊是居住区构成的基本单元，结合居民的出行规律，在步行 5 分钟、10 分钟、15 分钟可分别满足其日常生活的基本需求，因此形成了三个等级的生活圈；根据步行出行规律，三个生活圈可分别对应在 300 米、500 米、1000 米的空间活动范围内。四个层级对应的居住人口规模分别为 1000 ~ 3000 人、5000 ~ 12000 人、15000 ~ 24000 人、45000 ~ 72000 人。

"社区"（community）是一个"地域"概念，也是一个"社群"概念，也可译为共同体，从词根上讲，社区的本质就在共同性。1887 年，德国社会学家滕尼斯首次提出"社区"的概念。随后，由费孝通老先生把这一概念引入中国并译为"社区"，费老先生提出"社区是若干社会群体在特定区域内形成的相互关联的集体"，他对于社区的定义更倾向于从本体论的角度出发，把其当成一个利益共同体。B·菲利普指出，"社区是居住在某一特定区域的、共同实现多元目标的人所构成的群体。在社区中，每个成员可以过着完整的社会生活"。总之，社区是聚集而居的一定数量人群形成的地域共同体，包括围绕居住活动而展开的社会活动，为居住活动提供的各种服务设施，为确保这些活动能正常运行而形成的相对独立的自主性机构，以及生活在其中的人们在认知意象、心理情感上具有较一致的地域观念、认同感与归属感。

城市社区结合居住区规划分级划分服务范围、设置社区服务中心（站），这样既便于居民生活的组织和管理，又有利于各类设施的配套建设及提供管理和服务。如居委会的管辖范围，可对应 2 个居住街坊或是 1 个 5 分钟生活圈；街道办事处的管辖范围，可对应 1 个或 2 个 15 分钟生活圈；城市社区可根据其服务人口规模对应居住人口规模相同的生活圈，配置各项配套设施。根据我国现行宪法规定，区是城市基层政权机构，街道是区政府的派出机构，居委会是群众的自治性组织，经政府授权承担一定的社会管理职能。社区的建设是在改革我国城市基层管理体制的过程中提出并发展起来的。在现代城市社会形成的以邻里关系为基础的社区治理中，只有当社会政策所引导的公共资源流动有助于居民社会关系结构的形成和巩固时，政策的目标才能实现（表 5-1）。

城市生活圈的界定

表 5-1

	15 分钟生活圈	10 分钟生活圈	5 分钟生活圈	居住街坊
定义	居民步行 15 分钟	居民步行 10 分钟	居民步行 5 分钟	城市居住区构成的基本单元
居住人口规模	45000 ~ 72000 人	15000 ~ 24000 人	5000 ~ 12000 人	1000 ~ 3000 人
面积	约 130 ~ 200 公顷	约 32 ~ 50 公顷	约 8 ~ 18 公顷	约 2 ~ 4 公顷
住宅套数	15000 ~ 24000 套住宅	5000 ~ 8000 套住宅	1500 ~ 4000 套住宅	300 ~ 1000 套住宅

资料来源：《城市居住区规划设计标准》GB 50180-2018

2. 社区营造及其相关概念

社区营造源于西方，传于日本，盛于台湾。在西方，社区发展是社区营造的前身，社区发展和社区营造均源自于美国。社区发展（Community Development）这一概念由美国社会学家 F. 法林顿于 1915 年率先提出 [1]。社区居民在政府的指导和支持下，依靠本社区的力量，改善社区经济、社会、文化状况，解决社区共同问题，提高居民生活水平和促进社会协调发展的过程。社区营造，就是要将没有形成的社区推动形成，将正在衰落的社区重新聚集。事实上，也就是重构社区的共同性。在城市更新中，其更新模式有两个转变：从资本化空间向生活化空间转变和从空间改造向社区营造转变（于海，2018）。

城市居住区这一特定地域的城市空间对比传统的人类聚居形态我们或可视之为城市聚落空间，城市聚落空间成为城市社会空间再生产的基本单位，这是城市

---

[1] 周文建，宁丰. 城市社区建设概论 [M]. 北京：中国社会出版社，2001.

社会结构变迁的本质和核心，或者说城市社区这一聚落形态的变体是中国城市市民社会建构的社会前提。然而，在中国现代社会，调研表明，很多小区并没有形成共同的价值观和认同感。市场体制作用下的居住小区虽然依据价格门槛，将处于同一水平的城市居民在社区空间聚集起来，但是与传统体制下形成的社区聚落相比，现代城市社区内部具有更大的异质性。人们除了具有接近的住房支付水平，或者接近的收入水平外，在职业、文化程度、生活方式、思想价值观上很难找到更多的相似之处，这也就造成了我国城市社区从单位制转向社区社会化、同质化的同时，社区内部的社会构成从某种程度上可以说出现了新的异质化倾向。现代社区中异质性的加强，需要人们探索建立团结和睦的社区人际关系的新思路[1]。

城市居住区与社区概念具有相互影响的显性和隐性的形态组织特性。我国城市社区的聚落空间呈现出形态模式趋同化，聚落组织异质化的极化现象。体现在城市居住空间的产品化生产趋同，而居民的社区归属感尚未形成。当代的城市居住小区既没有共同的血缘基础，也缺乏共同的精神纽带。与之相比，一些城市的老旧社区则具有相对紧密的社区组织与邻里关系，人们对于老社区的认同感和邻里感更强，邻里空间已形成较强烈的方位空间、交往空间和相关的民俗社区活动的礼仪性空间，从不同程度上符合了传统聚落聚居所形成的生理的、社会的、精神的现代社区聚落形态特征。特别是，研究也注意到了那些在城市扩张过程中的失地农民安置小区的一些现象，这些小区居民虽然完成了从村民到市民的转变，小区的居住构成也在产生着变化，但是仍存在着就业歧视与社会隔离等社会融合度的问题，与此同时，小区居民在邻里认同方面却有着很强的群体归属感，社区空间有着经常性的民俗活动与社会交往。

若对上述原理表述的内容进行准确理解，需要对社区营造的相关概念进行界定：

社区组织：社区居民基于平常的面对面互动，达成信任感，形成某种共同性，在共同性的基础上继续开展互动，形成各种社区组织，共同面对、改善社区的公共问题。这种共同性，可能是某种共同血缘关系，也可能是某种共同地域的分享，还可能是某种共同节日或庆典，甚至于某种共同信仰。社区组织的实质就是靠共同性构成社群，没有共同性，人类群体凝聚基础即不存在，社区无法形成。

邻里保护：邻里保护是对邻里关系、社会结构和生活方式的保护。在中国城

[1] 王颖. 城市社区的社会构成机制变迁及其影响 [J]. 规划师,2000(01):24.

市更新的邻里关系难以维系的当下，邻里保护不是要保持现况下的生活方式、人口结构完全不变，而是要使邻里保持适度的社会结构和传统生活，同时，改善社区服务设施，新增项目对原有社区的影响降到最低，使人们具有社区归属感、社会认同感。更重要的是，了解到原有衰败社区居民的真正需求，改善人们的生存需求。

聚落空间、居住区与社区空间的对应关系：聚落空间具有建筑学意义上对于人居环境的组织界定，与城市居住区相比更强调空间的自组织和自识别的特性；居住区的概念显然更多的是从城市规划的角度，从自上而下的空间组织的分级安排及界定；如果从物质空间的视角，居住区有着明确的空间界线，聚落空间范围则没有严格的界定；社区并非空间概念，而是城市社会学概念，但在空间上可以理解为其与居住区或聚落空间形成某种空间对应。

5.2 社区组织与聚落空间生成

社区组织在空间上呈现出聚落的集聚特征，历史的居住空间由人地关系、人神关系、人人关系组成了空间的在地性的有机聚落形态，现代的居住空间通过设施的布局、街区的组织、建筑的排布等形成了现代的居住小区形态类型。在现代住区设计与社区组织中，建筑师和规划师的任务就是要创建"可持续住区"和"可持续社区"，鼓励那些能够为居民提供高品质生活的设计，让人们愿意在那里长期居住，并以此为傲。

5.2.1 社区空间的聚落化特征

有别于传统人居环境的有机聚落形态，现代城市社区是由居住区、小区、街坊地块所组成的条块化形态特征，不同时期的居住小区、城中村、历史街区、公共活动设施等形成了反映社会空间属性的聚落化特征。

1. 聚落空间的形态识别

在形态识别上，城市聚落体现出疏密有致的形态特征。

城市聚落的不同历史环境与不同使用用途表现出城市空间形态疏密相间的状态。我们知道城市的空间资源都是有限的，基于不同条件的城市竞争性开发必然导致空间承载能力的限制，空间竞争的结果就是形成类似植物群落的空间分布形态。在城市设计的研究中，我们通常用密度来理解城市开发状态与强度，然而疏密度的描述却能更加合理展现城市空间的真实状态。实际上，由于空间区位、开发时序、土地用途、交通条件、生态环境等多因素的综合影响，城市用地的空间使用强度是不同的，多样性的使用强度使城市形态表现出高低错落的外在特征。密度是绝对的概念，而疏密度却是相对的概念，过于集中的密度就会产生交通阻塞、环境恶化，过于分散的密度就会增加出行耗时、浪费土地资源，城市的疏密度便是能够展现城市复杂因素条件下的基本形态法则。城市聚落空间所展现的形态审美就是体现出疏密有致的疏密度形态。

2. 聚落空间的形态组织

在形态组织上，体现出类型化功能性空间的集聚组织方式。

功能性的群落竞争：城市的空间聚落存在功能性相互竞争的关系，不同的聚落形成群落竞争关系，类似于芝加哥社会学学派提出的生物竞争群落。比如：商业用地、居住用地、工业用地在城市中空间区位的选择，形成不同的居住中心、商业中心、工业中心等。或者理解如德国城市地理学家克里斯塔勒（W.Christaller）的中心地理论所阐明的中心地的数量、规模和分布模式等[1]。这些功能性群落会形成差异化的空间形态关系，在城市更新中功能性关系不断调整优化，城市形态亦不断演化更替。

类型化的形态组织：城市的空间聚落不同于与自然形态犬牙交错的自然乡村群落，其边界往往受制于城市道路结构与其他边界条件。现代城市格局具有了清晰、规整的边界特征，在形态组织上，现代城市结构要素如道路、广场、开放空间等构成现代城市的空间系统。我国的居住空间模式形成了以地块规模组织的居住区——居住小区——组团的空间结构，在相似的总体结构与空间单元营建方式下，空间识别的类型化愈发明显。

趋同化的空间生产：在空间的竞争性选择中，人们会综合考虑城市的区位、交通、环境、学区、品质等择邻而居，综合性的因素导致了空间群落的差异化生产。但是，营建方式的模式化、空间识别的类型化导致城市空间聚落的多样性正

---

[1] 中心地理论：在"理想地表"之上，其基本特征是每一点均有接受一个中心地的同等机会，一点与其他任一点的相对通达性只与距离成正比，而不管方向如何，均有一个统一的交通面。克氏又引入新古典经济学的假设条件，即生产者和消费者都属于经济行为合理的人的概念。这一概念表示生产者为谋取最大利润，寻求掌握尽可能大的市场区，致使生产者之间的间隔距离尽可能地大；消费者为尽可能减少旅行费用，都自觉地到最近的中心地购买货物或取得服务。生产者和消费者都具备完成上述行为的完整知识。经济人假设条件的补充对中心地六边形网络图形的形成是十分重要的。

逐步消失，现代空间的生产方式表现出城市自身以及不同城市间形态的标准化（千城一面）。总之，传统城市因其不同驱动要素的组合而体现差异性，但是现代标准化的空间生产方式使得这种差异性越来越小了。

分异化的社会组构："聚落"是一个完整的结构，它反映了人与人之间的社会关系及与空间关系的结合。除了城市空间的标准化生产，城市聚落的聚居文化与人群属性的特征群系亦逐渐消失或趋同。与西方城市相比，"中国现代城市居住群落的群系特征越来越弱了"，而代表社会分层的空间分异特征则越来越强了。在聚落空间的社区组织中，如何弱化空间分异、促进社会融合、形成社区文化、营造聚落价值是城市更新中社区"治理"更新的重要内容。

3. 聚落空间的活化营造

活化：指再利用"adaptive"，通过有效的规划和指导，将已经脱离了其原来的语境和使用场景的一种"死亡"的物质重新赋予意义或使用场景，使其重新融入现代生活。一方面，城市的物质空间环境会随着时间的推移而发生衰败与破落；另一方面，随着社会政治、经济、文化结构的不断变迁，人们的生活方式也不断地发生着改变，城市聚落空间就需要更新与活化，以适应社会政治、经济、文化结构的变迁。"人们逐步认识到，城市更新不仅仅是房地产的开发和物质环境的更新，还应该是对社区的更新"[1]。社区活化就是在具体问题解决的基础上，基于现实需要和制度要求，使社区形成有效的组织、增强获取资源的能力，激发衰落社区内在的发展动力，实现社区的复兴，最终实现社区的永续发展。从活化的角度研究聚落空间，就要用社区的概念将聚落概念进行替换。

社区活化概念的溯源还得追溯到日本、美国以及中国台湾地区。首先，日本的乡村建设分三个阶段，从 19 世纪 50 年代到 70 年代经历了从基础设施完善到振兴经济，缓解环境污染等社会问题再到振兴产业，打造独具特色的魅力乡村，营造品质宜人、环境舒适的居住氛围等。日本的社区活化中居民的主体地位尤其明显，提倡参与式社区营造[2]。其次，美国的社区发展起源于 20 世纪 40 年代，美国政府开始实施社区发展计划，重建社区和活化社区[3]。美国是以改善居民生

[1] 秦虹，苏鑫. 城市更新 [M]. 北京：中信出版社，2018.
[2] 姜新月，吴志宏. 社区营造对于中国乡村活化的启示——以岛根县村落活化为例[J]. 城市建筑，2018(11):63-66.
[3] Fu Cai,Li Min,Zou Deqing,Qu Shuyan,Han Lansheng,Park, James J.Community Vitality in Dynamic Temporal Networks[J]. International Journal of Distributed Sensor Networks,2013.

活，确保低收入及无业游民日常保障为标准的社区和睦型活化。再次，中国台湾地区的社区活化则是提倡社区自主的发展思路，引导社区居民自主挖掘本地特色，自主参与社区建设强调持续性发展，重视当地的自然生态环境保护，能够阶段性、高效率、有节制地利用这些自然资源。最后，社区活化在中国内地的发展，总结出社区衰败的原因是社区丧失持续获得社会资源和自我更新的内在能力。应该将现有社会机制作为社区营造的内在条件，遵循社区演化的规律，针对社区衰败的基本动因，制定有效的社区活化策略。因此，社区活化在根本上就是使社区形成有效的组织、增强获取资源的能力。

乡村社区活化激发了衰落乡村内在的发展动力，实现乡村的复兴。乡村社区活化是相对于传统乡村建设的提升，是在乡村具体问题解决的基础上培养村民自我进行乡村建设的能力与意识，最终实现乡村社区的永续发展。

城中村的社区活化创造了一种新的"社区活化"模式，通过政府的适时、适度介入，进行产业的培育和根植，从而促进了城市"产业生态"和"社会生态"的重构，实现了城中村的"就地城镇化"。

随着工业化和现代化进程的快速发展，历史街区的传统聚落快速瓦解。历史街区的社区活化，就是通过改造更新，保存街坊邻里，实现社区复兴，既是对历史的尊重，也是为将来的发展留下宝贵的精神财富。[1]

5.2.2 社区组织的小街区模式

《城市居住区规划设计标准》（2018）明确了密路网小街区模式。考虑到现代城市的道路宽度，街区尺度适宜性，在国家关于"小街区密路网"的正式通知中，推荐的一般地块大小是 2~4 公顷。在传统小区规划中，居住组团是构成居住小区的基本单位，人口规模 1000~3000 人，户数 300~700 户，用地 4~6 公顷。但是居住小区作为独立的街块用地，小区内设有整套满足居民日常生活需要的基层服务设施和公共绿地，人口规模 7000~15000 人，户数 2000~4000 户，用地10~35 公顷。根据相关研究文献，以居住街坊的大量实例和国内外的研究成果为

[1] 李欣，刘绮文，陈惠民，张霞. 乡村社区活化与历史街区复兴——以台湾西螺镇延平老街为例 [J]. 高等建筑教育,2014,23(01):5-9.

依据，"4 公顷、1500~2000 人"是小街区模式的大致规模[1]。基于此用地的基础规模，在"密路网、小街区"的住区规划中，应研究确定合理的路网密度、道路宽度，与街区尺度形成科学的结构形态关系。从社区治理角度，小街区模式更有利于社区自治的组织，从业主自治、设立业主委员会的角度，小区规模越大，达成治理的"交易成本"越高，而小街区模式更容易形成社区契约，开展社区互助，实现社区治理等。

小街区模式能够打通城市内部"微循环"系统，易于组织城市生活，串联城市微系统，联络街区社会空间，营造社区产业活力，为打造适老型城市、儿童友好型城市创造了条件。小街区作为城市主干道下一级的小街巷，虽"背"而"小"，却是社区居民生活的大舞台、大空间，关系到市民的生活舒适度和幸福感。通过小街区街巷"微循环"的建构，让城市慢行系统有机串联社区、公园、绿地、交通场站和公共服务设施，畅通织密城市"毛细血管"。小街区模式不仅仅包含新的住区设计如何适应现代城市结构形成"微单元"，更存在于老旧街区的治理改造中，通过旧城区功能优化，复兴社区产业、重启街区生活。通过鼓励社区居民积极参与社区治理，健全社区服务配套设施，积极营建小街区社区文化与街区化公共秩序的新格局。例如，2017 年成都汪家拐街道共整改 11 个老旧院落，以打造特色街区，打造"最成都"的时光为目标，通过院落自治制度落实，做好公众参与，治理街区乱象，重点通过建筑风貌提升打造、公共空间品质倍增、增花添彩生态赋能、绿道建设通学优先、传承文化彰显特色、社区营造邻里互助、业态优化产业迭代等 7 大工作策略，积极打造以天府文化为特质、文商旅融合发展、彰显"老成都、蜀都味、国际范"的新型历史文化街区。总之，小街区模式的改变和提升不仅仅是街区体制的结构改变，也绝不仅仅是看得见的硬件设施的改善，而是通过社区服务提升，在社区组织培养、社区文化发展、社区活力营造上形成街区化的现代住区组织的新模式。

5.2.3 社区营建的开放式结构

20 世纪 90 年代开始的封闭街区模式，按照"谁开发、谁配套"的模式，由

[1] 申凤，李亮，翟辉."密路网，小街区"模式的路网规划与道路设计——以昆明呈贡新区核心区规划为例 [J]. 城市规划，2016,40(05):43-53.

物业公司进行小区日常管理与维护共有设施的运营[1]。由于计划经济时期的单位大院体制，很多城市在城市中心区形成了大量封闭的独立用地，这对城市功能组织、交通可达性等都产生了不利影响。改革开放后，这些单位大院通过土地出让，形成了较大的成片用地，用地完整，整体开发，却仍然变成"封闭小区"，形成了独立于城市功能与周边环境的"城市孤岛"。封闭式的大街区制已不满足当下经济互联化、服务共享化、交往社会化的社区发展趋势。比如，尽管封闭社区具有封闭管理的高度安全性，但也带来了小区封闭管理与快递服务配送通达性的矛盾。开放街区将小街区模式代替大型居住小区作为城市街区单元，以密集路网形成开放式街区格局，从而营造复杂性、多样性与安全性的街区环境，创造城市公共性空间资源，形成了生活性城市街区模式，这与现代城市规划的空间结构体系是相适应的。

开放街区，扩张了城市的公共性。开放街区可实现城市公共资源共享，与城市功能空间有机融合，营造富有活力的城市氛围和丰富街区活力的城市住区。小街区制成为开放街区的基本特征存在着历史的必然性，从里坊制、街巷制到现代城市的街区制，体现了居住单元内部人群对于突破环境心理的封闭，实现经济交换自由、社会交往多元的共同特征。现代城市所倡导的功能混合、形态紧凑、高强开发、高密居住等已经满足了人们封闭社区排他性的安全心理与生活私密要求。反之，高密度居住形态本身反倒激发了人们追求开放式街区，拥抱现代生活的积极态度。从城市服务的角度，开放式小街区的模式在临街面设置商业，邻里间共同性的交往活动自然增多，空间具备了很好的场所感和识别度，邻里的熟识度和安全感得到加强，街道空间的公共属性得到提高。很多城市街区业主自发打开封闭小区的围墙，经营各具特色的社区商业，形成了别具一格的社区氛围，同时吸引其他区域的居民来此消费，社区商业的社会服务功能与交往载体功能得到进一步加强；与之相反，传统封闭式住区往往通过完整的配建满足内部居民的需求，公共空间和商业服务均不对外开放（图5-1）。

参考案例："BLOCK"复合型街区设计理念

"BLOCK"是5个单词的缩写：B-Business（商业）、L-Lie fallow（休闲）、O-Open（开放）、C-Crowd（人群）、K-Kind（亲和）。BLOCK街区设计就是居住和商业的

---

[1] 罗璇，李如如，钟碧珠等. 回归"街坊"——居住区空间组织模式转变初探[J]. 城市规划学刊,2019,(03):96-102.

图 5-1 封闭小区围墙开放——沈阳格林生活坊

图片来源：本书作者

集中融合，街区既要提供居住，又要有丰富的商业配套和休闲配套。BLOCK 街区设计主旨是将街区与国际化、居住、休闲、娱乐、商务等组合在一起，规划创造了一种全新的居住和生活模式。体现了居住与环境新的结合关系，把人们从传统的封闭围合式居家中引导出来，极大丰富了人们对新型居住的需要，提供了一个更适宜居住的标准与模式，而非通常意义的"小区""社区"概念。

BLOCK 街区体现的是新型居住模式，它本身向城市空间开放，具备一定的规模，能聚集一定数量的人口，又有亲切和谐的邻里关系。它既具备商业特征，又有配套设施，最大限度地使住宅居住功能便捷化。

5.3 社区营造的聚落更新方式

5.3.1 基本设施完善与基本建设更新

单纯地从经济的角度出发进行物质空间改造是我国城市更新初期常见的做法，结果导致景观城市化，对环境造成了破坏，同时也打破了原有邻里关系，破坏了社会结构。社区更新不同于一般城市空间的更新，作为社会治理的最基本单元，城市社区的社会属性优先于其空间属性（洪亮平，2018）。在社区营造中，由于城市的空间建设早已完成，基本环境改善更新相当于二次更新设计。因为空间已经私有化，基本设施完善与基本建设更新都要从社区治理开始，以空间为载体，以治理为目标，实现城市社会空间的修补。社区是社会关系的载体，社会关系通过人居环境建立和表达，人居环境是权力和意识形态的再现。社区治理是基于社区这一特定的社群范围，不同权力主体运用其各自掌握的权力和公共资源，通过各种治理手段对社区的公共事务进行管理、协调和讨论的全过程。社区治理的最终目的是社区公共事务达成一致，并提供公共产品（图 5-2）。

社区营造更新应该是一个不断完善、与时俱进的过程，特别是一些老旧小区拥挤、老化、缺少活力……造成了一定的空间隔离，需要从社会救助、改善民生、

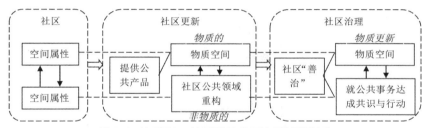

图 5-2 治理视角下社区更新与社区治理的逻辑关系

图片来源：洪亮平 . 城市更新与社区公共领域重构 [C]. 中国城市规划学会城市更新学术委员
会 2018 年年会，2018(10).

扩大就业等方面综合考虑。而单纯面对社区公共空间缺乏，缺少共享空间等，需
要从社区的环境空间入手，完善基础设施建设，强化社会交往空间，提升公共空
间品质。复旦大学于海教授在所实践的缤纷社区行动中给予我们很大的启示：通
过建立治理结构协调统一规划，从而实现社区公共空间的二次更新设计。在东亚
太平金砖大厦项目中，政府成为关键行动者，在打破市政红线（空间使用权）的
同时又不逾越产权红线（空间产权），重新联结碎片化空间，改善路人的空间体验，
创造开放的公共空间，建立"三（业主）+ 一（政府）"的治理结构来进行平等
的协商和统一的规划，由此把业主空间改善的私事，提升为整个区块空间的二次
更新，实现集体利益和个体利益在共治中共存共生共赢和共同增长的局面。

参考案例：上海市《15 分钟生活圈规划导则》

　　2016 年上海市《15 分钟生活圈规划导则》出台，很多街道纷纷制定自己的"15 分钟生
活圈规划"，社区更新从随机的几个点到系统性的统筹更新，使街道层面的生活服务更加科
学。生活圈所蕴含的发展理念，是对上海长期以来所提倡的以人为本的城市生活理念的延续、
传承与不断提升，尤其突出地体现在社区公共服务设施方面。新时期，在生活需求与生活环
境发生诸多变化的背景下，生活圈理念需要在延续和传承的基础上进一步提升与完善，以适
应生活需求的转变、城市治理的转型，同时探索挖掘存量潜力、体现集约节约绿色生态理念
的建设实施方法，以更包容开放的方式来开展社区的规划实施工作。借鉴中国台湾的生活圈
实施经验：社区规划和建设是社区治理的过程。中国台湾在组织方式上，引入社区规划师[1]

---

[1] 社区规划师，重点服务于社区民众，能保持公共理性的前提是必须保持"上通下达"，既能明白政府的整体思路，
　　又能懂得民生意向，同时还能发挥专业技能保持尽可能的最佳判断和协同。以美国为例，全美有近四千多个
　　社区发展公司 (Community Development Corporations，简称"CDCs")，每年有近 40% 的城市规划专
　　业毕业生走入社区，成为"社区发展工作者"(Community Developer)。他们的职责在于，帮助社区建立和运
　　作健全、民主的社区发展组织，直至工作到他们不再为该社区所需要为止。

制度，作为一种技术中介力量，协调社区与政府部门的意见，制定生活圈建设的行动计划；在具体实施上，行动的参与主体是民间团体和企业，政府为辅助角色，帮助拓展民意机构、民众和民间团体的参与渠道，形成广泛的群众参与。

在社区营造中基本设施完善与品质建设更新是"生活圈建设"的主体。《导则》中提出，①实现住宅类型多样化设计与适度包容混合，重视公服设施的沿街布置。②平衡居住与就业用地关系，围绕站点周围就近集中布置就业空间。③完善高密度道路系统、构建舒适连通的慢行系统网络；实现多层次的公交系统换乘；结合区域交通特征进行停车分区调控。④配置一定区域内的地级游憩设施；区划服务范围，覆盖服务盲区；完善社区服务面向人群种类；实现设施布局差异性布局，满足步行要求；⑤建设多类型、多层次公共空间，建立点线串联的网络化公共空间布局。

打造高品质的社区空间服务水平、提升市民治理意识，是社区建设更新的内在需求，从而实现社区"善治"。《导则》中提出，①住宅设计要传承当地建筑文脉和风格，同时注重住宅宜居性与适老性改造。②培育社区创业空间，发展嵌入式创新空间，创造低成本办公场所，提倡建筑复合使用度，对旧建筑空间的再利用等。③实现轨道站点功能混合开发，激发站点周边活力。④提升公共空间环境品质，兼顾不同群体需求；广场绿地注重环境及设施配置，重视微空间改造；鼓励附属公共空间的开放；保护历史肌理空间环境，善于调用历史文化元素，将公共空间设计与周边环境及地区文化相协调，打造富有人文魅力的高品质公共空间。⑤实现社区共治，探索实施"政府－市场－市民－社团"四方协同机制，发挥市民协商自治的作用，重视公众参与的环节跟进，涉及"发现短板、编制方案、实施及宣传、跟踪评估、评成果"。

资料来源：程蓉. 以提品质促实施为导向的上海15分钟社区生活圈的规划和实践[J]. 上海：上海城市规划，2018（2）.

https://wenku.baidu.com/view/8362334df121dd36a22d823c.html

5.3.2 基于场所改造的环境"微更新"

"微更新"理念正是起源于西方学者对大规模城市更新模式的批判，强调城市更新中对"人的尺度"的重视，提倡渐进式、小尺度的更新模式，注重历史肌理的延续和对传统空间形态的保护，以期唤醒丢失的城市记忆以及街区活力。社区作为人们生活、聚居的重要场所，对社区微更新改造要体现"小规模、有温度、渐进式"的方式，通过对公共空间环境的"微创手术"以及自下而上的社区文化营建，满足居民对于空间功能的需求，引导居民在社区场所中找到归属感。微更新更多的是自下而上、而非政府主导，通过公众参与、协商调和解决问题。微更新具有长期性和复杂多样的特征。

"微更新"理论的主张：

①批判现代主义城市大规模改造，强调城市建设应注重人的需求，符合人的尺度。

②注重中小型功能的多样性，主张用中小规模、包容多种功能的、逐步渐进的改造取代大规模的、单一功能的、快速的改造。

③建议扶持中小规模的商业及文化功能的发展。

④认为"有机拼贴"的城市才具有活力，也易于实现规划目标。

⑤强调小项目对城市复兴具有的积极作用。

⑥主张以可识别的城市空间修复传统城市形态，弥补碎片和消失的历史建筑。

⑦注重多功能混合的廉价商业空间，保护现有社区的空间环境和社会结构。

微更新需要在有限的空间环境里，通过微创性改造，植入社区公共生活的触媒性因素，不仅可以优化环境，强化功能，也可以加强归属性感受，提升公共生活的精神品质，从而带动社区朝向美好生活的共同努力。微更新的主要方式可分为：脉络修复、触媒带动和内生动力激活[1]。相较于较为刚性的基本设施和基本建设更新，"微更新"的内容较为柔性拼贴、碎片化和随机性，属于自下而上的渐进式环境更新。例如，在社区微更新中，应根据情况柔性认同地方的非正式建设。

在实践操作中，现代社区环境"微更新"规划实现方式借鉴国内专家的实践探索可以总结以下内容：

（1）实现可达性与网络性的交通空间。倡导公交慢行，实现"公交＋步行"的公共交通与慢行系统，通过"TOD"开发、公共自行车租赁推行、步道系统网络化等方式，改善社区居民的出行环境。

（2）完善基础设施配套。维护与渐进式完善基础设施体系，同时倡导公共空间的功能复合性利用，充分挖掘社区周边建筑潜在空间，通过空间设计的变化，嵌入多样的文化、医疗、生活、零售等公服设施，提高生活化环境。

（3）置换消极空间，提升空间品质。对社区内规模小或不规整或未被充分利用的消极灰色空间，采用针灸式综合整治与更新法，植入文化要素，局部体现适老化及特殊人群设计，提升空间整体品质。

（4）注重社会空间、自然环境营造。社区绿化配置多样性，形成多维的绿化

[1] 王承华，张进帅，姜劲松.微更新视角下的历史文化街区保护与更新——苏州平江历史文化街区城市设计[J].城市规划学刊,2017(06):96-104.

界面，重视立体绿化效果；构建社区"点—线—面"景观营造，丰富社区硬质景观与软质景观，形成较为完整的景观格局。

（5）环境营造的参与主体多元化。引导多元角色参与社区建设，实现社区居民的自发性管理，弱化政府作用，深化自下而上的公众参与环节，完善管理运营的方法与体系，从而推动社区自治共治善治，实现"共治公策共享"。

5.3.3 基于居民自治的基层社区治理

基层社区社会治理属于社区自组织，居民们参与社区自治、社区管理。我国社会治理模式主要经历了从传统乡土社会的家族治理到新中国成立后的单位制、街区制和社区制的发展变迁过程。家族治理是传统社会基于血缘和地缘关系形成的一种治理模式；单位制是适应高度集中的计划经济体制的一种特殊的社会管理模式；街居制是辅助单位制的一种城市社会管理类型，由街道办事处和居民委员会等等级构成，国家主要靠街居制管理社会闲散人员、施行民政救济、社会优抚等。就社区治理模式变迁而言，我国总体上经历了由行政型社区治理向合作型社区治理、自治型社区治理转变的发展过程。行政型治理是以行政手段为主；合作型社区治理是政府主导型治理与社区自治相结合的一种治理模式，在这种治理模式中，社会组织在社区治理中的积极作用有所发挥，居民参与社区公共事务的积极性有较大提高；自治型社区治理是以社区自治组织和社会组织为主体的社区治理模式[1]。

基层社区治理导向"以构建无血缘关系多代居民会面的公共场所为核心，以促进代际交流、多方合作"。社区治理分为城市社区治理和农村社区治理，农村社区主要沿袭熟人社会的治理模式，城市社区人口结构多元，居民诉求多样，社会矛盾复杂，诸如城中村、回迁社区、保障性社区、城镇化社区等。我国学者基于城市基层治理模式定义社区为居民进行自我服务、自我管理的基本生活共同体。在城市更新中，城市老旧社区基层治理是世界各国共同面对的难题。1954年，美国政府颁布《城市重建计划》法案，采取大规模重建方式恢复城市活力。但是，大规模的推倒重建耗资巨大，原有社会网络不复存在，城市历史文化消失殆尽，贫困居民愈发贫困。20世纪70年代，西欧国家在城市更新中逐渐认识到城市更

[1] 陈光普. 新型城镇化社区治理面临的结构性困境及其破解——上海市金山区实践探索带来的启示 [J]. 中州学刊,2019(06):86–92.

新是一个复杂的问题，需兼顾经济、社会、政治、文化等各个方面。在我国城市老旧社区改造中，专家学者也认识到老旧社区的社会治理难在于其显性与隐性的公共性交织，难以仅从外部的社区拆迁改造和房屋修缮中得以根治。基层社区治理需要通过专业人才引进及与专业化社会组织合作为社区带来优质公共服务，提升居民福祉；需要居民做主体，协同共治、民主协商、公众参与；需要凝聚社区认同、形成社区互助，打造新型社会生活共同体；需要将社区治理与营造宜人健康的环境建设相结合，包括保护和提升具有承载文化以及历史记忆的设施，活动建设，产业集聚，发展空间等。

5.3.4 基于社区活化的邻里关系重构

我们创造城市空间的目的是促进社会交往与场所活力，在社区空间层面，邻里来往是一种人际交往，也是一种情感交换，是营造社区场所的重要内容。邻里社区作为城市治理和社会生活的重要基础单元，近年来日益成为社会矛盾和利益冲突的聚焦点。随着传统居住格局的打破，现代住区组织体现了便捷、舒适、完善的优点，但千篇一律，现代住区也呈现了邻里关系冷漠，社区文化消失等问题。究其缘由，现代新型社区人与人之间的关系由传统的以亲情关系、熟人关系的社区关系转向以业缘关系、法理关系为主的现代社区模式，这一社会关系结构的改变必然会影响城市空间格局和住区组织形态的改变。同时我们应该看到，在现代社区组织中，邻里社区作为与地理场所相对应的关系网络，场所认同、地方组织和社会资本仍在其中发挥着重要作影响。在社区营造的过程中，需要我们根据问题导向寻找突破点，例如针对邻里关系冷漠，是因为现代社区居民的共同责任感较弱，就需要建立以居民合作为基础的价值共同体，建立社区联系，重组社区关系，增强社区认同感，增强文化意识等，从而实现社区产业资本、社会资本、人力资本、物业资产多方面的价值提升与活力营建。

综合不同学科的认识，影响社区邻里关系构建的因素包括：住区的空间形式与功能、社区人口的流动性管理、邻里互助性生活联系交往、现代生活方式与交流习惯、市场化价值导向等。特别是基于现代信息通讯的网络交流方式，更加导致冷漠邻里关系的强化。

1. 住区的空间形式与功能

城市社会学一般认为城市活力由经济活力、社会活力、文化活力三者构成，城市空间活力仅仅是经济、社会、文化活动的空间表征；而建筑学科多认为城市空间活力是可以通过设计手法来营造的。即深入探究城市活力背后的空间形态构成，并基于此来实现对于城市空间活力营造的切实指导。在住区层面，通过住区空间的形式与功能的设计优化，从空间形态特征和居民活动强度等方面对特定的人群活动行为予以支持或加以排斥。例如，传统居住形式中，北方的四合院、南方的弄堂，给人们的交往提供了大量的机会，因此邻里关系紧密。

2. 住区人口的流动性管理

传统邻里关系源于较低经济基础的流动性较差这一基本前提，而现代住区居民来自四面八方，职业经历、价值观念、生活习惯等差别较大，随着人们为改善居住条件、获取居住资源的城市迁徙不断加强，城市住区人口的流动性不断加大。这无疑阻碍了社区居民之间情感关系、价值观念的形成，居住邻里处于不断的变动中，难以形成稳定的邻里关系。

3. 邻里互助等生活联系交往

传统邻里关系源于社会资源的匮乏，需要邻里互助形成一定的熟人社区，随着市场化的深入，社会化服务的完善，各种社会组织、服务机构不断成熟，邻里间需要帮助和联络的条件逐渐丧失，人们缺少相互交流的需要和欲望，邻里关系冷漠成为一种必然。因此，加强邻里关系、鼓励社区互助是社区活化的重要内容。

4. 现代生活方式与交流习惯

网络技术的发展使人们的交往摆脱了面对面、近距离的形式，人们足不出户就能够达到社会交往的需求。并且，现代生活休闲方式的多样化，也大大弱化了邻里关系的重要性。与之相反，那些不受现代生活方式束缚的孩童和老人们对邻里交往和社区互助的需求度要更高些。

5. 市场化价值导向

价值观影响着人们的交往，商品社会用金钱衡量交往对象的价值，同时，人们会以最小的投入获得最大的产出，不讲人情甚至不讲道义的市场规则侵蚀着人际交往。在社区的人际互动中，守望相助、出入为友的社区精神和价值观念因商品社会价值观的侵蚀而淡化。[1]

---

[1] 闫文鑫. 现代住区邻里关系的重要性及其重构探析——基于社会交换理论视角 [J]. 重庆交通大学学报（社会科学版），2010,10(03):28–30，44.

5.3.5 基于社区资产的社区治理模式

关于社区人力资产，大多数人会认为社区居民是服务的消费者，而不是有内在动力的生产者，而社区资产理论则认为：在资产为本的社区发展中，社区介入会采用建立社区内的社会支持网络，发展社区互助系统，培养居民社区参与和责任意识，发动个人、群体及组织的资产，建立居民、组织和社区的抗逆力等策略。社区发展包括社会公正、参与、增权、集体活动、合作、学习能力建设等六种核心价值，社区发展的最终目标是发挥社区潜在资产及建立抗逆力，建立一个更健康、富足及充满关怀的社区。这样的社区有着高度的凝聚力及充沛的社会资本[1]。关于社区内部资源，社区发展以社区现有资产或优势为介入重点，包括居民、当地团体和机构等方面的资源。只有从社区本身出发，动员社区的资产、能力和优势，为社区发展建立个人及社区的能力和抗逆力，社区才有积极的重大的发展。

动员社区的五个步骤包括：

（1）资产地图。对个人、居民团体及本地机构的能力进行全面的绘图；

（2）建立内部人际关系。在社区内部建立有利于问题解决的关系网络；

（3）资产动员。充分调动社区资产，促进经济发展与信息共享；

（4）展望社区发展，召集具有广泛代表性群体建立社区发展的规划；

（5）建立外部联系。利用社区外的活动、投资及资源等来支持当地人定义的社区发展。[2]

资本市场将在城市更新中发挥越来越重要的作用，更新规划需要借助金融创新的手段，将持有的非流动资产变为流动资产盘活，突破现有的增量更新模式，真正实现城市发展建设的减量提质。资产为本的社区发展是一种符合社区治理的内生型的发展模式，也就是说，在社区资产增值方面，如何通过城市更新与城市治理相结合促使社区存量资产实现增量价值，将是社区更新的重要手段。例如，1991 年英国的"城市挑战政策"中最早体现了城市更新的理念，该政策鼓励那些拥有原产权的居民自愿将他们的所有权联合，进而在所开发收益中按比例分享收

---

[1] 陈红莉，李继娜. 论优势视角下的社区发展新模式——资产为本的社区发展 [J]. 求索，2011（04）：75-76，68.

[2] 闫文鑫. 现代住区邻里关系的重要性及其重构探析——基于社会交换理论视角 [J]. 重庆交通大学学报（社会科学版），2010，10（03）：28-30，44.

益。2003 年，英国又制定了"可持续发展社区规划"，主张以人为本的原则下，提出通过社区的可持续发展与和谐邻里的建设来增强城市经济的活力。总之，资产为本的社区发展是自下而上地提高社区自组织的治理能力，高度重视居民社会资产，强化居民社会组织与多元参与的有效治理模式。

参考案例：沈阳老旧小区改造建设停车泊位产业化管理

沈阳市为解决中心区停车难的问题，盘活老旧小区闲置资产，利用社会资本，做好政策引导，促进产业发展。沈阳通过三年 314 个老旧小区改造项目以及拆违工作，建设停车泊位 2 万个。同时，盘活居住小区闲置泊位 12 万。通过出台限价政策、鼓励开发商以租代售以及路内严管等措施，盘活既有小区地下停车资源。

结合老旧小区和街巷环境整治，联系街道办事处和居委会召开业主大会，获得小区住户和业主的支持，利用老旧小区闲置停车位资源，实行错时停车泊位，缓解中心区停车位紧张问题，并相应解决如何封闭小区、如何实施管理、相关费用支出、收益分配问题等。老旧小区停车位的管理聘用小区内退休居民，有助于社区停车位的自主化管理。

5.3.6 基于文化创意的社区产业发展

社区产业源于社区自身发展的生产活动或社区生活所需的配套服务行业。在乡村社区的振兴发展中，乡村社区的产业化是典型的乡村振兴发展动力之一，乡村社区发展需要协调乡村生产、生活、生态空间，需要对村民生产行为进行系统组织安排，为乡村聚落的营造与活力培育提供物质空间与政策保障。与乡村社区相比，城市社区与城市性生产活动大多彼此分离，现代城市生产活动存在于工业园区或产业社区 [1]，而居住的社区空间除了满足自身居住功能外，还集聚了公共服务类与生活服务类等相关产业。其中，社区集聚的生活服务类产业多是物业持有者自身经营的产业，或是社会从业者通过租赁空间等方式所获准经营的产业，而社区公共服务类产业包括由政府垄断部门经营的基础设施配套服务业或是社区物业公司代为管理的社区服务 [2] 产业，后者属于社区居民集体共有资产，由业主委员会委托社区物业管理。

---

[1] 所谓产业社区，是指以都市型产业为动力，在现代生产性服务业、制造业高端环节和科技型企业集聚的基础上，使都市化的生活方式与现代产业发展相融合，产业形态与自然城市生态相协调、宜商与宜居环境共生、经济繁荣与社会和谐相统一的社会经济形态。

[2] 社区服务，是指一个社区为满足其成员物质精神生活需要而进行的社会性福利活动，包括政府直接财政资助的福利性服务、社区居民互助性、公益性服务和市场提供的商业化盈利服务。

从社区营造的视角，社区若要营造自身价值化的原生产业，其活力来源于社区建设与当地经济发展和文化创意产业的结合，在居民生活和社区的有形产业之间达成良性循环。从社区治理角度，以社区为细胞单位，鼓励重点培育社区文化教育平台，推动社区的民众力量积极参与大众文化建设，重点营造社区自主自发的文化特色活动或文化创意产业等相关产业组织与运营，从而能够促动社区共同价值观建设，最终形成现代社区互助、文化再造与社区生产有机融合的基本营造模式。以社区营造比较早的中国台湾地区为例，台湾乡村凭借文创产业在一个个产业没落的山村塑造社区的内在发展动力。通过开展丰富的社区文化娱乐活动，增强创意与生活的联系，使得社区营造与文化创意形成良性、互动发展，并对社区特色工艺资源进行产业开发的同时使其经济利益最大化，继而实现社区产业化、社区文创化的最终目标（图5-3）。

图 5-3　捷克布尔诺的艺术社区
图片来源：本书作者

社区文化产业发展需要依靠其所在的城市区位、产业基础、发展环境等，创意产业发展具有独特定位，必须因地制宜，有利于文化产业化。社区文化创意产业的发展要在合理挖掘社区文化资源的前提下，实现文化经济和产业效益相结合。其一，挖掘社区历史文化或传统文化资源，结合社区文化交流平台，开发社区特色创意产品产业化；其二，挖掘社区空间环境特色，营造创意文化社区，将社区陈旧设施改造为创意展示或创意经营场所，营造独特社区人文景观；其三，通过社区组织艺术工作坊，提倡艺术治疗与艺术培训，促进社区内生艺术产业。例如，通过社区剧场、社区音乐、社区绘画、社区舞团等形式，放松减压、促进心理健康，实现艺术的治疗功能；同时，通过学习协调、发掘协同效应，增强社区成员的邻里交往与邻里互助，从而创造职住与文化、创意、知识相结合的城市社区（表5-2）。

中国台湾地区、日本、韩国社区文化营造策略对比表 表 5-2

社区营造国家（地区）	营造特点	推动模式	社区营造时间	社区营造成果	基于文化营造的内容
日本	空间、社会、文化三维度营造多元型	自下而上	1970-2010 年 2010 年－现在社区营造常态化	明显提升了社区居民的生活品质，从内涵、实效，动力机制多方面提升了日本文化创意产业的转型发展基础。奠定了亚洲文化产业收入大国的地位。GDP 占比达到 20%	1. 生活文化营造 2. 商业时尚文化营造 3. 创意文化营造 4. 多元文化交流的社区营造
中国台湾地区	政府主导，政策法规扶持型	自上而下为主，自上而上为辅	1965-1993 年社区发展工作； 1993-2001 年社区总体营造计划； 2002-2004 年：新故乡社区营造计划； 2005-2008 年健康社区六星计划	2012 年后，文化产业商家数增加至 58686 家（三年平均增长率 0.51%）、营业额达到 757424 百万元新台币（三年平均增长率 2.80%）、从业人员增长至 172757 人（三年平均增长率 0.42%）	1. 社区营造人才 2. 举办社区艺文活动 3. 建立终身学习体系
韩国	社区共促项目引导型	自下而上	1990-1994 年社区环境初步改善； 1995-1999 年社区环境改善提升； 1996 年开展了"想漫步首尔营造"； 2000 年到现在"社区营造示范项目"	2000 年，韩国的文化产业出口只有 5 亿美元；到 2004 年，文化产业就已经成为仅次于汽车制造的第二大出口创汇产业；2010 年，达到了 32 亿美元；而在 2013 年，韩国的文化产业出口总额是 50 亿美元，合人民币 300 亿元左右。同样是在 2013 年，文化产业占韩国 GDP 的 15%，达到了这样的高比例，而中国是不到 4%	1. 社区共建育儿 2. 社区艺术作坊 3. 街道社区共同体 4. 居民提案 5. 激活社区媒体

资料来源：郭娟. 社区文化场域营造策略研究——以福建省文化产业转型为例 [J]. 中国房地产，2018（6）:67-73

第六章 历史文化保护与城市更新

6.1 历史文化保护概述

6.2 历史文化保护与城市更新的关系

6.3 历史文化保护与城市更新的实现方法

6.1 历史文化保护概述

6.1.1 历史文化保护的基本认识

历史文化作为城市记忆与城市文明的重要载体，凝结着地方的文化传统和历史积淀，城市历史文化的更新演化一直都是城市发展中的重点与难点，也是文化学、历史学、社会学、地理学、城乡规划学、建筑学等各个学科领域共同关注的焦点。一般来说，城市历史文化的形成、积淀与演化是一个渐进的过程，文化是一个城市人文、经济以及社会生活方式的内在表征，具有民间性、历史性和共同性。进入现代社会，城市化在改变人们生活方式的同时，诸多历史文化要素在逐渐的发生变化或者被淡化，甚至是被破坏。城市历史文化的破坏主要来自两个方面，一是自然破坏，二是人为破坏。和平时期的人为破坏多为城市更新所带来的"建设性破坏"，大面积的拆除重建，文化根系被连根拔起，千城一面的标准化空间生产等。如何防止和减少"建设性破坏"从根本上讲不是技术问题，而是利益的问题、价值观的博弈，是公共价值的伦理问题，更是思想甚至是政治的判断问题。因此，对城市文化的保存与延续需要提高城市更新的伦理观念，提高全社会对历史文化的整体认识，用法制建设与科学管理去约束平衡，这是极其重要的。

历史文化保护可分为有形保护和无形保护。有形保护是保护历史文化的物质载体，无形保护是保护历史文化的精神意义和存在方式。有形与无形文化是相辅相成的，正如城市与文化是"一体两性"，有形文化和无形文化是互为依托。城市历史文化保护的物质载体包括历史文化名城、名镇、名村的保护，以及文物本体、历史建筑、历史地段的保护等。历史文化保护也可以理解为对城市的"历史环境保护"，包括有形的和无形的内容，就是从文物保护出发，保护与此有关的建筑、建筑群、街巷、广场、历史街区、社会脉络、人文环境、生活方式和精神文化等。需要特别指出的是，历史文化保护需要延续城市历史文脉，更需要实现城市环境的更新提质、价值创新。例如，历史文化街区的保护与更新主要是通过控制有损当地空间环境品质和景观质量的建设项目，从而为城市历史、建筑艺术作出贡献，进而保护独特的城市个性，提高城市的吸引力，最终实现历史文化在现代人文环境下的创新发展。

历史文化保护与文化遗产保护是整体和重点的关系，都涉及保护和传承的问题。历史文化保护的重要对象——文化遗产，包括物质文化遗产和非物质文化遗产。物质文化遗产是具有历史、艺术和科学价值的文物，包括古遗址、古墓葬、古建筑、石窟寺、石刻、壁画、近代现代重要史迹及代表性建筑等不可移动文物，历史上各时代的重要实物、艺术品、文献、手稿、图书资料等可移动文物；以及从历史、艺术或科学角度看在建筑式样、分布均匀或与环境景色结合方面具有突出的普遍价值的单立或连接的建筑群。非物质文化遗产是指各种以非物质形态存在的与群众生活密切相关、世代相承的传统文化表现形式，包括口头传统、传统表演艺术、民俗活动和礼仪与节庆、有关自然界和宇宙的民间传统知识和实践、传统手工艺技能等以及与上述传统文化表现形式相关的文化空间等。历史文化保护的内涵要大于文化遗产保护，文化遗产保护是历史文化保护的重要部分。文化遗产保护强调的是对象性保护——文化遗产本体及其存在环境的保护，对象性保护具有明确的法律法规；而历史文化保护概念更加宽泛，从名城保护的角度则更强调城市的整体性保护及现代建设与历史环境的协调，通过延续城市人文环境和生活场景，强调现代文明与历史文化的脉络关系，以及城市历史文化保护体系的建立等问题。

6.1.2 历史文化保护的层级体系

根据城市历史文化名城、名镇、名村等的保护规划管理，城市历史文化保护的层级可分为历史文化名城、名镇、名村，历史文化街区、历史建筑和文物保护四个层级。

1. 文物古迹的保护

文物古迹是具有历史价值、科学价值、艺术价值、遗存在社会上或埋藏在地下的历史文化遗物和遗迹。文物古迹本体的保护，应修旧如旧、以存其真。保护规划需要依法划定必需的保护范围和建设控制地带的基本要求。

2. 历史建筑的保护

历史建筑是指经城市、县人民政府确定公布的具有一定的保护价值，能够反映历史风貌和地方特色，未公布为文物保护单位，也未登记为不可移动文物的建筑物、构筑物。历史建筑的所有权人应当按照保护规划的要求，负责历史建筑的维护和修缮。县级以上地方人民政府可以从保护资金中对历史建筑的维护和修缮给予补助。

3. 历史文化街区的保护

1987 年的《华盛顿宪章》明确提出历史地段即为"城镇中具有历史意义的大小地区，包括城镇的古老中心区或其他保存着历史风貌的地区"，保护的对象从单体建筑逐渐发展到了整体环境，出现了"历史地段"和"历史街区"的概念。我国在《历史文化名城名镇名村保护条例释义》中指出"历史文化街区"是指经省、自治区、直辖市人民政府核定公布的保存文物特别丰富、历史建筑集中成片、能够较完整和真实地体现传统格局和历史风貌，并具有一定规模的区域 [1]。

4. 历史文化名城、名镇、名村等的保护

国家历史文化名城是中华人民共和国国务院确定并公布的国家历史文化名城均为保存文物特别丰富、具有重大历史价值或者纪念意义，且正在延续使用的城市。

中国历史文化名镇名村，是由住建部和国家文物局从 2003 年起共同组织评选的，保存文物特别丰富且具有重大历史价值或纪念意义的、能较完整地反映一些历史时期传统风貌和地方民族特色的镇和村。

历史文化名镇、名村要整体保护，保持传统格局、历史风貌和空间尺度——这是整体性保护的方式。历史文化名城、名镇、名村的（古城／旧城）风貌特色的保持与延续涉及城市建设的诸多方面。在狭义上，对传统建筑或街区的复原、修复及原样保存，以及对城市总体空间结构的保护；在广义上，对旧建筑以及对历史风貌地段的更新改造，以及新建筑与传统建筑的协调方法、文脉传承、特色保护等内容。历史文化名城、名镇、名村等的保护中涉及重建的问题必须慎重，因为重建失去了历史的真实性，耗资巨大，在更多情况下，保存残迹更有价值。

6.1.3 历史文化保护的制度保障

历史文化保护的法定对象是历史文化遗产。在我国历史文化遗产保护及相关城乡规划的法律体系保障下，历史文化保护的相关规划已开展多年，各类保护规划的科学性、合理性和可操作性在不断丰富与完善，为历史文化遗产保护的法规和政策的制定和实施提供了操作依据。历史文化遗产保护的法律体系是城市历史文化保护工作的支撑和保障，其法律体系可分为国家法律、法规、部门规章和地方性法规等几个层面，例如，国家级法律包括《城乡规划法》（2008）、《文物保护法》（2002）、《非物质文化遗产法》（2011）等；行政法规如《风景名胜区条例》（2006 年）、《历史文化名城名镇名村保护条例》（2008）、《中国

---

[1] 国务院法制办农业资源环保法制司，住房和城乡建设部法规司、城乡规划司编. 历史文化名城名镇名村保护条例释义 [M]. 北京：知识产权出版社，2009.

文物古迹保护准则》（2000 年）、《文物保护法实施条例》（2003 年）等；部门规章如《城市紫线管理办法》（2003）等；地方性法规如《省文物保护（实施）条例》等。上述所列举具有代表性的历史文化遗产保护方面的法律法规、制度规章等界定了城市保护的对象、相关的部门责任和公民参与保护的救济机制等内容。

历史文化遗产保护的法制建设是推动城市更新制度的前提，也是城市更新法制建设的基础。1982 年 11 月 19 日全国人大常委会通过了《中华人民共和国文物保护法》。1982 年、1986 年和 1994 年先后公布了第一批 24 个、第二批 38 个、第三批 37 个国家历史文化名城。此后相关城乡规划与历史文化保护的法律法规相继制定。在这个发展时期，历史文化名城的定义逐渐明晰，其内涵演绎成单体文物、历史文化保护区、历史文化名城等三个层级的保护体系。完善时期，名城保护三个层级更加明确，文物、历史建筑、历史文化街区、历史文化名城、'非遗'等有了比较系统的法律法规体系。至 2015 年，我国已基本建立富有中国特色的名城保护法律框架，为名城保护和管理提供了重要的法律依据。在现行名城保护体系中，一些法律法规依然并不完善甚至相互抵牾，进一步建构内涵清晰、体例协调的名城保护法律体系迫在眉睫[1]。

国外历史文化遗产的保护历程与保障体系对我国的历史文化保护工作有着巨大的指导意义。国外普遍采取的方法是不仅立法保护，而且法律保护体系和法律监督体系同样完善。这一体系的建立经历了一个漫长的过程，由城市建筑到城市历史保护区，由文化遗产到自然遗产，由物质文化遗产到非物质文化遗产，在此基础上，形成了科学、全面的历史文化遗产概念，尤其是在美国、法国、澳大利亚、日本等国家。随着保护认识的深入，国外文化遗产保护范的范围、对象、内容也在不断扩大，如 1980 年以后，日本在对历史文化遗产保护的同时，开始考虑对历史环境保护的问题，不仅反映在保护对象的扩大方面，而且还反映在对历史环境保护的物质价值认识，以及对历史环境在精神文化方面的价值的理解和评价上。一些国家更加认识到无形文化遗产保护与机制的重要性，如英国十分注重开发文化遗产资源，伦敦两日一次的白金汉宫皇家卫队换岗仪式，几乎每次都吸引数万至数十万游客。日本的传统节庆活动，如成人节，人们一般都要穿上传统服装，到神社拜谒，感谢神灵、祖先的庇佑，请求继续"多多关照"，这是日本非常重

[1] 温江斌 . 论中国历史文化名城保护的法制建设 [J]. 都市文化研究 ,2018(01):249-260.

要的传统节日之一，成为日本人民生活的一部分。与此相伴而行的无形文化遗产的法律也不断制定完善，如 1960 年韩国政府颁布的《无形文化财产保护法》、日本 1975 年《文化财产法》的修订以及无形文化遗产传承人制度、联合国教科文组织于 2003 年 10 月 17 日通过的《保护无形文化遗产公约》等。

6.2 历史文化保护与城市更新的关系

在城市更新中，许多旧城都留有一定数量的历史街区，因此在旧城更新的同时如何对这些历史街区进行保护和改造就成了不可回避的问题。从城市的总体格局角度认识，城市发展的演进时序、空间格局等，以及它们与景观环境之间的协调关系等，形成了具有历史价值与景观特色的风貌形态。特别是在名城保护方面，历史文化名城在实物上比较典型地保存了历史上丰富的文物古迹，城市建筑和空间格局等优秀文化遗产，在文化符号上则集中体现了城市历史发展脉络特征或者一定典型的历史时期的特征，无论其体现的时间长短，都是人类先民历史文化活动的见证，是一个城市的历史记忆。因此，历史文化保护与城市更新的关系重大，它是城市形态更新的核心内容。然而，在我国多年来的城市建设中，出现了各种各样的保护与发展的博弈矛盾，例如拆除真古董建设假古董，只保护文物单体而忽视其原有的历史环境保护，城市整体性保护与城市新建开发的刚性冲突等一系列问题。

6.2.1 城市发展权、保护权的博弈与城市更新

我们经常将城市比喻成是一个活的机体，它始终处于新陈代谢的状态，因而也是始终处于变化发展的状态之下，一成不变是绝不可能的。组成城市的各种建筑及群体，随着时间的迁移而不断地老化、过时。对于城市而言，保护只是局部，不会也不可能是保护一个完整的城市，所以一个城市保留什么，改造什么，拆除什么以及如何保留、如何改造、如何新建，对于这个城市的历史文化保护而言是一个基本的问题也是最核心的问题，在城市更新中，保护权和发展权的博弈体现了城市建设的基本价值取向。

什么应该保护？什么需要发展？发展权与保护权如何协调、如何博弈？又如何妥协、如何达成？这个问题的实质在于保护与发展的关系并非简单的对立和冲突，而是既对立又统一的辩证矛盾关系，保护需要发展带来资金，发展需要保护

提升价值。问题的解决需要通过采取积极的手段和科学的方式使城市的历史文化保护和发展达到和谐统一的动态平衡——因为城市发展是动态的。历史文化保护与发展的矛盾性也具有同一性，都是通过人为的手段来保证城市更新中能够基于文化保护来实现文化创新及精神的延续，从这个角度来理解，城市的历史文化保护正是源于城市发展延续性的需求。因此，立足于城市中保护、更新、再开发不断博弈的动态过程，一个好的城市设计应该能够实现城市的利益相容、协调共生，实现有机发展，能够充分尊重、保护具有地方特色的历史文化环境，保存街巷空间的记忆，增强邻里认同，同时保持城市景观在时间和空间上的延续性，做到城市多样性与整体性秩序的统一。

追本溯源，我国关于古城保护与发展的矛盾肇始于传统类型城市模式土崩瓦解的近代社会。北京，这个中国近代史上璀璨的帝王之都，在世界范围内城市化的推进中，承载着保护与发展的巨大伤痛。在西方国家进行殖民掠夺之前，封建社会统治下的北京是"超稳定"的，这并非指那时的城市是一成不变的，而是说传统社会的城市相对于技术革命期的城市来说它是"超稳定"的，这种"超稳定"的状态是建立在封闭的农业社会与自给自足的乡村经济的基础之上。历史上第一次打破传统城市营建格局的技术革命即为工业革命。

工业革命之后，西方列强为了原料和市场开始了掠夺世界的殖民侵略。在此背景下，北京古城格局的打破开始于东交民巷使馆区的建设，但使馆区的规模与城市的性质都不可与天津、上海等划有租借地的商埠城市归于同类[1]。1911－1928年，北洋政府统治时期的北京开始仿效西方架构行政管理体制与机构，城市基础设施、城市公园、环城铁路的开辟使城市开始局部拆除改造，尝试现代街区规划，即香厂新市区[2]的规划建设。这些开发建设是局部的、不成体系，未出现对城市未来具有纲领性的设想，并未出现对古城保护与发展之间的思辨与解决。在1928-1937年，北平成立了新的城市行政体系，并出台了大量关于城市管理建设和古都文物保护的法规规范。与此同时，西方的规划思想和理念也被大量引入。1937年之后，日本占领北平，应用当时先进的规划思想、原则与方法对北平当时的空间格局和发展产生了一定影响，可以说，日本在华编制的规划是北京首次出现、具有现代意

[1] 陈双辰.古都之承[D].天津：天津大学,2014.
[2] 1914年京都市政工所着手进行了"南抵先农坛、非至虎坊桥大街、西达虎坊路、东尽留学路"范围内人烟稀少的香厂市区规划建设，运用西方的规划方法进行规划，并将其作为城市建设的试验区。

义的城市总体规划。总结起来，1928-1949 年为研究阶段，北平的城市规划与建设不断深化、综合，对古城保护与现代化发展的矛盾分析和解决方式逐渐成熟，甚至"表面北平化、内部现代化"的发展方针体现了保护古城历史风貌，又体现了城市建设发展要现代化。[1]

新中国成立后，北京城市经历了现代建设与历史保护矛盾发展的剧烈阵痛期。成立之初，"破旧立新""以新代旧"的思想占据主导地位。1952 年 2 月，梁思成先生和陈占祥先生共同提出《关于中央人民政府行政中心区位置的建设》，史称"梁陈方案"。"梁陈方案"的内容并不是梁思成反对拆城墙那么简单狭义，也不仅仅是为了一个北京古城的完整留存。"梁陈方案"所包含的正是当时世界上最先进的城市发展理念，也是一个全面系统的城市规划设计建议书。梁、陈两位先生对新中国的首都建设作出了科学的规划设想，一方面，从整体保护的构思出发，建议把中央行政中心放在西郊，为未来北京城的可持续发展开拓更大的空间，避免大规模拆迁的发生，降低经济成本，自然延续城市社会结构及生态文化；另一方面，提出平衡发展城市的原则，增进城市各个部分居住和就业的统一，防止划区域交通的发生。众所周知的原因，"梁陈方案"没有被采纳。虽然"梁陈方案"已成为历史"遗珠"，却也成为讲述城市保护与发展博弈关系未建成的经典案例。

6.2.2 历史文化名城保护与城市更新

历史文化名城保护的对象是：单体文物、历史地段、历史文化保护区。保护的原则是：真实性、整体性、完整性；动态保护、合理利用；新老建筑相协调；渐进和近远期相结合；保护规划与建设规划相衔接；公众参与和可持续发展等原则。对象与原则的设定是基于必须面对的历史文化资源的保存状况。古代城市的营建，包括宫殿、衙署、里坊、道路和水系等，是一个规模宏大、布局合理、功能完备的完整的营建体系。在今天的城市中，这个体系已经不完整了，先人活动的遗存与现代城市的建设错综复杂的交织在一起，人们能够切实感到城市留存下来的历史街区已经不多了，这一切都导致城市的历史信息难以全面感知，历史文化名城的历史信息更多的是存在于博物馆里、虚拟复原影像中，以及碎片化的历史街区、历史建筑中。

---

[1] 陈双辰 . 古都之承 [D]. 天津：天津大学 ,2014.

历史文化名城的保护体系的建立不仅要落实保护好历史文化遗存的理念，更是要正确处理历史文化名城保护和发展的关系。1982 年以来，国务院先后公布了国家历史文化名城 110 座。历史文化保护与城市更新矛盾冲突最大的是城市，工作开展最薄弱的是村镇。现在城市作为国民经济的重要增长点，历史文化名城保护也需要协同发展，需要创造效益。因为，城市更新由过去的福利型空间保护转变为目前的效益型的城市再开发，所以以资本主导的经济效益的实现成为城市更新成败的关键。城市不同发展阶段资本逐利的方式支配着城市更新改造与开发行为，各个城市所呈现的保护与更新方式也是大相径庭。这种现象说明，历史文化名城保护与城市更新是同一目的的两种表现形式，保护权与发展权的博弈才是城市更新的核心议题。

效益型历史文化名城保护与城市更新的设计策略可以概括为协调、整合、优化、提升。在长期的经济发展中，传统古城营建环境受现代建设的影响巨大，历史城市慢慢失去了原有的空间格局与脉络关系，很多历史文化资源逐渐削弱消失。这些历史文化名城的演化发展面临的普遍性问题是：随着福利型保护制度的消解，经济效益的实现变成解决问题的灵丹妙药，在资本的空间生产中，历史文化逐渐被隐匿在现代空间生产的宏大叙事中……以房地产开发主导的城市开发与历史保护形成反差，历史文化街区往往消失在现代建设的森林海洋中。一些普遍性问题也说明了历史文化名城保护与城市更新的关系并非简单的、刚性的保护与开发的关系。那么，如何利用好历史文化资源提升资产价值，祛除单一容积率补偿的制度陷阱，同时又能促进历史文化的保护与城市更新的良性循环就是解决问题的关键。因此，确定城市整体性的发展框架至关重要，它是城市发展格局的制度保障，针对历史文化名城保护与城市更新的制度设计，构建整体性的、系统性的空间博弈框架，寻求城市更新中保护与发展博弈的最佳平衡点，并通过有效激活的市场规则促成城市设计协调、整合、优化、提升的目标实现。

这里需要强调三点认识：

（1）重视总体城市设计的有效性。现有名城规划缺少整体且系统的保护与发展的博弈框架。分散的保护方式不利于城市作为一个整体发展，具体来说是历史文化名城建设缺乏总体城市设计及其有效执行与监督；

（2）重视历史与现代环境的协调。虽然保护了数量可观的历史遗迹与历史文化街区，但现代建设协调部分相形见绌，缺乏对历史脉络的尊重，让协调变得有名无实、面目全非，而协调部分却是城市更新中最具创造性的；

（3）重视法规化规避性城市设计措施。受制于城市更新资本逐利、低效激活的基本规律，规划管理往往缺少更具格局与智慧的操作杠杆。在这种情况下，制定规避性的法规措施比制定蓝图性的成果导引更具效用，避免存在利益输送的失误决策，以防为城市带来无法弥补的价值损失。

6.2.3 历史文化名镇名村保护与城市更新

住建部和国家文物局先后公布了四批共 151 个中国历史文化名镇名村，各省、自治区、直辖市人民政府公布的省级历史文化名镇、名村已达 529 个，基本上形成了历史文化名城、名镇、名村的保护体系。在名镇、名村保护方面，在我国漫长的以农耕文明为主体的传统社会里，90% 的人们劳动生息在村里乡间，久而久之，村落成了地缘性、血缘性先民的聚居地，集镇演进为城乡交汇、乡里交流的区域。源于乡村社会生产生活方式的不同，历史文化名镇、名村的保护与历史文化名城保护的有着根本区别，在实践中也面临诸多不同问题与挑战。诸如，市场化形态改变了历史文化名镇、名村的经济属性，同时"乡规民约"难以有效管制和活化，导致原住民生活方式的退化；其次，很多村镇仅仅进行基础设施改造和环境整治，缺乏与民生相结合的政策扶持，亦缺乏当地居民的支持；再次，名镇名村改造大都是物质空间改造和环境质量的改善，更需加强对历史文化资源的传承和发展、历史文化载体结构的保护与利用的研究；最后，通过乡村传承人身口相传的非物质文化正在逐渐遗失，特别是现代城市文化对乡村民族民间文化的侵蚀，让历史文化名镇、名村的保护面临严峻的挑战。

在名镇、名村更新方面，历史文化名镇、名村的更新的模式可分为两种：首先，对于经济发达地区的城郊型历史文化村镇，其发展模式往往是经历了一种由乡村型向城市型转变的线性发展。即从初始阶段——自然原生型、中期阶段——发育街坊型、后期阶段——分化突变型、到未来城市化发展阶段——有机融合型。这个发展模式也是历史村落逐渐融入城市化的过程，也代表了不同的阶段范式。在这个演化过程中，传统村落格局和环境景观最容易遭到破坏，信息量丰富的民间文献和口语史话陆续消失，传统技艺、民间习俗等逐渐淡化。因此，相比砖头瓦块的保护，历史文化名镇、名村的保护更应规避现代文化与城市结构对传统村落结构性和功能性的影响，或是可以在其影响下实现现代文化与乡村聚落创新性地域表达。其次，在远离城市的欠发达地区的古村落发展演进中，传统村落都经历过自然衰落的过程，随着传统农业社会生产力的瓦解以及现代化的高歌猛进使得农村的经济基础正在全面衰落，历史文化名镇名村的保护也迫在眉睫。这些历史村落的保护一般是通过旅游开发的活化作用，同时通过政府主导的保护规划，并引导社会资本参与来实现的。这一模式可概述为：初始阶段——自然原生型、中期阶段——抢救保护型、后期阶段——旅游活化型、到未来乡村和谐发展阶段体现历史文化与生产、生活与生态共存——有机共生型。

反思近些年来我国历史文化名镇、名村的发展问题，面对历史文化名镇、名村的发展需求，政府自上而下的规划主导容易造成发展模式单一、村镇活力不足、空心化严重等问题；在社会资本参与的旅游开发模式中，无论历史文化名镇、名村采用何种保护发展的模式，目前普遍的负面现象是以旅游驱动的历史文化村镇、街区改造项目，充斥的是一次性旅游消费为主的商业业态。低成本，高度投机性，利润最大化是入驻商户的主要追求。这类历史街区虽然可能地处天南海北，但是经常里面的店铺和商品却高度相似，于是全国各地此类街区环境上形态各异，体验感却极为单一。并且这些项目相当于植入了一个与本地人日常生活无关的空间飞地，这对于邻里社区活力营造以及提升村镇文化品质与延续性并无裨益。这样的发展模式更不利于对历史文化的深度感知与体验，长远来看这类旅游型村镇、文化街区会慢慢落后于时代整体消费升级的商业进程。反之，如若拒绝社会资本的引入，采取博物馆式保护的方式亦无法达到活化乡村的目的，20 世纪 90 年代中国台湾乡村营造的方法是值得我们加以借鉴的。

6.2.4 有形和无形文化遗产的保护与城市更新

文化遗产保护分为有形文化遗产保护和无形文化遗产保护，对于有形文化遗产的保护通过多年的研究积累了丰富的经验，但对无形文化遗产的保护却缺少系统的对策。无形文化遗产在《保护无形文化遗产公约》[1] 中被定义为："各群体、团体、有时为个人视为其文化遗产的各类实践、表演、表现形式、知识和技能及其有关的工具、实物、工艺品和文化场所、各个群体和团体随着其所处环境、与自然界的相互关系和历史条件的变化不断使这种代代相传的非物质文化遗产得到创新，同时使他们自己具有一种认同感和历史感，从而促进了文化的多样性和人

---

[1] 联合国教科文组织 . 保护无形文化遗产公约 . 联合国教科文组织 .2003(10).

类的创造力"。城市发展中这些有形与无形的文化遗产存留在城市的空间印记中，融合在人们的生活里，对城市的风貌、人们的行为、生命的情感起着无法替代的、潜移默化的影响和作用。

在某一特定时期内，我国历史文化保护类城市更新只关注到了城市硬件环境的更新，而忽视城市软质环境的保存与延续。在现今的城市更新中，重物质更新轻文化传承成为不争的事实[1]。古镇"一次性消费"商业业态的普遍性问题，这种体验单一的消费业态不断侵袭着城镇原有文化内涵，阻断了无形文化所依附的物质环境载体，致使城镇与文化相辅相成的关系被破坏，更为重要的是过度商业化将原住民逐渐驱散，历史城镇的无形文化因此衰变，最终导致城镇的历史文化价值的结构性、功能性丧失。正如阮仪三先生在其文集的自序中写道："进入20世纪90年代中期，旅游业兴起，我重点协助江南水乡古镇整治了历史环境，重现了这些历史城镇优美的历史风貌，发展了旅游事业……2003年以后，随着全国旅游业的兴旺，许多古镇也受到大讲经济效益的歪风的影响，古镇里家家开店，全民经商、破坏景观、恶性经营的情况发生了，这是我始料不及的。"[2]2005年3月，国务院办公厅颁布了《关于加强我国非物质文化遗产保护的意见》明确提出了保护工作的重要意义，充分认识我国非物质文化遗产保护工作的重要性和紧迫性；非物质文化遗产保护工作的目标和方针；建立名录体系，逐步形成有中国特色的非物质文化遗产保护制度。

城市最重要的功能是存储、传承与创造文化[3]。随着我国城市更新的进程加快以及无形文化遗产保护的研究不断丰富，我国对无形文化遗产保护的重视程度也不断增加。除了对传统的文物、古建筑、历史街区、古城等的保护和开发力度加大之外，对工业遗产、文化景观、文化线路以及传统手工艺、民俗文化等其他有形、无形的文化遗产也陆续进入大众视野和国家官方保护名录中。在此基础上，无形文化遗产的保护与传承还有赖于城市更新过程的文化环境更新，通过环境再造存储、重塑、提升原有文化的资产价值。因为在城市更新中，原生文化所依托的历史环境已经遭到了改变甚至是破坏，文化传承所依附的社会基础亦被削弱，文化传播所依存的空间载体也逐渐丧失。但是通过城市更新中文化环境的再造，

[1] 龙婷. 城市更新背景下非物质文化遗产的保护研究 [D]. 武汉：华中师范大学 ,2016.

[2] 阮仪三著. 阮仪三文集 [M]. 武汉：华中科技大学出版社，2011.

[3] 刘易斯·芒福德著. 城市文化 [M]. 北京：中国建筑工业出版社，2009.

新的空间载体将承载、催生新的文化交流平台。传统文化基因遵循秉承保护、传承与创造的基本规律从而孕育出全新的文化形式，并可通过现代运营方式将无形文化的衍生转化为一定的文化资产价值。即通过文化的创新再造实现城市文化资产价值的提升，进而能够更好地保护历史文化——这不但使原保护建筑物等有形物的历史文化价值更为使用者所重视，从而更有利于它们的保护，同时也为历史文化的无形资产方面的投资与经营提供了可能性——历史文化名城有可能通过对其中的某些历史街区、历史建筑适当的经营，获得保护所需的持续稳定的财力保证。

参考案例：无形文化的创新再生

东京 LA KAGU 位于东京新宿区地铁东西线"神乐坂"站，这个地区原本就是一个东京颇具特色情调的精致型街区。早期更是受尾崎红叶、夏目漱石、与谢野晶子等文人喜爱的街道。区域内各种特色商店、百年老店、神社等历史建筑场所点缀其中。而在建筑品质上，早先作为一个出版社仓库的厂房建筑在大空间、钢结构等特性上十分适合改造，为未来的商业空间提供最大的灵活性。改造的建筑师隈研吾用神来之笔在仓库外加建了一个城市尺度级的大台阶，将建筑品质向环境特色升华。而在场所故事中，这个建筑的前身是日本知名出版社－新潮社的书籍仓库，几乎存放过所有日本知名作家的作品。因此当这样的一个场所故事转化成为一个以"衣食住＋知"的知识型商业社区时，人们感到这是一种历史的新生，深处其中体验的是文学与生活美学的精致（图6-1）。

图 6-1 LA KAGU 知识型商业社区的创新更新

资料来源：http://mp.weixin.qq.com/s/xdmZUGVoYMIMb_FWcheosA

6.3 历史文化保护与城市更新的实现方法

6.3.1 基于现状维持的"微改造"

2016 年广州市政府颁布了《广州市城市更新办法》及其配套文件，提出可"微改造"更新方式，指"在维持现状建设格局基本不变的前提下，通过建筑局部拆建、建筑物功能置换、保留修缮，以及整治改善、保护、活化，完善基础设施等办法实施的更新方式"。"微改造"也可称之为"保护性改造"，是对历史文化遗产采取的底线式、挽救性、常规化的修缮改造方式。鼓励对历史文化街区和历史建筑因地制宜地采取以整饬修缮和历史文化保护性整治为主的多样性改造方式，鼓励合理的功能置换、提升利用与更新活化，同时凝聚社会共识、吸引社会参与、加快更新改造过程[1]。"微改造"倡导的一个重要原则是保护原住民的生活状态与社会结构的整体性保护。

"微改造"是最尊重文化遗产现状与历史条件的改造方式，是历史文化街区更新活化的主导方式。与普通老旧小区微改造一样，历史文化街区的微改造也存在建筑老化、环境衰败、基础设施不配套等问题，但历史文化街区有其特殊性；历史文化街区的微改造在人居环境改善的同时，需要严格遵循历史文化街区保护的历史真实性、生活真实性和风貌完整性原则，比普通老旧小区的微改造限制更多、要求更高。《广州市城市更新办法》鼓励历史文化街区合理的功能置换、提升利用与更新活化；指出历史文化街区的更新改造，整体纳入更大范围片区改造区域筹措改造资金，不能实现经济平衡的，由城市更新资金进行补贴。《广州市旧城镇更新实施办法》进一步指出，历史文化街区的微改造，要严格按照"修旧如旧、建新如故"的原则进行保护性整治更新；按照"重在保护、弱化居住"的原则，依法合理动迁、疏解历史文化保护建筑的居住人口[2]。

"微改造"的城市更新中为保留城市的历史记忆、文化脉络、社会构成和地域风貌，弘扬传统优秀建筑文化、历史建筑、历史风貌区、特色风貌区等，原则上不进行拆除重建的城市更新，鼓励结合城市更新项目对片区实施活化、保育。因缺少相应的激励获利机制，缺乏多渠道社会资本的支持，"微改造"的资金筹

[1] 邓堪强. 广州历史文化街区内城市更新机制浅论——以广州恩宁路永庆坊为例 [C]. 持续发展理性规划——2017 中国城市规划年会论文集. 中国城市规划学会,2017:7.

[2] 李燕. 广州历史文化街区改造的问题与机制探索. http://www.gzass.gd.cn/gzsky/contents/24/11901.html.

措更多是来源于政府财政。同时历史文化街区由于要维持原住民生活，很多改造仅限于街道外立面的整饬，公共基础设施的更新等，在保护改造中，对于建成环境设计与修缮的专业性和原真性等"缺乏历史文化保护知识的相关培训和有效的监督机制"，这些改造工程往往受到较大的社会争议。

参考案例：整体性保护改造——博洛尼亚的街区改造案例

历史遗产应该作为社区生活与发展的一部分加以保护，这种整体性保护的发展理念已经成为国内外历史文化街区保护的普遍共识。意大利的博洛尼亚是一个整体性保护的典型案例。其保护原则是将"老建筑物和居住在其中的人同时保护"。保护的对象和范围从仅关注于历史建筑及周边环境，扩大到整个社区生活的保护和继承。

博洛尼亚古城是欧洲中世纪和文艺复兴时期的建筑群体代表，拥有双塔、教堂、宫殿、柱廊等特色历史建筑，城市历史建筑文化悠久。11世纪后地区商业开始逐渐繁荣，20世纪60年代伴随城市化发展，城市快速对外扩张，老城人口不断外迁，贫民窟现象突显，此时古城处于变革发展的关键时期[1]。

政府平衡城市建设与地域发展需求，放弃"拆后重建"的大发展规划理念，提出以"反发展"的方式，不仅要考虑旅游与观光行业的发展，还要保护历史文物古迹与传统生活环境。首次提出"把人和房子一起保护"的口号，即"整体性保护"，街区改造要求"同样的人住同样的地方"，即改造完成后留下近90%的居民，同时通过合约规定以不超过其家庭收入的12%～18%作为低收入者的租金标准，目的是维持街区原有人文与社会结构的完整性。博洛尼亚计划的成功为后人提供了一个新的视角，即历史文化街区的更新、文化遗产的保护，不一定以搬迁原居民为代价，整体性改造的现状维持"微改造"也是更新的重要实现方式（图6-2、图6-3）。

资料来源：http://www.gzass.gd.cn/gzsky/contents/24/11901.html

图6-2 保留下来的老城柱廊

图片来源：https://www.douban.com/note/489483995/

图6-3 厦门五店市传统街区及地下停车场

图片来源：https://www.douban.com/note/489483995/

[1] 朱晓韵. 历史街区的保护与更新 博洛尼亚古城"整体性保护"的启示 [J]. 上海工艺美术 ,2013(01):82-84.

6.3.2 基于内涵提升的魅力营造

挖掘历史文化保护项目的文化内涵，实现创新重塑的文化魅力营造。以工业文化遗产为例，积极认识并利用工业文化遗产的历史价值、美学价值、文化价值，并对其价值进行保存与活用，对于营造城市文化创意产业、复兴长久衰败的工业区具有重要意义。工业用地作为一种可以"廉价"获取的土地资产，可以获得巨额土地级差地租，丰厚的利益驱动推动了棕地更新。工业文化的创意更新模式成为城市文化设施建设、公共空间、城市遗产保护等城市公共文化产品或准公共产品的优选载体。这些工业用地的更新模式都是以提升用地的文化内涵为目标，以文化再生和工业遗产的再开发为手段，与城市的居住、娱乐、商业、文化等功能成功整合，创造更多的就业机会，实现生态保护与城市发展的双赢。

对于旧工业用地更新的主要营造策略包括：对历史肌理的尊重，功能混合利用及多样的基金政策。对历史肌理的尊重表现为对历史建筑的适应性重新利用，对历史价值小的已有建筑的新开发，步行开放空间与历史性元素的融合等。通过城市文化营销，对城市文化遗产的价值发现和创新性利用能够起到对历史文化的重塑和创新意义的作用，提升城市魅力。工业用地历史文化保护与提升的模式可分为"博物馆"模式、公园绿地模式、文化产业园模式、整体更新模式等。

以德国柏林施潘道（Spandauer Vorstadt）为例，它位于德国柏林市中心区，许多建筑建于 19 世纪末与 20 世纪初，是德国境内最大的庭院建筑群，拥有商业办公、集会大厅、工厂与住宅等混合用途设施，空间保持完整。在城市更新中，历史核心区的更新策略主要有：由城市开发基金与私人资金共同投资开发历史核心区；采取审慎改造的方式，包括对已有建筑的改造、社会参与以及社会肌理与社区的稳定与发展；致力于重塑该区的吸引力及可识别性。

再如，厦门五店市历史文化街区的改造，"五店市"不是一个市，而是福建闽南目前规模最大的红砖古厝群之一，可谓是闽南古建筑大集合。"厝"，闽南语意思是"房子"，其特色是"红砖白石双坡曲，出砖入石燕尾脊，雕梁画栋皇宫式"，故又称"红砖厝"，主要分布在福建的厦门、漳州和泉州等地，以泉州地区的南安、晋江一带最为出名。这些闽南特色的红砖厝建筑横跨明、清、民国三个时期，可以说是闽南古厝建筑博物馆。五店市历史文化街区的规划突出文化元素，同时，五店市发挥市场在招商运营方面的主导作用，秉持"政府参与、企业运营"的原则，通过控制商业化程度，改造基本沿用原有城市肌理，突出"闽南古厝、红砖、出砖入石，燕尾脊"的特点，同时也留住了原生态和民俗文化（图6-4）。

图6-4　厦门五店市传统街区及地下停车场

图片来源：本书作者

6.3.3 基于历史保护的混合开发

混合开发是指将历史保护用地与周边的非历史保护的可开发用地统筹考虑，共同开发。通过对历史建筑的保护修复和周边地块的混合开发，营造带有历史情怀、内涵丰富、视觉愉悦的城市地标。城市可以进行自我更新，比如新天地模式、田子坊模式，可以一点点把文化和保护融合在一起，创造不同的城市再生环境。

新天地模式——整体混合开发：20世纪90年代，上海政府实施城区改造工程，计划拆除大量旧房，为配合卢湾区的开发，这一区域的老式弄堂也列入改造范围。新天地改变了石库门原有的居住功能，创新地赋予其商业经营功能，历史建筑及其开放空间得以保留，创造出了独特的社区识别性。设计将这片反映了上海历史和文化的老房子改造成餐饮、购物、演艺等功能的时尚、休闲文化娱乐中心，周边用地则形成高密度、高强度的建设模式，以提升开发项目的价值。新天地项目总用地约52公顷，总建筑面积约110万平方米，其中，零售14.1万平方米、酒店／服务式公寓6.1万平方米、办公楼39万平方米、公寓51.4万平方米。新天地形成了围绕新天地（零售）南里、北里、人工湖和绿地周边星级酒店、住宅＋零售（翠湖天地）、办公＋商场（企业天地）的混合开发模式（图6-5）。

图 6-5 上海新天地现代与旧里的交融

图片来源：本书作者

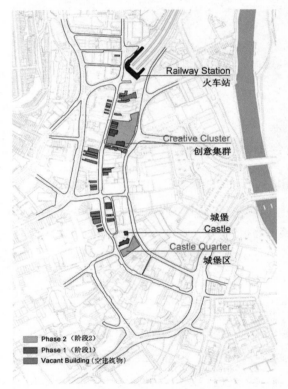

图 6-6 高街更新时序：第二阶段（2013 年）

图片来源：http://www.sohu.com/a/135949278_275005

参考案例：整体混合开发模式

斯旺西是英国威尔士西南部的一个海滨城市，高街（High Street）位于城市中心区的门户位置，南北连接市中心火车站和城市重要的历史景观节点——中世纪时期遗留下来的斯旺西古城堡。从 2013 年开始，针对高街上遗存的重要历史景观节点，通过对历史建筑的保护修复和周边地块的混合开发，营造带有历史情怀、内涵丰富、视觉愉悦的城市地标（图 6-6）。创意集群（Creative Cluster）是一处维多利亚时期留存下来的家具制造老场坊，有 100 多年的历史。如今这幢建筑已经荒废了将近 20 年，周边地区也比较衰败，政府担心这里会变成流浪者和犯罪者的聚集地，给社区带来安全和健康隐患，因此提出规划整治方案。改造方案对建筑屋顶、表皮以及内部空间进行全面修缮，并对老场坊周边地块进行开发，建成后将用作商业和办公功能，同时鼓励创意产业在这里集聚，使之成为年轻人可以快乐工作和居住的地方。如果在实际经营过程中发现商业办公功能并不适用，可以随时根据需要转换成其他功能。另一个重点改造项目城堡区（Castle Quarter）主要以中世纪时期遗存下来的斯旺西古城堡为中心，对其临近地块进行更新改造。在功能定位上，虽然这一地块并不是理想的居住选址，但是考虑到市中心缺少精致的居住空间，规划决定在这里开发一处高品质的商住混合项目，包括 26 套廉租公寓，4套复式商品住房单元，以及底层商业，鼓励餐厅和小商铺入驻，营造更好的居住氛围。在处理新开发建筑与城堡之间的关系时主要考虑的是边界的控制和视线的保护，通过建筑高度的控制和多层退台的处理在"新—旧"边界处营造丰富的交往空间和愉悦的视觉体验（图6-7）。

资料来源：http://www.sohu.com/a/135949278_275005

图 6-7　Creative Cluster 的混合开发

图片来源：http://www.sohu.com/a/135949278_275005

6.3.4　基于文化资产的现代营建

文化遗产保护是文明发展的基础，拥有极高的创新潜力，是社会最重要的资源之一，它能够为经济建设和社会发展提供了强大的精神动力、不竭的智力支持和丰富的艺术源泉，是实现社会全面协调可持续发展的重要保证。文化遗产也是城市特色的重要体现，城市营建需要借助于文化遗产的艺术和文化价值，挖掘文化遗产对城市持续发展建设的使用价值，使之能够不断丰富与增强城市的文化资产，并创新性地培育新的文化形式及其载体空间，从而塑造当下的城市特色与城市文化。

文化遗产保护可以给城市留存一些静态的历史见证物，更重要的是我们可以通过具有活态文化价值的文化遗产推动城市人文环境的塑造。在城市更新中，历

图 6-8　成都太古里

图片来源：本书作者

史的残垣与片段往往散落裹挟于现代建设之中，如果采取大拆大建的开发方式，实施过度的商业化运作，必然会使一片片积淀丰富人文信息的历史片段被夷为平地。在这些城市用地中，历史的空间组织、社会结构、文化脉络已经被破坏，我们也不可能情景化地简单复建展示历史。在城市更新中，我们可以借助历史文化资源，采用空间织补与新功能的置入的方式，创新性的营建新的文化交流环境，形成以文化资产营建为导向的新的城市文化功能区。

　　例如，成都远洋太古里拥有 1600 年历史的大慈寺与国际化现代商业的精妙结合，把历史文化、保留院落、宗教寺庙、艺术装置融入新的商业功能中，呈现了精彩纷呈、富有魅力的地方文化的国际商业区。设计团队通过数年的研究走访，挖掘成都的文化脉络，理解市民的生活习惯，寻找灵感，形成了古与今交融，地方与国际荟萃的韵味。项目整个地块共有广东会馆、欣庐、马家巷禅院、章华里、笔帖式、字库塔等 6 处保留院落与建筑，以及早已形成的就有巷道，项目也与千年古刹大慈寺相拥为邻。整个项目有 21 件艺术作品，都是商场邀请艺术家专门为项目设计的。同时，项目自身不断推动成都文化、艺术交流，更开展深入合作，不仅是购物中心，构成了一个多元文化的文化空间（图 6-8）。

6.3.5　基于艺术集聚的创意实践

　　城市经营最本质的问题不是经营本身，而是如何提升城市的资产价值。设计是城市更新中投资者与社会各方沟通最有效的工具，而创意是设计的基础，是源泉，一个成功的城市更新项目必落实于设计方案的独创性——实现空间的创意性设计。城市更新一定会对城市的原貌有所改变，这些改变涉及形状、颜色、功能等，这些改变是否成功，要看设计的功力，通过设计来表达城市更新投资者的理念和愿景，再用新的材料、技术和方式予以实现。所以成功的城市更新无处不显示出艺术、创新、创意的贡献。城市更新项目的实施应积极鼓励艺术家积极参与到历史街区城市更新过程中，以一种更加富有想象力和更加大胆的方式改造城市历史空间。

这里需要特别指出的是对文化与艺术的认识问题。我们理解的所谓的文化就是我们有共性的东西叫文化，只要有共性的，不管是精神层面的，制度层面，行为层面的东西都叫文化。文化本身就是历史形成的，所以所谓的底蕴，就是表示有一段历史时间的延续性或者说有一定的积淀。文化塑造了人们的生活方式，文化跟生活方式之间是相互互动的关系。艺术正好相反，艺术一般都是主动创造出来的，是个性化的，所以其实文化跟艺术是不一样的。艺术代替不了文化，文化必然是艺术的源泉，但是在历史街区的城市更新中，艺术可以融入历史文化环境中，形成尊重历史文化的现代艺术的创新实践。

1997 年，英国将文化创意产业列为国家的重要政策，2003 年，伦敦发展局公布了《伦敦创新战略与行动纲要（2003-2006）》。伦敦的创意产业高度发达，处处可以看到城市更新中体现文化艺术的创意设计。如河边的座椅一改单调款式，而被设计成彩色波浪形的、扬帆的帆船形的、弯曲手臂形的，与河的流动和游人的向往相互映衬；住宅被设计成全玻璃透明的，在现代建筑材料的装饰下增加了街道的美感；废弃的塑料瓶做成艺术品对外展示，处处提醒人们节能环保的理念；公共建筑的屋顶都是设计成可以观光的，体现城市是属于每一个居民的价值观；路口的建筑多是流线形状的，广告设计几乎是与建筑融为一体而难以分开的，绿色景观如同是自然天成的。发达国家成功的城市更新正是在有效的机制下，激发灵感、跨越障碍、颂扬差异、融合发展、创造财富，有许多值得借鉴的地方。[1] 现代艺术的表达并不影响伦敦这样一个具有深厚历史积淀的国际大都市的文化魅力，恰恰相反，多层的文化沉积让伦敦展现出了一种超现实的拼贴场景，艺术创意让富于历史文化的伦敦更具精彩魅力。

参考案例：伦敦南岸艺术区——"功能置换"类改造更新

1951 年，伦敦泰晤士河南岸被重新定义，这里成为艺术和文化的聚集地，南岸艺术中

---

[1] 秦虹，苏鑫著. 城市更新 [M]. 北京：中信出版社，2018.

心特指当年政府划出的一片面积 21 亩的区域，主要在于激发二战之后人们对艺术的兴趣。伦敦南岸艺术区是利用废旧港口码头和古老仓库改造的文化旅游区。艺术区现在已成为伦敦市最迷人的地区之一，具有全国最知名的艺术、文化中心，也是世界上最大的艺术中心所在地，特色的影院、漂亮的餐厅、纪念品商店，风格迥异的咖啡厅、酒馆和游船，现代化大桥飞架两岸、高速火车穿梭而过。

用旧发电厂改造的泰特艺术馆，是专门展示 20 世纪艺术品的专题艺术馆，以其独特的建筑风格与现代艺术藏品的完美结合，成为艺术区的灵魂。艺术区集现代文化、旅游、休闲、商业功能于一体，古老、现代风格交织，游览内容丰富而新鲜，为游人提供了浑然天成的休闲去处。河堤走道宽敞舒适，从塔桥一路往上游方向，沿途可以见到众多街头艺术家的奇特表演，同样也可以选择做游船在泰晤士河中欣赏沿途的创意设计。

参考案例：北京 798 艺术区——"功能置换"类改造更新

北京 798 艺术区是城市改造和再生重要类型的案例，它已经成为北京城市文化产业发展、公共文化建设的重要载体。北京 798 艺术区的前身是"北京华北无线电联合器材厂"，于 20 世纪 50 年代成立，曾经是新中国的第一个大型现代化军需电子元件厂，产量最高时元件产量占全国总产量的 1/4，军品的 1/2。到了 20 世纪 90 年代产量逐渐降低直至停产、工厂闲置。工厂开始以低廉的租金对外出租，吸引艺术爱好者逐渐入驻，形成了艺术家工作室、画廊、文化公司、时尚店铺等文化产业集聚区。现今的 798 已经成为北京的文化地标和中国当代艺术文化展示中心。

后工业时代使得旧工业地段的开发改造成为城市更新的热点，利用废弃厂区改造成的文化创意产业集聚区，赋予了旧厂区新的活力。798 艺术区是通过"功能置换"完全改变建筑用途，实现了巨大的经济和社会效益，借助技术与创意的力量，使原有的城市旧空间变成了文化品位高尚，科技便利程度高的城市新空间，这一城市更新手段要求开发商和运营商对于项目全程有更专业的掌控及执行力。

6.3.6 基于形态完整的整体协调

2017 年出台的《城市设计管理办法》明确了通过城市设计控制历史文化街区建设活动的要求。其中，历史文化名城的整体性控制是更具智慧与全局性的工作。总体城市设计是对城市历史文化与现代结构关系的类型学思考，是旨在塑造理想结构并且管控现代建设与之协调的开放式引导方式，是对历史文化名城城市更新形态的战略性指导框架。

形态的适宜性是城市设计不断追求的，所谓形态完整是一种动态的整体营建，包括：

1. 城市关键触媒的更新运营与形态协调

历史文化与现代建设的协调是一个长期的、逐渐演化的过程，需要借助城市发展的战略机遇或关键开发项目实现，通过具体城市更新项目的运营实现空间腾挪和经济价值提升。受特定历史时期经济、社会因素影响，很多名城历史文化街区周边环境往往沉积了大量居住、商业、工业等混杂用地，基础设施落后，城市面貌不佳，历史文化价值的核心功能不明显。政府往往借助城市更新实现城市功能的重新定位，这也是城市动能的重新发现的过程，目的是实现历史文化与土地使用和空间形态的最高最佳使用协调，创造就业机会、增加财政税收、贡献经济增长、提升文化价值。

哈尔滨对历史文化价值提升的整体性设计与更新实践是在国内具有代表性的。例如，索菲亚教堂广场空间腾挪的城市更新项目。哈尔滨索菲亚教堂在 1960 年后内停止了宗教活动，曾做过哈一百的仓库，也做过话剧院的练功房，随着岁月的更迭，教堂被不断新建的楼房一层一层包围其中。1986 年索菲亚教堂被列为哈尔滨市 I 类保护建筑，1996 年被列为全国重点文物保护单位。1997 年，哈尔滨市政府本着"修旧如旧、恢复原貌"的原则，组织实施了教堂保护修缮和综合整治工程。教堂修复后，被命名为哈尔滨市建筑艺术馆，作为宣传展示哈尔滨历史文化和建筑艺术的重要窗口重新对外开放。2006 年，哈尔滨市政府从深度发掘城市历史文脉，彰显和延展哈尔滨独特的建筑魅力出发，在 1997 年和 2000 年对索菲亚教堂及周边环境进行两次保护修缮和综合整治的基础上，再次组织实施了索菲亚教堂广场改造工程。广场改造后面积增至 2.2 万平方米，形成了以索菲亚教堂为中心，周边环绕建筑层次分明、欧陆风情浓郁的大型文化休闲广场。改造更新项目在社会上存在许多批评的声音也有许多遗憾，但教堂广场的扩容增加了城市的休闲文化价值，以及周边建筑的商业活力，教堂自身的历史和文化价值亦被进一步提升，大大促进了哈尔滨城市旅游的发展，提高了哈尔滨作为异域风情城市特色的国际美誉度（图 6-9）。

2. 实施古城保护规划与协调开发性建设

在历史文化遗产的整体性保护与现代化城市建设之间的协调方面，苏州市在这方面的成功经验值得我们借鉴，苏州市众多的历史文化遗产展现了浓厚的历史文化气息，超前的保护观念、以保护为主的城市规划、多元化的参与机制和完善的制度保障体系。在城市建设过程中，基本保留住原有的城址和风貌，提出"保

图 6-9　哈尔滨索菲亚教堂广场城市更新
图片来源：哈尔滨建筑艺术馆

护古城、建设新区""新旧分开"的理念。在旧城保护中，实现城市可持续发展，做到因地制宜，因势利导，多种开发形式相结合。对旧城进行改造和优化，对于历史文化保护地和景观保护地，其开发建设需要和原有的历史风貌特色相协调，并突出其独有的景观特色和文化内涵。城市传统中心商业区、重要地区寸土寸金，在很大程度上代表了这个城市的特征和形象，在改造中保持其原有风貌和大致轮廓。应对城市的不断发展，苏州将旧城改造与新区开发结合起来，协同进步，共同发展，一个古城，东西两侧园区与新区共同发展，即"一体两翼"。合理调整城市功能结构及城市规划布局，统筹协调新区与旧区之间的发展关系。提出城市建设与历史文化遗产的保护从以下两个方面协调：将文化指标加入城市发展价值指标中；探索有利于历史文化遗产保护的城市建设模式；以"保护古城、建设新区"的城市发展战略为导向，厘清城市发展方向，也为古城的保护提供了现实可能。《苏州历史文化名城保护规划（2013-2030）》《古建筑保护条例》《非物质文化遗产保护条例》的颁布和严格执行为苏州建立了城市保护法律法规体系，在传承和发展中找到平衡点。

3. 构建历史感与现代感的异质性景观格局

历史与现代的异质性景观格局的典型代表是巴黎城市。奥斯曼的改建对巴黎产生的影响举世瞩目，巴黎的改建增强了城市整体的协调性，完善了公共服务与市政设施的建设，巴黎选择了几何秩序建设城市空间，通过拆除破旧的老街区，开辟具有现代气息的林荫大道使得巴黎成为资产阶级城市的典范[1]。重建改造通

[1]（法）贝纳德·马尔尚. 巴黎城市史 19-20 世纪 [M]. 北京：社会科学文献出版社 .2013.

过土地征购对零星地块进行改造，这些新的地皮面积更加开阔，形状更加规整，需要力度更大的房产投资，这些地皮都在马路沿线，这样新建房屋临街的外立面可以与大街齐平。整齐划一的街区建筑是巴黎改建的一大特征，强调了巴洛克和古典主义风格的轴线系统，放射道路，强烈的秩序感和恢弘的气势（图6-10）。[1] 这些建筑体积形状各异的体块组合到一起就形成了一个街区，整个城市再由街区组成错落有致的整体。

图6-10　巴黎的放射街道
图片来源：Google Earth

　　巴黎新区的建设充分尊重巴黎老城结构的整体性，同时解决巴黎发展面临的巨大压力，1932 年，塞纳省省会曾举办过一次对历史上形成的东西主轴线和星形广场到德方斯一带的道路进行整治美化的"设想竞赛"。1958 年成立的公共规划机构"德方斯区域开发公司"（EPAD），提出要把德方斯建设成为工作、居住和游乐等设施齐全的现代化商业事务区。1963 年通过了第一个总体规划，包括东部事务区和西部公园区，规划用地 760 万平方米。1962-1965 年制订的《大巴黎区规划和整顿指导方案》中，德方斯区被定为巴黎市中心周围的九个副中心之一。1976 年，巴黎大都市圈规划经过修订，决定在巴黎市中心肯克德鲁广场西北 4 千米处建设德方斯新城。德方斯交通系统规划参照了柯布西耶的城市设计理念和原则，在巴黎历史古迹的延长线上建造，从卢浮宫到凯旋门，再到德方斯的大拱门都处在同一条直线上，这条中轴线把新老城区连接成为一个整体。德方斯新城的建设，保护了巴黎原有的文化遗产，实现了城市结构的战略转移，构建了一个积极发展新城、相对集中建设的总体布局模式；同时，旧城与新城又是一个整体，在其建设的过程中，除了受到两次经济危机的影响外，一直平稳建设至今，最终形成了目前世界上独一无二的新城。

[1]（法）贝纳德·马尔尚.巴黎城市史 19-20 世纪 [M].北京：社会科学文献出版社，2013.

参考案例：北京中轴线规划

北京中轴线被誉为古都"龙脉"，一条长达八公里，全世界最长也是最伟大的南北中轴线，现代北京城市秩序之美就是源于这条中轴线的建立而产生。著名的北京奥运会的大脚印由南向北，用现代的创意传达强化了北京的轴线，来到奥运鸟巢，这条轴线继续向北，直达奥林匹克公园的"龙形水系"，将北京的中轴线融于山水之间，作为空间旋律的终章自然地将中轴线与北京的历史文化、营城秩序、宇宙自然完美地融合在一起。

北京中轴线的规划控制解读需结合《北京中心城建筑高度控制规划方案》共同理解。北京传统上采用"锅底状"的方法来控制老城的建筑高度，但是这一经典方法对老城外围的新区缺乏整体的研究，不能适应社会经济发展需要，没有很好的协调空间的建设需求，统筹性不足。老城布局严谨，中轴统领，新城不断生长，城市空间发生剧烈变化。通过开展总体城市设计的研究，梳理建筑高度的整体管控逻辑，构建"四级高度控制体系"，形成以"中轴线"为核心标志性的，通过划定形态关键地区，"严格控高，引导控低"，结合历史文化控制区四类、绿色生态控制区三类、城市景观控制区四类、首都安全控制区两类，构建中心十字轴，结合 11 处城市地标，26 处区域节点的，现代城市特征与传统文化特色交相辉映的城市特色形态。

资料来源：王引，徐碧颖．秩序的构建——以《北京中心城建筑高度控制规划方案》为例 [J]．北京：北京规划建设，2018（3）:50–57

第七章 城市更新的设计逻辑

7.1 城市设计的类型学再认知

7.1.1 作为设计创作的城市设计

传统的城市设计是以建筑学为基础的形态美学设计。从时间的维度看，19 世纪之前的城市设计可称之为传统城市设计，比较有代表性的作品是 1791 年法国军事工程师朗方设计的华盛顿规划。朗方受到巴黎凡尔赛宫浓郁的巴洛克色彩的影响，并充分考虑了对自然生态要素的利用，合理利用地形、地貌、河流、方位、朝向，采用方格网 + 放射性道路的城市格局手法，使用和改进了巴洛克式的城市设计。这种强烈视觉感的古典主义构图强化了交通、视觉方面的联系功能，主要空间以拉丁十字设计，引入大面积的草地和水池，铸造了这个国家无与伦比的首都中心的纪念性空间（图 7-1、图 7-2）。

现代城市规划开始于工业革命之后。19 世纪开始，工业革命带来了工业化及由此产生的快速城市化进程。19 世纪的欧洲，城市人口的急剧膨胀与城镇蔓延生长的速度之快远远超出了人们的预期与常规手段的驾驭能力，工业、居住用地杂乱无章，城市呈现犬牙交错的"花边状态"，与此同时，贫民窟现象增多，疾病、灾害和犯罪率上升，以及严重的交通阻塞和环境污染等，使人们开始不断追求理想的城市模式，开始了集中与分散的城市实验探索：巴黎改建计划、建筑分区计划[1]、美国的格网城市、田园城市理论、现代城市设想、广亩城市主张，等等。这时期人们已经意识到，整体性的规划设计对一个城镇的发展是十分必要的。

20 世纪 30 年代到 50 年代末，标志现代城市规划发展的两大会议成果《雅典宪章》和《马丘比丘宪章》的意义影响深远。1970 年代以后的城市规划学科逐渐从偏重工程技术（20 世纪 40-50 年代）到偏重经济发展规划（20 世纪 60 年代），再演化到经济发展、工程技术、社会发展同时并举。在随后的发展中，以综合性主导的城市规划和与形态主导的城市设计发生学科分野。城市设计（Urban Design）作为一个学科术语是 1956 年在哈佛大学主办的城市设计系列会议上提出来的。这一时期城市设计的发展与从事历史悠久的城市建设的建筑师的视角紧密相关。一方面，二战后的物质形体决定论导致城市中心衰退和空心化，到了 20 世纪 60 年代开始追求典雅生活风貌、保护历史建筑、注重形体空间美学。同时，城

---

[1] 1890 年德语区国家采取建筑分区计划，目的限制不同功能的刚性冲突。

图 7-1 巴洛克城市设计

图片来源：张斌，杨北帆. 城市设计与环境艺术 [M].
天津：天津大学出版社，2000

图 7-2 朗方的华盛顿规划

图片来源：张斌，杨北帆. 城市设计与环境艺术 [M].
天津：天津大学出版社，2000

市设计的对象范围、工作内容、设计方法、指导思想的新发展，不仅仅是空间的艺术与美学的体现，而且更是对"人—社会—环境"的复合评价，构建综合人文、生态、历史、文化在内的多维复合空间。现代城市设计，是为人们创造一个舒适、宜人、方便、高效、卫生、优美而有特色的环境，不断提高人们的生活质量，促进城市经济发展和振兴。同城市规划作为公共政策一样，城市设计是政府对于城市建成环境的公共干预，它所关注的是城市形态和景观的公共价值领域 (public realm)。

进入 21 世纪，在经历了 20 世纪的现代主义与后现代的多元化与差异性的洗礼之后，城市设计在中国进入了有着大量实践探索的现代发展阶段，当代城市设计关注城市的风貌特色、空间品质、人本体验、文化创意等。关于城市设计的定义有着诸多表述，《城市规划基本术语标准》认为城市设计是"对城市体型和空间环境所做的整体构思和安排，贯穿于城市规划建设管理全过程"。《城市设计管理办法》给出的定义是"城市设计是城市规划工作的重要内容，贯穿于城市规划建设管理的全过程"。《大不列颠百科全书》对城市设计的定义是"城市设计是对城市形态所做的各种合理处理和艺术安排"。在《中国大百科全书》第三版中，给出了城市设计的当代概念和定义："城市设计主要研究城市空间形态的建构机理和场所营造，是对包括人、自然、社会、文化、空间形态等因素在内的城市人居环境所进行的设计研究、工程实践和实施管理活动"。

在中国城市大量的城市设计实践中，产生了两种代表着人们对于城市设计认识的观点。其一，是基于传统的视角，城市设计首先被认为是城市形态与空间环境的创作方法，这是一种作为设计创作的城市设计观点。其二，在我国快速城市化的进程下，在以增量规划为主体的城市建设实践中，城市设计成为城市空间的

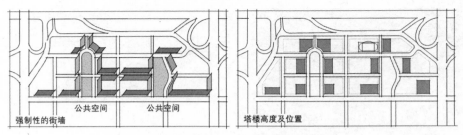

图 7-3 深圳福田中心区 22/23-1 街区城市设计控制
图片来源：金广君.让城市设计在中国落地 [J].北京：城市规划，2018（03）.

管控手段，城市设计因此被认为是对城市空间形态的管束性问题[1]。

7.1.2 作为规划编制的城市设计

现代城市设计突破了传统城市设计的视域范围，依靠信息技术与数字化技术，城市设计的理论实践和技术方法也不断更新和发展。然而，城市设计的基本技艺与研究对象从未改变——城市设计的关键点是研究城市空间形态的建构肌理和场所营造，城市形态仍是城市设计的永恒主题。这就是说，无论如何与时俱进，城市设计的研究范畴永远是城市的空间环境和生活在城市中的人。城市设计的目标就是为人们创造舒适宜人、方便高效、卫生优美的物质环境和社会规划，为城市和社区建设一种有机的秩序（图 7-3）。

城市形态作为城市设计的研究对象，可分为隐性的结构和显性的形态，隐性的结构表现为城市发展中内在、隐性的动力支撑要素；显性的形态则表现为城市发展的外部、显性的变化的状态和形式。城市的结构也可称之为城市空间结构，它是城市要素在空间范围内的分布和组合状态，是城市经济结构、社会结构的空间投影，是城市社会经济存在和发展的空间形式。[2] 与城市隐性的结构和显性的形态相对应，城市设计的研究领域也主要集中在城市的内在生成机制（内在生成）与城市空间品质（外在显现）两个方面。城市设计是"二次订单"的设计，并非终极的设计产品，我们可理解为城市的"预先设计"（金广君，2010）。作为城市生成的管理文件，城市设计不断深入研究规划编制的技术层面，探讨如何进行空间的形态管控，进行城市设计编制，寻求如何建设法定认可制度等[3]。

---

[1] 徐雷.管束性城市设计研究 [D].杭州：浙江大学,2004.

[2] 刘生军.城市设计诠释论 [M].北京：中国建筑工业出版社，2012

[3] 黄高辉.广东省城市设计制度创新研究总体思路及措施 [J].规划师,2018,34(05):46-52.

基于对城市形态过程导控的视角，我们对城市设计认知的第二种观点是：城市设计作为引导城市空间生成的管理文件——一种作为规划编制的城市设计，"为设计而设计"是对城市设计的真实写照。

7.1.3 作为综合目标的城市设计

十九大之后，中国从经济发展长周期和全球政治经济大背景出发，准确把握经济发展所处历史新方位。我国政府一是做出了经济发展进入新常态的重大判断，二是形成了以新发展理念为指导、以供给侧结构性改革为主线的政策框架。这一政策转向体现了我国的经济发展在经历了四十多年的高速增长之后，主动作为、转型发展。中国开始进入改变以初级经济的要素投入、数量增长方式向追求发展质量、绿色生态、高端智造的创新经济发展方向转型。与此同时，城乡规划专业领域也发生了重大转型，2018年住房和城乡建设部的城乡规划管理职责归属自然资源部，新组建的自然资源部将"建立空间规划体系并监督实施"。这也预示着我国的城市建设在经历了几十年快速扩张阶段之后，城乡规划体系也将进入保护生态、刚性管控、存量发展的历史新阶段。

面对转型发展与存量规划阶段的到来，城乡空间的"色块"管理问题将更加多元与复合，传统"规划"与"设计"的思维训练都不足以完成对空间的完整性思考。从存量规划与城市更新的区别来看，"存量规划关注土地利用方式的转变；城市更新关注城市建成环境的质量和效益提升，具有更广泛、丰富的经济和社会意义"，除了物质性空间的改善外，城市更新还包括城市功能提升、产业转型升级、社区重构、文化复兴等非物质空间内容[1]。而"城市设计发展的主要动力来源于城市对再开发的需求，此时空间资源的再分配与空间形态的调整是城市再开发活动中平衡各种利益关系的重要物质基础"。因此，相对于增量的规划，城市设计空间思考的内涵在发生着转变。此外，城市设计在我国城市规划体系的地位也亟需改变，金广君教授建议"在'盘活存量时代'，充分发挥城市设计在空间营造和场所营造方面的优势……替代控制性详细规划……形成'一体化的城市设计'"[2]。

在"盘活存量时代"，城市设计将更多地面对城市的再开发环境，我们或可

[1] 邹兵. 增量规划向存量规划转型：理论解析与实践应对 [J]. 城市规划学刊,2015(5):12-19.

[2] 金广君. 城市设计：如何在中国落地？[J]. 城市规划,2018,42(03):41-49.

称之为更新型城市设计（城市更新设计）。从城市更新的表意层面分析，城市的更新迭代需要物质环境的改善与人们生活方式的进化，城市环境自身也会不断演替、积淀、更新、呈现。更新型城市设计的专业领域涉及城市的政治、经济、社会、文化等非空间要素；城市自身的发展也会更加强调生态化、智慧化、精细化。城市设计的工作内容逐渐综合与多维化，包括：改善城市建成环境、优化城市空间组织、城市社会综合治理、提出公共政策建议，并通过沟通协商、平衡利益、形成共识，最后交由城市规划师、建筑师完成复合的设计工作。因此，在存量时代，建立多维复合的城市空间问题的思考能力与处置能力将是对城市规划师能力培养的核心主线，这一能力的建立将改变传统的城市设计面对规划转型所暴露的城市设计技术手段匮乏、核心知识储备不足、空间分析维度单一的现象。

城市设计的任务目标进入了多元化与综合性的阶段，而不再是单一的增量空间设计为主导。城乡规划亦不再是传统的色块管理，而可能是"复色"管理或"无色"管理，"复色"管理主要是指城市空间的复合使用，"无色"管理主要是指城市空间治理的价值更新（环境、社会、经济、法律与政策），也是对城市软环境的更新。

7.1.4 作为未来指向的城市设计

1. 生态的设计

所谓生态城市是人们不断追求的城市与自然的和谐相处方式，生态城市是社会、经济、文化和自然高度协同、和谐的复合生态系统，其内部的物质循环、能量流动和信息传递构成环环相扣、协同共生的网络，具有实现物质循环再生、能量充分利用、信息反馈调节、经济高效、社会和谐、人与自然协同共生的机能。在生态城市的总体目标下，生态的设计是一种未来性的持续性的设计，用设计的手段优化人类与自然的接触方式，改变人类改造自然的具体方法。例如，海绵城市设计的重要价值正是体现在其长远的生态设计导向，即传统的城市建设以改造自然、利用土地为主，改变了原有生态，粗放式的建设方式，使得地表径流量大增；海绵城市设计则顺应自然，提倡人与自然和谐，保护原有生态，采取低影响开发，维持地表径流量不变等。

英国著名环境设计师麦克哈格的代表作《设计结合自然》，提出以生态原理进行规划操作和分析的方法，使理论与实践紧密结合。书中详细介绍了这种方法的具体应用，对城市、乡村、海洋、陆地、植被、气候等问题均以生态原理加以研究，并指出正确利用的途径。《设计结合自然》在很大意义上扩展了传统"规划"与"设计"的研究范围，将其提升至生态科学的高度。我们可以定义生态的设计是将环境因素（或称为气候城市设计）纳入设计中，从而帮助确定设计的决策方向。在科学的城市设计中，面对日益严峻的环境问题，生态的设计将自然生态因子——包括地形、地貌、降水、日照、大气等，其中大气要素又包含风（CFD）、温度（热环境）、湿度等多个因子——纳入城市设计的环境控制维度，用以精细化的空间管控，将是必然的趋势。

2. 智慧的设计

智慧互联的城市空间结构将极大地改变未来的城市空间形态。2018 年，麻省理工学院批准新的城市科学专业——结合了城市规划和计算机科学的跨学科本科课程项目。认识到了这种融合和新学科兴起的趋势，该项目将城市规划与公共政策、设计与可视化、数据分析、机器学习、人工智能、普适传感器技术、机器人技术以及计算机科学和城市规划等其他方面的内容相结合，将反映城市科学家如何以前所未有的方式理解城市和城市数据，并利用他们所学的实时重塑世界。新专业将由城市研究和规划部 (DUSP) 与电气工程和计算机科学部 (EECS) 共同管理。学生学习的内容包括计算机科学、城市规划部分两个部分。

3. 精细的设计

随着数字化环境感知技术的成熟与存量空间的非空间影响要素的凸显，城市设计对空间形态设计的精细化管控与综合评价的发展趋势逐渐明晰。相伴随的是城市设计的量化与数据化研究取向。比较而言，传统的控制性详细规划是对城市空间导控的法定文件，偏重于规划控制维度的土地使用、环境容量与设施配置等。在此背景下，完善城市设计对空间形态设计的数据化管控在自然环境层面、规划控制层面、文化控制层面的协同作用，探讨城市设计的精细化、综合化评价就成为了城市设计未来可能的学术方向。

4. 包容的设计

城市设计是包容性的设计，"无论使用者的年龄和健康如何，我们的设计产品、配套设施和服务质量都应该可以适合他们使用"[1]。包容性的城市设计体现在城市

---

[1] 伊丽莎白·伯顿，琳内·米切尔. 包容性的城市设计——生活街道 [M]. 北京：中国建筑工业出版社，2009.

中不同阶层人们最大程度的接受和尊重弱势群体、贫困人群，共享城市等；同时，包容城市并不存在一个终极的确定形态，包容性的设计是将城市空间的多样性组织得到最优解，包括生活性、适老性、宜居性、儿童友好型、可持续社区、健康城市、绿色城市、活力城市等都属于包容性城市设计的研究内涵。

5. 复合的设计

未来的城市设计不再是单一的设计对象和设计目标，城市设计的研究对象将集中于我们的城市社会与建成环境，城市设计将会综合解决城市空间的复合性、集成性的问题。

空间的复合：城市设计的任务是建模人类如何感知、体验和适应城市环境，以及城市形态解决方案如何适应人类行为。空间的显现包含了自然物理、物质空间、社会人文、经济民生等多重复合的属性，未来的城市设计也可展现出自然环境层面、规划控制层面、文化控制层面、经济社会空间指数等协同共管，去实现城市设计的目标指向。

空间的集成：空间的多样性需求与多元化组织是空间集成的本质原因。空间集成是在有限的空间内多样或多维地安排空间的使用内容，区别于二维的土地使用，三维的空间容量，实现多维（或称全维）的系统连接、全维组织。例如，改变单一的土地使用，提倡用地混合使用；打破封闭的空间模式，创造开放共享街区；突破用地红线和市政红线，重新链接碎片空间，建立立体和多维的构建空间系统等。

6. 制度的设计

城市更新设计需要依据一定的制度环境才能完成。从问题导向出发，我国现行的城市规划制度对城市更新的市场行为缺乏系统的规则约束。由于政府主导的规划编制进度落后于城市发展需要和市场主体对城市更新项目的制度需求，造成了现有更新制度缺乏对市场行为的有效规范和约束，缺乏对开发行为的激励和应对。例如，很多更新项目由于政府公建配套要求的提高和规划条件控制大幅挤压了项目的利润空间，导致部分项目因无法实际经济平衡而搁置，制度设计的合理性仍存在很大的完善空间。城市更新制度环境的建立需要综合考虑多种因素，最终目标是解决城市更新的"落地性"问题。城市更新的设计形态与城市更新的制度环境相辅相成，形成了城市形态更新的制度性演化特征。

7.2 城市更新设计的伦理价值

7.2.1 美学价值：遵循美学原则的空间组织

传统城市设计的目的就是满足市民感官可感知的"城市体验"。以卡米诺·西特、戈登·库伦、培根、芦原义信、凯文·林奇、克里尔兄弟、阿尔多·罗西等为代表的空间形式的城市设计理论，从城市（空间）形式及其意义理解等方面感知空间、组织要素、设计城市。卡米诺·西特提出了城市设计的艺术原则，建立了视觉美学的城市设计方法；戈登·库伦通过运动的方式理解并建立了城市景观空间秩序、组织城镇景观要素的方法；培根强调很多美学上的观察，特别是建筑与天空的关系，建筑与地面的关系以及建筑物之间的关系（天际线），提出评价、表达和实现城市设计的基本环节，并且以找出"同路人"的"城市经历"的方式将城市连贯性的、多交通方式的空间系统整合作为设计城市的支配性组织力，即开放空间的系统组织；芦原义信对公共空间尺度提出了外部空间设计的模数理论——"十分之一理论"(One-Tenth Theory)，认为外部空间可以采用内部空间尺寸8~10倍的尺度，即采用行程为20~25m的模数，室外广场空间的最大尺度不宜超过四倍于模数的尺度。此外，芦原义信的《街道的美学》还提出了街道空间的模数比例D/H等；凯文·林奇著名的城市意象五要素，即路径(Path)、区域(District)、边缘(Edge)、节点(Node)、地标(Landmark)，成为现代城市设计意象空间组织的重要手段，强调了城市空间的识别性、结构性（空间关系）和意义的重要性；克里尔兄弟致力于寻找类型学的城市规则，罗伯·克里尔的《城市空间》将建筑和城市统一起来，从城市整体设计的角度出发，以城市空间类型学为基本方法，在城市设计方面做出了极富意义的尝试。里昂·克里尔是一个彻底的历史主义者，强调基于历史文脉的城市共性和个性塑造的类型学方法；阿尔多·罗西提出通过"类似性城市"历史意象，用类型学类推的设计逻辑来研究类型和城市形态的关系问题，他认为，建筑的内在本质是文化习俗的产物，文化的一部分寓于表现形式之中，而绝大部分则编译进类型之中。

现代城市的美学原则远远突破了传统城市形态的经验认知。城市更新得以进行往往需要增加更大的城市容量，让空闲用地的潜在开发更有效率，对原有社区的拆迁补偿能够带来更大的增量收益。基于现象呈现，我们注意到城市不同历史环境与不同使用用途表现出空间有疏有密、或高或低的疏密度形态。基于不同条件的城市竞争性开发必然导致空间承载能力的限制，空间竞争的结果就是形成类似植物群落的空间分布形态。城市展现的疏密度形态是城市多维驱动的结果，反映了现代城市的内生组织方式，疏密度形态能更加合理展现城市空间的真实状态。在城市更新的视域下，低效激活、资本逐利的更新法则必然会影响城市形态向三维空间和巨构形态发展。不同级别和规模的城市，展现出的疏密度关系是不同的，对于特定城市规模和发展轨迹而言，某些开发形成了不利的、不适合的密度，（反映了）很多城市设计价值取向不明确。城市形态更新需要综合统筹、总体设计、科学导控，进一步强化"城市设计的开发控制决策机制"，分析城市形态更新的多变量的形态要素作用，"突出法定规划框架下城市设计的工具效力"。总之，密度是绝对的概念，而疏密度却是相对的概念，过于集中的密度就会产生交通阻塞、环境恶化，过于分散的密度就会增加出行耗时、浪费土地资源，城市的疏密度便是能够呈现城市复杂因素条件下的基本形态法则。

7.2.2 历史价值：共时性与历时性的共生共融

瑞士语言学家索绪尔 (Ferdinand De Saussure) 指出，"共时"和"历时"的区别之处在于："共时"是一种规律性，体现了要素之间的关系，"历时"是一种事件，在时间上一个要素替代另一个要素。这种"规律性"在城市空间中体现出"拼贴城市"的特征，这种"事件"体现出城市演化的特征。因此，城市是人类历史文化的积淀，是一种共时性与历时性的存在。城市形态历时性的连续演化最终呈现出的是共时性的拼贴城市。不同时代的城市肌理共同出现在某一特定的空间地域，不同文化叙事的典型空间图腾，也可以穿越时间共存在一起，使城市形成一种奇幻、超现实的空间场景。例如，伦敦采用了一种多维度层积的方式，通过空间重混来解决时间压缩问题。可以说，城市的共时性与历时性特征塑造了今天的都市物语、千城万象的视觉景象。城市设计正是通过不断的研究城市有机体更新演化的规律，从而寻求对城市形态演化进行合理管控的一个学科方向（图7-4）。

共时性：现代城市共时性特征呈现出智慧互联的新特征，智慧感知、互联互通的新型信息化城市形态将在未来的发展中逐渐形成。智慧城市可以被认为是城市不断更新中向信息化的高级阶段转化，必然涉及信息技术的创新应用，而信息技术是以物联网、云计算、移动互联和大数据等新兴热点技术为核心和代表。智

图 7-4 伦敦的超现实拼贴场景

图片来源：http://pic.sogou.com/d?query=%C2%D7%B6%D8%CD%BC%C6%AC&mode=2&mood=0&dm=0&did=614#did613

慧城市所体现的共时性特征是一个复杂的、相互作用的系统。在这个系统中，信息技术与其他资源要素优化配置并共同发生，促使城市更加智慧的运行。

历时性：在城市的现代发展中，共时性与历时性特征却呈现出了新的发展特征。现代城市的文化记忆逐渐消退了，城市的历时性特征也在减弱。在中国城市快速发展中，城市的规模令人叹为观止，但城市的历史记忆在逐渐地消失。资本在城市空间生产的作用越来越占主导地位，城市的同质性越来越强。与此同时，城市设计的话语地位在弱化，城市设计的思想理念在迷失，城市设计仍被人们所关注，但太多现代类型化设计让人们审美疲劳，在资本的强势下，城市设计似乎变成了一种理念和情怀，缺少操作的杠杆。

在智慧城市时代，共识性融入了智慧城市的四大特征：全面透彻的感知、超越地域的互联、智能融合的应用以及以人为本的可持续创新。可以说，智慧城市是城市更新发展的新兴模式，它的结果是城市生产、生活方式的变革、提升和完善，终极表现为人类拥有更美好的城市生活。智慧城市的持续化发展必将引起城市空间形态的革命性变革。

7.2.3 社会价值：复杂性与多样性的包容统一

"城市是复杂性、多样性的统一"，简·雅各布的这一经典定义均适用于传统、现代与未来的城市。他在《美国大城市的死与生》中指出"多样性是城市的天性"，随着现代城市规模的不断扩大，城市的复杂性问题凸显，"城市的复杂性来自于人和社会生活的复杂性和多样性"。"城市错综复杂使用多样化的需要，而这些使用之间始终在经济和社会方面互相支持，以一种相当稳固的方式互相补充"。以重庆市解放碑中心地区空间 0.92 平方公里为例，包容性发展是体现城市复杂性与多样性活力的较好案例。在鳞次栉比的高楼之下，多样化的社会人群、多层次的就业空间、包容性的公共活动、纪念性的标志空间等能够共存共享，休闲小憩、零售摊点、正式交往等使人们产生了心理对空间的认同感与依赖性。解放碑中心地区平均日人流量 100 万人，平均日车流量为 20 万辆以上。包容性、多样性和复杂性使得解放碑中心地区空间形成了难以复制和仿效的差异性空间（图 7-5）。

现代城市对后现代复杂性、多样性的演替体现了正反两个方向的特征。一方面，现代城市的规模效应带来的城市病，在城市设计方面却表现出复杂性和多样性的消失。城市为解决不断增长的人口需求，大规模建设新增的城区，在缺少历史积淀的情况下，很多新城像一座高速运转的机器，简单粗暴地造成了社会分层与空间个性的消失。城市用地成为单一性的生产空间，空间的包容性与兼容性丧失；另一方面，在全球化和现代经济技术驱动下，城市的高密度存在为共享经济的发展创造了条件，城市功能的演化逐渐突破了二维的布局，开始向三维空间拓展的趋势显现。立体城市高密度的城市经济形态导致了现代城市形态和城市功能的变化，城市形态和功能的变化必然带来城市社会形态、文化形态和文化生产、贮存和传播方式的创新与发展（图 7-6）。[1]

图 7-5 公共空间是城市生活的发生容器
图片来源：本书作者

图 7-6 绅士化空间下的多样化使用需求
图片来源：本书作者

[1] 李炎，王佳. 城市更新与文化策略调适 [J]. 深圳大学学报（人文社会科学版），2017,34(06):54-59.

城市多样性的空间集聚与外在显现是人们合目的性的结果。从系统学视角，现代城市的复杂性、多样性源于城市是一个复杂的巨系统，要用系统科学的方法，科学系统地对城市进行研究。实践已经证明，现在能用的、唯一能有效处理开放的复杂巨系统（包括社会系统）的方法，就是定性定量相结合的综合研究方法。[1] 城市是一个自我组织、自我调节的"巨系统"，是自然、城市、人形成的共生共荣的"综合体"，因此，必须着眼于城市全部功能的整体性和系统性来全面把握城市经济、政治、社会、文化、环境各领域及其相互联系。

7.2.4 文化价值：差异性与同质性的模因演化

城市的发展体现了文化传播的类生物学特征。我们的城市是不同时代的、地方的、功能的、生物的东西叠加起来的有机体。类比于生物学，生物在生命的过程中，实际主要在做两件事情：第一，获取最好的种群基因并将其遗传下去；第二，让自己的后代和基因尽量远的传播出去，提高自己的基因遗传质量，不能近亲。而在获得了优质的基因后，还需要把它扩散出去，尽量使自己的基因替代别人的基因。

城市设计从来就不是在一张白纸上进行的，而是在历史的记忆和渐进的城市积淀中所产生出来的，在城市的背景上进行的。从类生物学角度，每一个城市都会有着自身的遗产基因，有着不同的文化识别符号。著名建筑师孟凡浩的富阳东梓关乡村回迁房设计很好地体现了现代性与本土化的类生物学设计。设计研究传统聚落丰富形式的背后具有相似的空间原型，从类型学的思考角度抽象共性特点，还原空间原型，尝试以较少的基本单元通过组织规则实现多样性的聚落形态（图7-7）。[2]

这种类生物学特征在历史城市中体现较为明显，历史城市受限于地理空间移动和信息传递的困难，城市表现的是紧凑，自由生长，差异性显著，体现出一种难以量化的"场所精神"。这些城市往往规模较小，文化积淀深厚，有着较高的文化民族性和地域性识别度，比如红色的锡耶纳、黑白色的热那亚、灰色的巴黎、色彩多变的佛罗伦萨和金色的威尼斯。相较于历史城市丰厚的文化遗存，一些新兴城市则表现为规模化、工业化的现代性特征，例如，柯布西耶的昌迪加尔中心

[1] 周干峙.城市及其区域——一个典型的开放的复杂巨系统[J].城市发展研究,2002(01):1-4.
[2] 当代乡村聚落——杭州富阳东梓关回迁农居.https://www.gooood.cn/contemporary-rural-cluster-dongziguan-affordable-housing-for-relocalized-farmers-in-fuyang-hangzhou-by-gad.htm.

图 7-7 孟凡浩的富阳东梓关乡村回迁房设计
图片来源：http://www.sohu.com/a/126028098_351194

规划、奥斯卡·尼迈耶的巴西利亚规划、巴黎拉德芳斯新城等。一些新兴城市或城市的新兴区域的城市化迅速，新城市化地区注重功能分区与适度混合、机动车交通与大尺度空间规划，向垂直城市、立体城市和智慧城市的方向发展，但相较于那些历史城市，这些城市日趋同化，文化识别性低，艺术性逐渐降低。

　　然而，现代城市的不断发展也逐渐形成了自身的文化创意产业与新文化的自组织系统。现代城市的新文化组织通过语言文字、文化教育、文化旅游、文博服务、文化演艺、休闲娱乐、影视传播、智慧科技等形式不断新生演化，通过文化资本的积累形成文化经济产业从而产生文化聚合与引领效应。现代城市文化的物质载体系统包括城市公共文化设施、社区文化空间、历史文化街区、文化创意产业区、休闲旅游文化区等。现代城市文化的空间载体包括城市公共开放空间、节事娱乐活动、文化教育机构、数字媒体传播等存在形式。可以说，城市创造了艺术、思想、时尚和生活方式等形式的文化，这种文化随着经济与技术发展的提高又促进了高水平的经济创新与增长。现代城市对文化的组织生产能力越来越强大，

图 7-8　广州珠江新城

图片来源：本书作者

整个人类文化也日益屈从于商品化，特别是在后工业化的服务型城市中，多样化的社会文化景观不断出现，成为空间识别的重要方面（图 7-8）。

在西方国家中，各种各样的工艺、时尚、文化产品产业不断发展，畅销产品的审美化和符号化影响着大众的消费与文化认同。美国好莱坞电影艺术对文化传播有着巨大的影响，不仅为好莱坞投资人带来了丰厚的利润，更向全世界输出了美国的文化。文化的核心是价值观念，价值观作为最深层次的文化，是通过人们的行为取向及对事物态度反映出来的，是驱使人们行为的内部动力。好莱坞电影的成功源于成熟的商业制作模式以及资本的作用。电影是文化的产物也是文化的载体，此外，城市空间景观的生产也成为特定的文化产品，一些著名的大城市迅速成为文化生产的重要中心。例如，伦敦从 18 世纪的工业城市转变为 20 世纪后半叶的国际性金融产业城市、创意产业城市、旅游城市后，伦敦从金融业再向创意之都转变，促进了广告业、电影业、创意业在伦敦的发展。市民的就业方式也从以蓝领为主逐步更新为白领为主；劳动方式从体力劳动为主更新为脑力劳动为主；城市的空间特征成为文化展示、创造、传播的重要平台，城市开始展现了一种崭新的城市形态。

7.2.5　经济价值：私人和公共领域的资产配置

城市设计的核心是对城市公共领域的设计，如 1994 年专家提交给澳大利亚总理报告指出的：

1. 城市设计的核心总是集中在"公共领域的质量"。城市设计是城市物质环境的设计，应达到的目的是：便于公众参与和到达，生态健康，有社会影响，有利于经济增长，技术创新和富有"场所意义"。

2. 城市设计应具有功能性、环保性、社会性，作为提高城市和区域质量的工具。具体而言，就是重视公共空间的质量，包括：街道、道路、广场、人行道、街道设施，小品以及公园、喷泉，等等。

3. 城市设计还要重视对历史区域的保存和再利用以及参与社区规划，改善基层社区的环境质量。

4. 城市设计作为一种广泛的公共政策，要对整个城市进行设计。

作为城市更新环境的城市设计，其最易引起争论的核心的问题，是公共领域与私人领域的边界探讨，公共领域是社会公平与广泛参与的价值空间，公共领域也是城市公共空间的重要部分；私人领域涉及私有财产与私人空间，具有创造价值与隐私权利的价值空间。新时期的城市设计涉及私人和公共领域的资产配置，协调和分配空间利益，还会涉及空间产权交易、转移等核心问题。引入经济学的相关空间经济理论，城市设计是效率与公平视角下的空间资源分配。在空间生产领域，空间成为一种商品，资本逐利的需求使得城市设计必须通过空间关系的调整来提高交易的效率，城市设计中首先要界定空间产权，从而激发空间交易的进行。城市设计作为公共资源分配的重要空间工具，更需要发挥"空间正义"的作用。公共空间作为空间配置的结果，起到关联作用，影响到经济、社会关系和城市生活方式等内容。

7.3 城市更新的设计过程

7.3.1 规划评估与实施计划

城市更新设计应建立符合现有规划控制体系的形态逻辑的操作过程，这一过程具有城市设计与制度设计的相关性。在传统的城市设计中，空间逻辑的思考方式是建立在对环境的体验之上的，这里既有规则的理性秩序又有发生学的感性创作。在现代城市更新中，空间逻辑则需要运用城市再开发的演绎原则来建立一个规划空间的推理过程，这一过程中是通过制度设计的融入来实现的，这一过程也是空间利益博弈的过程。

首先，需要多方式、全方位的深入了解更新对象的现实情况与需求意愿的规划评估工作，明确更新对象的基本情况，建立空间要素清单，做好分区控制与指引；

其次，对公共与私人的边际利益做出弹性规定，做好平衡开发与收益的制度激励，对公共开放空间、公共基础设施、历史文化保护等公共利益保障做好政策激励[1]；再次，明确城市更新的实施范围与参与主体，并提出具体各类配建要求、配建标准等；最后，编制城市更新实施方案，需要进行控规调整的修编调整法定规划，控规调整后进入审批、报建程序。此外，除了制度性安排，城市设计师坚守的形态秩序往往在城市更新的过程中起到主导的作用，"以形定量"是城市更新设计落地的重要参照。同时，趋同于政治意愿或资本压力，城市更新的过程中往往会出现有悖形态准则的现象，这也是城市更新不能回避的形态控制问题。此外，也有信息全球化带来的文化趋同化的影响，现在的城市大部分已经不见几十年前的面貌，这一过程中文化破坏与文化趋同同时发生，因此，一个城市更新计划的制度框架尤其重要，它是城市更新设计的制度前提与顶层设计。总之，以上问题都凸显出城市更新的过程中如何塑造独特的地域文化以及独具匠心的设计逻辑的重要性。

参考案例：上海城市更新全生命周期管理

上海城市更新工作实行"区域评估、实施计划和全生命周期管理"相结合的管理制度。对城市更新项目实行土地全生命周期管理，在土地出让合同中明确更新项目的功能、运营管理、配套设施、持有年限、节能环保等要求，以及项目开发时序和进度安排等内容，形成"契约"，主要流程为：（1）区域评估阶段，由主管部门在城市更新范围内组织区域评估，划定城市更新单元，明确公共要素清单，对城市更新区域进行详细摸底，了解城市更新单元的基本情况，为后续城市更新工作的开展提供依据；（2）实施计划阶段，确定城市更新主体，组织编制城市更新项目意向性方案，开展公众参与对意向性方案进行意愿征集，之后编制城市更新单元建设方案，经过公众参与确定最终建设方案。在实施计划报批前，应该将修编、增补后的控规报原审批单位批准；（3）城市更新项目实施，开展城市更新落地工作（表7-1）。[2]

广州、深圳、上海城市更新制度创新比较　　　　　　　　　　　　　表7-1

内容	广州	深圳	上海
机构设置	城市更新局	规划和国土资源委员会（城市更新局直属二级局，本书作者注）	规划和国土资源管理局（城市更新工作领导办公室）

[1] 上海试图通过"契约式"管理，在城市更新中通过建立激励政策加大对开放空间、公共服务设施的提供力度，并保证城市更新项目的公共要素得到落实。上海在城市更新区域评估阶段明确的更新单元公共要素包括城市功能、文化风貌、生态环境、慢行系统、公共服务配套设施、公共开放空间等。
[2] 唐燕，杨东．城市更新制度建设：广州、深圳、上海三地比较 [J]．城乡规划,2018(04):22-32.

内容	广州	深圳	上海
管理规定	城市更新办法	城市更新办法	城市更新实施办法
对象分析	旧城、旧村、旧厂；全面改造、微更新	综合整治、功能改变、拆除重建	旧区、旧工业、城中村；按照市政府规定程序认定的城市更新地区
规划体系	"1+3+N"编制体系	"1+N"编制体系，城市更新单元	城市更新单元
空间管控	功能分区、强度分区等	强度分区、保障性住房、创新产业用房配建，移交公益用地等	公共要素清单、容积率奖励等
政策特点	政府主导，市场运作	政府主导，市场运作	政府引导，"政府—市场"双向并举
运作实施	审批控制、政府收储	审批控制，多主体申报	审批控制，试点示范项目
特色创新	数据调查（标图建库）、专家论证、协商审议等	保障性住房、公共服务配套、创新产业用房、公益用地等	用地性质互换、公共要素清单、社区规划师、微更新等

资料来源：唐燕，杨东.城市更新制度建设：广州、深圳、上海三地比较 [J].城乡规划，2018
（4）:22-32

7.3.2 价值取向与实施导向

实践中的城市更新既有目标导向，也有问题导向，同时更有实施导向，应该说是复合导向下的一种建设实践方式。在增量为主的传统类实施性规划项目中，从理想的空间蓝图到实际的落地方案，"单一性"思维方式主导了空间的建设行为，既根据"政府需求"决定供给产品，主要的业主是政府。但在存量为主的城市更新类项目中，如按照以上方式提供规划蓝图，往往会形成"供给"与"需求"错配。因为在存量为主的城市更新项目中，存在着多元的市场主体，市场主体的诉求又呈现多元化、利益最大化的特征。城市更新的过程实际是一个伴随市场与政府"博弈"的过程，因此，这就要求城市更新中需要考虑"政府"和"市场"两方面的诉求，以"双向性"思维方式主导空间建设行为。

一般来说，城市更新区域的空间问题往往是表象显性特征，更多的是内在隐形的问题，如社会人口复杂、生活安全隐患、公共服务薄弱、基础设施老化等。在具体的城市更新中，政府往往是通过空间的二次营造，进而改善内在的存留问题。城市更新源于城市的空间问题凸显，更因为城市更高目标品质的追求促成城市更新的发生。总之：城市更新源于空间，但又绝不止于空间。

在实施导向下的城市更新实践中，需要通过两个层面推动项目实施："法定化"

与"可操作"。

1. 法定化：我国各地对于城市更新类项目所赋予的角色和地位有所不同，在城市更新尚未建立成熟规则的地区，城市更新类规划往往需要反馈至"详细类规划"项目之中，通过此类法定规划确定改造用地的功能、配套与规模等重要指标。但在深圳等更新走在前列的城市，通过法定机构审批的城市更新类规划可以直接覆盖该片区原有法定规划，大大节省了规划审批和实施的时间。

2. 可操作：城市更新类项目因为存在着多元的权益主体，要求该类规划必须充分考虑既有多元主体的多元诉求，充分了解权益主体的意愿和诉求，明晰其权责与利益，权益边界明确才具有清晰的实施可能。

对于未建立更新成熟规则的地区，在综合考虑基地现状建设情况、宗地[1]情况下，应处理好"三对关系"："政府诉求"与"企业诉求"的关系、"空间设计"与"制度设计"的关系、"规划先行"与"规划伴行"的关系。即城市更新项目要充分尊重业主或企业的需求，处理好政府与企业的需求统一；城市更新设计更是制度的设计，制度设计是保障城市更新是否具备落地条件的关键；规划设计也由增量时期的"规划先行"转变为"规划伴行"的关系，在一定阶段实时调整规划，发挥规划统筹引领的协同作用。

对于已有更新规则的地区，城市更新重点考虑在既有规则下，政府与市场两方所获得的收益，能够达到政府与市场两方的认可，也就具备了项目落地的先决条件。

7.3.3 空间博弈与制度建设

城市更新的实现的主要途径就是通过空间议价为主的方式进行空间博弈，并需要制定合理有效的支撑城市更新的制度体系。城市更新的初衷本为突破土地瓶颈，提高土地的利用率，以存量用地换生态、环境、人才和经济的增量。然而，存量地块成片转型的最大问题就是权属复杂，主体多元。土地用途变更困难、产权关系难以协调、开发利益分配不均等各种困境导致城市更新难以推进施行。因此，需要通过制度建设来规范城市更新行为，通过相应制度来平衡城市更新中的各类利益分配，达到"政企双方"的共赢。

---

[1] 宗地（parcel Of land）是指土地使用权人的权属界址范围内的地块；是土地登记的基本单元，也是地籍调查的基本单元。一般情况下，一宗地为一个权属单位；同一个土地使用者使用不相连接的若干地块时，则每一地块分别为一宗。宗地开发应准确区分宗地内和宗地外的开发程度。

制度建设往往是更新审查、审批部门根据城市发展状况做出的相应安排。在我国国内更新政策趋于成熟的地区无不是根据自身的发展条件和城市的发展目标而不断完善其自身政策体系。

下面以深圳为例，说明拆除重建类城市更新政策制定的价值取向和实施细则。

1. 拆除重建类更新项目基本要求

《深圳市城市更新办法实施细则》（2012）明确实施以拆除重建为主的城市更新，应当以城市更新单元为基本单位，以城市更新单元规划为依据，确定规划要求，协调各方利益，落实更新目标与责任。

拆除重建类更新单元的划定应符合下列条件：

（1）单元内拆除重建用地的面积原则上应当大于 10000 平方米。

（2）城市更新单元内可供无偿移交给政府，用于建设城市基础设施、公共服务设施或者城市公共利益项目等的独立用地应当大于 3000 平方米且不小于拆除范围用地面积的 15%。城市规划或者其他相关规定有更高要求的，从其规定。

（3）确需纳入城市更新单元的边角地、夹心地、插花地等国有未出让用地总面积不得超过项目建设用地面积的 10%，位于特区内的不得超过 3000 平方米。

2. 设定城市更新单元合法用地比例门槛

由于深圳市在快速的城市化过程中存在着大量历史遗留用地问题，2016 年出台的《关于加强和改进城市更新实施工作的暂行措施》（以下简称《暂行措施》）进一步明确：申报拆除重建类城市更新单元的，拆除范围内权属清晰的合法土地面积占拆除范围用地面积的比例（以下简称合法用地比例）应当不低于 60%。合法用地比例不足 60% 但不低于 50% 的，拆除范围内的历史违建可按规定申请简易处理，经简易处理的历史违建及其所在用地视为权属清晰的合法建筑物及土地。位于探索实施土地开发创新模式的坪山中心区范围的，其拆除范围内合法用地比例应当不低于 50%。对于政府确定的重点更新单元，拆除范围内合法用地应不低于 30%。

上文提到的权属清晰的合法类用地一般是指以下五类用地：

（1）具有合法用地手续的用地。主要指国有已出让（协议、招拍挂）用地和国有划拨用地。

（2）城中村用地。主要指非农建设用地、征地返还地、原特区内划拨给原农村集体股份公司的红线用地。

（3）旧屋村用地。根据《深圳市宝安区、龙岗区、光明新区及坪山新区拆除重建类城市更新单元旧屋村范围认定办法（实行）的通知》《关于发布深圳市宝安区、龙岗区规划国土管理暂行办法的通知》（市政府〔1993〕283号文）实施前已经形成的现状仍为原农村旧屋集中居住区域、礼堂、祠堂、农贸市场、公厕等公共设施可以纳入旧屋村范围；厂房、283号文以后建设的私房及公共设施不能纳入。

（4）房地产登记历史遗留处理用地。经《关于印发深圳市处理房地产登记历史遗留问题若干规定的通知》（深府〔2004〕193号文）、《深圳市人民政府关于加强房地产登记历史遗留问题处理工作的若干意见》（深府〔2010〕66号文）处理的房地产登记历史用地。

（5）城市化历史遗留违法建筑处理用地。经过《深圳经济特区处理历史遗留生产经营性违法建筑若干规定》和《深圳经济特区处理历史遗留违法私房若干规定》（2001）（俗称"两规"）以及《关于农村城市化历史遗留违法建筑的处理决定试点实施办法》（2014）（俗称"新两规"或者"三规"）处置的用地。

也就是说在深圳市范围内，以上用地可以算作为权属清晰的合法类用地，对于很多未征转用地，需要经过合法化处理后才能纳入城市更新单元。

3. 城市更新中的公益体现

深圳市城市更新中主要通过无偿移交部分用地给政府、加大人才住房和保障性住房、加大创新型产业用房的供应力度、通过奖励建筑面积鼓励公益性设施建设、提高移交社区级公共服务设施标准等方式来平衡市场的逐利行为。

（1）无偿移交政府用地

城市更新单元内要求可供无偿移交给政府，用于建设城市基础设施、公共服务设施或者城市公共利益项目等的独立用地应当大于3000平方米且不小于拆除范围用地面积的15%。

实操中的城市更新单元土地类型往往多样，并且存在着上文所述的五类合法用地外的很多历史不合规用地，深圳市为了使历史不合规用地在城市更新中得到合法化利用，规定历史用地在城市更新中需要先拿出20%的比例纳入政府储备，剩余80%的历史用地交由继受单位纳入城市更新。以下两个表格用来说明深圳拆除重建类城市更新中历史用地处置办法、拆除重建类城市更新中土地总体贡献计算方法（表7-2、表7-3）。

深圳市拆除重建类城市更新历史用地处置计算表　　　　表 7-2

拆除重建类城市更新项目		处置土地中交由继受单位进行城市更新的比例	处置土地中纳入政府土地储备的比例
一般更新单元		80%	20%
重点更新单元	合法用地比例 ≥ 60%	80%	20%
	> 60% 合法用地比例 ≥ 50%	75%	25%
	> 50% 合法用地比例 ≥ 40%	65%	35%
	合法用地比例 < 40%	55%	45%

合法用地 A　　　历史用地 B　　　最小用地贡献规模 =20%B+（A+80%B）×15%

资料来源：本书作者根据相关资料整理

深圳市拆除重建类城市更新土地总体贡献计算表　　　　表 7-3

拆除重建类城市更新项目		纳入政府土地储备的最小规模	合法用地比例	纳入政府土地储备的最小比例
一般更新单元		20%B+（A+80%B）×15%	60%	21.8%
重点更新单元	合法用地比例 ≥ 60%	20%B+（A+80%B）×15%	60%	21.8%
	60% > 合法用地比例 ≥ 50%	25%B+（A+75%B）×15%	50%	25.625%
	50% > 合法用地比例 ≥ 40%	35%B+（A+65%B）×15%	40%	32.85%
	合法用地比例 < 40%	45%B+（A+55%B）×15%	30%	41.775%

备注：权属清晰的合法土地用地规模为 A，不合规的历史用地规模 B
资料来源：本书作者根据相关资料整理

（2）加大人才住房和保障性住房供应力度

人才住房、保障性住房配建比例。《暂行措施》规定拆除重建类城市更新项目改造后包含住宅的，一、二、三类地区的人才住房、保障性住房配建基准比例分别为 20%、18%、15%，具体比例根据《深圳市城市更新项目保障性住房配建规定》（以下简称《配建规定》）进行核增、核减后确定，其中属于工业区（仓储区）或城市基础设施及公共服务设施改造为住宅的核增比例由 8% 提高至 15%。上述人才住房、保障性住房配建比例提高部分的 50% 对应的建筑面积在城市更新单元规划容积率测算时计入基础建筑面积。具体配建比例见表 7-4。

深圳人才住房、保障性住房配建比例 表 7-4

类型	一类地区	二类地区	三类地区
城中村及其他旧区改造为住宅	20% 12%	18% 10%	15% 8%
旧工业区（仓储区）或城市基础设施及公共服务设施改造为住宅	35%	33%	30%

注：项目位于城市轨道交通近期建设规划的地铁线路站点 500 米范围内的，配建比例核增 3%。
项目属于工业区、仓储区或城市基础设施及公共服务设施改造为住宅的，配建比例核增 8%。
项目拆除重建范围中包含城中村用地的，配建比例可以进行相应核减。核减数值为核减基数与城中村用地面积占项目改造后开发建设用地总面积的比例的乘积。其中，一类地区核减基数为 8%，二类和三类地区核减基数为 5%。前述城中村用地是指符合《深圳市城市更新办法实施细则》第五十六条第一款规定的用地。
城市更新项目土地移交率超过 30% 但不超过 40% 的，保障性住房配建比例核减 2%；土地移交率超过 40% 的，保障性住房配建比例核减 3%。
资料来源：笔者根据相关资料整理

鼓励规划为工业的旧工业区建设人才和保障性住房。规划为工业的旧工业区同时符合以下条件的，可申请按照保障性住房简易程序调整法定图则用地功能，通过城市更新建设人才住房和保障性住房，促进产城融合与职住平衡。①位于规划保留的成片产业园区范围外；②位于已建成或近期规划建设的轨道站点 500 米范围内；③位于原特区内的，用地面积不小于 3000 平方米；④位于原特区外的，用地面积不小于 10000 平方米。

创新人才公寓配建制度。拆除重建类城市更新项目改造后包含商务公寓，位于《配建规定》确定的一、二、三类地区的，建成后分别将 20%、18%、15% 的商务公寓移交政府，作为人才公寓。上述配建的商务公寓建筑面积的 50% 在城市更新单元规划容积率测算时计入基础建筑面积。

（3）加大创新型产业用房的供应力度

2016 年深圳市出台《深圳市城市更新项目创新型产业用房配建规定》，要求拆除重建类城市更新项目升级改造为新型产业用地功能的，应配建创新型产业用房，政府除了拥有优先回购权外，还制定了租售价格定价标准和入驻及配置标准。

该规定要求创新型产业用房的建筑面积占项目研发用房总建筑面积的比例为 12%。配建的创新型产业用房应集中布局，由项目实施主体在项目实施过程中一并建设。项目分期建设的，创新型产业用房原则上应布局在首期。

①一般地区

适用于拆除重建类城市更新项目升级改造为新型产业用地功能（即 M1 改 M0）。创新型产业用房的建筑面积占项目研发用房总建筑面积的 12%。

②高新技术产业园区

城市更新项目位于深圳经济特区高新技术产业园区适用范围内的，配建标准见表7-5。

深圳市高新技术产业园内创新型产业用房配建比例表　　　　表7-5

权利主体	开发方式	配建比例
高新技术企业	自行开发	10%
非高新技术企业	与高新技术企业合作开发	12%
非高新技术企业	自行开发	25%

资料来源：本书作者根据相关资料整理

（4）通过奖励建筑面积鼓励公益性设施建设

依据《深圳市城市更新项目保障性住房配建规定》和《深圳市城市更新项目创新型产业用房配建规定》等要求，按建筑面积比例配建的保障性住房、创新型产业用房，其建筑面积作为奖励建筑面积。按已生效规划及《深圳市城市规划标准与准则》（以下简称《深标》）等要求落实的附建式公共服务配套设施及市政配套设施，其建筑面积作为奖励建筑面积。

（5）提高移交社区级公共服务设施标准

按照深圳市《暂行措施》规定，拆除重建类城市更新项目配建的社区级非独立占地公共设施应满足法定图则、相关专项规划和《深标》要求，涉及的公共设施规模不小于下表确定的规模，需要指出的是该配套要求的规模略高于当前《深标》标准（表7-6）。

社区级公共服务设施（附建）标准　　　　表7-6

序号	项目名称	建筑规模（平方米）	
		《深标》	《暂行措施》附件2
1	社区警务室	20~50	≥ 50
2	社区管理用房	250~300	≥ 300
3	社区服务中心	≥ 400	≥ 400
4	文化活动室	1000~2000	1000~2000
5	社区健康服务中心	400~1000	≥ 1000
6	社区老年人日间照料中心	≥ 300	≥ 750

资料来源：参考深圳市《暂行措施》《深标》进行整理

同时《暂行措施》明确，拆除类城市更新项目需要在上述标准基础上增配

50% 且不小于 1000 平方米的社区级公共配套用房，具体功能在建设用地规划许可前明确。

4. 保障城市产业空间供给

（1）降低准入标准

深圳市《暂行措施》规定，对于旧住宅区申请拆除重建，建筑物建成时间原则上应不少于 20 年；旧工业区、旧商业区申请拆除重建城市更新的，建筑物建成时间原则上应不少于 15 年。对于符合城市产业发展导向，因企业技术改造、扩大产能等发展需要且通过综合整治、局部拆建等方式无法满足产业空间需求，在 2007 年 6 月 30 日前建成的旧工业区（未满 15 年），经区政府组织研究论证，也可申请拆除重建，但更新改造方向应为普通工业用地（M1）；同时因规划统筹和公共利益需要，旧工业区、旧商业区中部分建成时间未满 15 年的建筑物，符合以下条件之一的，也可纳入城市更新单元拆除范围进行统筹改造：

①建成时间未满 15 年的建筑物占地面积之和原则上不得大于 6000 平方米，且不超过更新单元拆除范围用地面积的三分之一。宗地内全部建筑物建成时间未满 15 年的，其占地面积为该宗地面积；宗地内部分建筑物建成时间未满 15 年的，按其建筑面积占宗地内总建筑面积的比例折算其占地面积。

②城市更新单元公共利益用地面积原则上不小于拆除范围用地面积的 40%，或者该城市更新单元涉及法定规划要求落实不小于 6500 平方米独立占地的公共服务设施及落实政府急需建设的轨道交通、次干道及以上道路、河道整治等基础设施。

（2）多渠道鼓励旧工业区提容

旧工业区除拆除重建外，还可通过综合整治为主的方式，融合功能改变、加建扩建、局部拆建等方式进行城市更新，增加生产经营性建筑面积。

综合整治类旧工业区更新在符合城市产业发展导向和法定图则用地功能、地上建筑物建成时间不少于 10 年，可以通过 3 种方式实现提容：属于在原有建筑结构主体上进行加建的，加建的规模不得导致对原有结构安全和消防安全产生影响，规模不受具体限制；属于空地扩建的，扩建范围内新批准的容积率不超过综合整治范围内现状合法容积率的两倍；属于局部拆建的，拆除范围面积不超过综合整治用地面积的 15% 且不大于 5000 平方米，拆除范围内新批准容积率按《深标》执行。

5. 提高土地利用效率，规范容积率

深圳市城市政府要求的土地贡献率其实是以容积率退让或奖励容积率的方式

实现的,对土地贡献率的容积率补偿是城市更新补偿性政策的重要组成部分。在容积率补偿政策下,容积率应与贡献率呈现正相关关系,土地贡献率制度对公共利益应该起到实际保障作用。但是容积率补偿并不是没有极限,过高的容积率补偿实际是以城市未来发展的整体风险为代价,过高的土地贡献率也间接的损害了公共利益。根据《深圳市拆除重建类城市更新单元规划容积率审查规定》,规划容积由基础容积、转移容积、奖励容积三部分组成。

(1)基础容积

地块基础容积按照《深标》关于密度分区与容积率的有关规定进行测算。其中,涉及以下情形的,应按以下规定测算:

①地块规划为单一用地性质的,按主导用途进行测算,其兼容功能不纳入测算;

②居住、商业功能的混合用地,地块基础容积测算中居住功能占地块基础容积的比例取值如下:居住功能为第一主导功能的按60%取值;居住功能为第二主导功能的按40%取值。测算后,地块最终建筑功能实际比例可依据《深标》关于土地混合使用的有关规定具体确定(表7-7~表7-9)。

商业服务业用地基准容积率标准 表7-7

分级	密度分区	《深标》基准容积率
1	密度一区	5.4
2	密度二区	4.5
3	密度三区	4.0
4	密度四区	2.5
5	密度五区	2.0

居住用地基准容积率标准 表7-8

分级	密度分区	《深标》基准容积率
1	密度一、二区	3.2
2	密度三区	3.0
3	密度四区	2.5
4	密度五区	1.5

工业用地基准容积率标准 表7-9

分级	密度分区	《深标》基准容积率
1	密度一、二、三区	4.0
2	密度四区	2.5
3	密度五区	2.0

资料来源:《深圳市城市规划标准与准则》(2018)

（2）转移容积

根据《深圳市拆除重建类城市更新单元规划容积率审查规定》（深规划资源规〔2019〕1号），符合以下情形的，可计入转移容积（转移容积是指城市更新单元内按本规定可转移至开发建设用地范围内的容积。）。

城市更新单元拆除用地范围内经核算的实际土地移交用地面积（含无偿移交的历史建筑及历史风貌区用地面积、不含清退用地面积）超出基准土地移交用地面积的，超出的用地面积与城市更新单元基础容积率的乘积作为转移容积。

其中，移交用地具有以下情形之一的，再增加该类型移交用地面积与城市更新单元基础容积率乘积的30%计入转移容积：

①在符合国家、广东省及深圳市相关设计标准规范的前提下，在法定规划的基础上额外落实或扩大片区所需的小学、初中或九年一贯制学校用地的，移交用地面积按照额外落实的或扩大的用地面积确定。如法定规划仅规定学校班数而未明确用地面积的，则学校用地面积基数按《深标》规定的中间值核算；

②落实高中、综合医院用地的，移交用地面积按照高中、综合医院用地面积确定；

③在法定规划基础上额外落实占地面积不小于3000平方米的文化设施用地的，移交用地面积按照文化设施用地面积确定；

④保留已纳入市政府公布的深圳市历史风貌区、历史建筑名录或市主管部门认定为有保留价值的历史风貌区或历史建筑，且实施主体承担修缮、整治费用及责任，并将土地及地上建、构筑物产权无偿移交政府的。规划申报主体应当根据经批准的更新单元规划历史文化保护与利用专项研究要求，制订历史风貌区或历史建筑修缮及整治实施方案，报辖区政府（含新区管委会）审定，并由辖区政府（含新区管委会）指定具体部门接收完成修缮整治后的相关产权。

（3）奖励容积

奖励容积是指为保障公共利益目的的实现而增配的容积，符合以下情形的，可计入奖励容积：

①开发建设用地中，依据《关于加强和改进城市更新实施工作的暂行措施》《深圳市城市更新项目保障性住房配建规定》和《深圳市城市更新项目创新型产业用房配建规定》等规定配建的安居型商品房、公共租赁住房、人才住房及创新型产业用房等政策性用房，除明确规定计入基础容积的，其余建筑面积计入奖励容积。

在上述规定外增配的安居型商品房、公共租赁住房、人才住房及创新型产业用房等政策性用房，其建筑面积不作为奖励容积。

②开发建设用地中，按法定规划及《深标》《暂行措施》等要求落实的附建式公共服务设施、交通设施及市政设施，其建筑面积计入奖励容积。其中，社区健康服务中心和社区老年人日间照料中心，按其建筑面积的 2 倍计入奖励容积；垃圾转运站（含再生资源回收站、环卫工人作息房、公共厕所）和变电站，按其建筑面积的 3 倍计入奖励容积。

③城市更新单元内为连通城市公交场站、轨道站点或重要的城市公共空间，经核准设置 24 小时无条件对所有市民开放的地面通道、地下通道、架空连廊，并由实施主体承担建设责任及费用的，按其对应的投影面积计入奖励容积。

④城市更新单元拆除用地范围内，保留已纳入市政府公布的深圳市历史建筑名录或市主管部门认定有保留价值的历史建筑，但不按照第五条第二款第一项要求移交用地的，按保留建筑的建筑面积的 1.5 倍及保留构筑物的投影面积的 1.5 倍计入奖励容积。规划申报主体应同时制订历史建筑修缮及整治实施方案报辖区政府（含新区管委会）审定，并由实施主体承担保留建、构筑物的活化和综合整治责任及费用。

⑤市政府规定的其他奖励情形。上述奖励容积之和不应超出基础容积的 30%。因配建安居型商品房、公共租赁住房、人才住房所核算的奖励容积超出基础容积 20% 的部分可不受本款限制。

（4）特殊地区容积率计算方式

已批准列入更新计划的城中村、旧屋村、旧住宅区规划建筑面积的审查应综合考虑住房回迁、项目可实施性等因素。符合一定条件的城中村、旧屋村城市更新项目，可按表 7-10 净拆建比参考值对规划建筑面积进行校核。

净拆建比参考值   表 7-10

拆除范围用地面积（公顷）	净拆建比参考上限值
用地面积 ≤ 10	1.9
10 ＜用地面积 ≤ 20	2.0
20 ＜用地面积 ≤ 30	2.1
30 ＜用地面积 ≤ 40	2.2
用地面积 ＞ 40	2.3

a. 净拆建比是指项目规划建筑面积扣减政策性用房和公共配套设施、市政设施等建构筑物面积后与拆除范围内现状建筑的比值。

b. 对于现状容积率超过 2.5 的城中村、旧屋村、除因落实重大城市基础设施和公共服务设施需要外，应审慎纳入拆除重建类城市更新。

注：①《深圳市城市更新单元规划容积率审查规定》（深规划资源规〔2019〕1 号）发布前已经列入城市更新计划。
②拆除范围内现状容积率不低于 2.5。
③城中村、旧屋村合法用地占拆除范围的比例原则上不低于 70%。

参考案例：容积率计算方式：《深圳市某地区城市更新单元规划》

1. 基础开发量

（1）密度分区确定基准容积率

根据《深圳市城市规划标准与准则》（2018 局部修订稿）（以下简称《深标》）规定，更新单元位于密度二区，按照容积率等级区间，居住用地的基准容积率为 3.2，商业用地的基准容积率为 4.5。

（2）地块规模容积率修正

按照《深标》容积率修正方案，地块容积率和地块规模大小有关，一般情况下，居住用地、商业服务业用地的基准用地规模宜按表 7-4 执行。地块小于等于基准用地规模时，地块容积及容积率不进行折减。地块面积大于基准用地规模时，地块修正系数按每增加 0.1 公顷折减 0.005 累加计算，不足 0.1 公顷按 0.1 公顷修正，最大折减值小于等于 0.3（表 7-11）。

居住用地与商业用地基准用地规模　　　　　　表 7-11

用地功能	基准用地规模
居住用地	2 公顷
商业服务业用地	1 公顷

（3）周边道路容积率修正

根据《深标》规定，居住用地、商业用地地块容积率应根据地块周边道路情况进行容积率修正。根据地块与周边城市道路的关系，周边道路修正系数依据地块周边毗邻城市道路的情况分为一边、两边、三边和周边临路等四类（表 7-12）。

周边道路修正系数　　　　　　表 7-12

地块类别	一边临路	两边临路	三边临路	周边临路
修正系数	0	+0.10	+0.20	+0.30

（4）地铁站点容积率修正

根据《深标》规定，居住用地、商业服务业用地地块容积率应根据地块周边地铁站点数量及覆盖情况进行容积率修正。车站类型分为多线车站（2 站及以上）、单线车站两类；以站台几何中心作为规定半径计算基点，规定半径分为 0 ~ 200 米、200 ~ 500 米两个等级；对跨越不同规定半径的地块，宜依据相应的修正系数和影响范围面积加权平均，折算到整个地块；同一车站的地铁站点修正系数及不同车站重叠覆盖的情形宜按表 7-7 的规定确定；远期实施的地铁线路站点原则上不考虑修正（表 7-13、表 7-14）。

同一车站的地铁站点修正系数　　　　　　表 7-13

	距离站点（米）	车站类型	
		多线车站	单线车站
修正系数	0 ~ 200	+0.7	+0.5
	200 ~ 500	+0.5	+0.3

不同车站重叠覆盖的地铁站点修正系数　　　　　　　　表 7-14

	a1	a2	b1	b2
a1	+0.7	+0.7	+0.7	+0.7
a2	+0.7	+0.5	+0.5	+0.5
b1	+0.7	+0.5	+0.5	+0.5
b2	+0.7	+0.5	+0.5	+0.3

注：a1 代表多线车站 0～200 米覆盖范围，a2 代表多线车站 200～500 米覆盖范围，b1 代表单线车站 0～200 米覆盖范围，b2 代表单线车站 200～500 米覆盖范围。

综上，根据混合用地容积率的确定方法将该区位上各类功能用地对应的地块容积率按拟混合的建筑面积比例进行加权平均。其中，按照新的《深圳市拆除重建类城市更新单元规划容积率审查规定》，居住、商业功能的混合用地，地块基础容积测算中居住功能占地块基础容积的比例取值如下：居住功能为第一主导功能的按 60% 取值。则计算公式为：

FA 基础混合 = FA 基础 1×K1+FA 基础 2×K2……；

式中：FA 基础混合—为该地块各类功能基础容积之和。

FA 基础 1、FA 基础 2……——分别为该地块基于各类单一用地功能的地块基础容积；

K1、K2……——分别为该地块各类功能的地块基础容积混合修正权重。

根据测算，改片区基础建筑量为 703814.6 平方米，基础平均容积率为 5.214（表 7-15）。

各地块基础开发量测算　　　　　　　　表 7-15

地块号	用地面积（平方米）	用地功能	混合修正系数	基准容积率	用地规模修正系数	周边道路修正系数	地铁站点修正系数	修正后容积率	总建筑面积（平方米）
01-01	25060.0	居住	0.722	3.2	-0.025	0.3	0.300	4.88	122368.9
		商业	0.278	4.5	-0.075	0.3	0.300		
01-02	16394.2	居住	0.720	3.2	0	0.3	0.265	4.99	81865.7
		商业	0.280	4.5	-0.035	0.3	0.265		
01-03	10786.7	居住	0.677	3.2	0	0.1	0.000	3.97	42860.7
		商业	0.323	4.5	-0.005	0.1	0.000		
01-04	18698.1	居住	0.724	3.2	0	0.3	0.300	5.02	93816.0
		商业	0.276	4.5	-0.045	0.3	0.300		
01-05	19893.4	居住	0.723	3.2	0	0.3	0.300	5.01	99668.3
		商业	0.277	4.5	-0.05	0.3	0.300		
02-01	23421.8	居住	0.706	3.2	-0.02	0.2	0.284	4.74	111016.7
		商业	0.294	4.5	-0.07	0.2	0.284		
03-01	20718.5	居住	0.000	0	0	0	0.000	7.35	152218.3
		商业	1.000	4.5	-0.055	0.3	0.329		

2. 转移开发量

本次规划合法手续完善用地面积为 254027.0 平方米，依据《深圳市 ×× 区城市更新局关于 ×× 片区城市更新单元拆除范围内土地及建筑物信息核查意见的复函》，拆除范围内权属清晰土地为 206196.66 平方米，未征未转用地面积为 59787.91 平方米，测算中此部分按虚拟处置 20% 移交政府，80% 交由继收单位进行城市更新，这部分用地面积为 47830.33 平方米。纳入零星用地面积为 2895.0 平方米，开发建设用地面积为 134972.7 平方米，实际移交用地面积为 121949 平方米，合法手续用地面积 15% 移交政府用地面积为 38104.0 平方米，已批未建国有未出让地腾挪后作为道路用地使用用地面积为 1241.4 平方米，可转移建设量的用地面积为 121949−1241.4−38104.0=82603.6 平方米。此外，本次规划落实占地面积为 38503.4 平方米的教育设施用地，其多于法定图则规划的 22898.98 平方米教育设施用地的部分可另外转移 0.3 倍的建筑量。另外，按照《深圳市城市更新清退用地处置规定》，清退用地的转移建筑面积，转移至出让给实施主体进行开发建设的用地，转移建筑面积按照实际土地移交率最高不超过 30% 核算，本次更新单元规划土地移交率为 53.2%，因此按照 15% 的土地贡献测算清退用地转移建筑量的用地面积为 18963.2×0.15=2844.5 平方米。

因此本项目的转移开发量面积为（82603.6 ＋ 15604.4 × 0.3+2844.5）× 5.214 ＝ 469982 平方米。

3. 奖励开发量

（1）保障性住房奖励

按照暂行规定，保障性住房配建比例提高部分的 50% 对应的建筑面积列入基础建筑建筑面积，则可作为奖励的建筑面积为 101975−685525×（14.88%−6.88%）/2=74554 平方米。

（2）人才公寓设施奖励

依据《暂行措施》，本更新单元位于"二类地区"，移交比例为商务公寓建筑面积的 18%。则需配置的人才公寓建筑面积为 161755×18%=29116 平方米。其中 50% 在城市更新单元规划容积率测算时计入基础建筑面积，则可作为奖励的建筑面积为 29116/2=14558 平方米。

（3）公共服务设施及市政配套设施奖励

本项目共配建公共服务设施 40780 平方米，其中 3000 平方米的变电站于绿地中附建，300 平方米的垃圾转运站结合绿地设置，此两部分不作为奖励，则可作为奖励的面积为 37480 平方米。此外，社康中心、社区老年人日间照料中心（社区'夕阳红'都市养老服务中心）再奖励一倍，为 3500 平方米，垃圾转运站、公共厕所、再生资源回收站、环卫工人休息房再奖励 2 倍，为 1360 平方米，则这部分总奖励面积为 42340 平方米。

（4）架空连廊奖励

按照《深圳市拆除重建类城市更新单元规划容积率审查规定》城市更新单元内为连通城市公交场站、轨道站点或重要城市公共空间，经核准设置 24 小时无条件对所有市民开放的架空连廊，由实施主体承担建设责任及费用的，其对应的投影面积计入奖励容积。本规划在木棉湾地铁站与公交首末站之间设置 24 小时开放的架空连廊，投影面积为 984 平方米，这部分可作为奖励建筑面积。

4. 容积测算

综上所述,测算项目容积为:703815+469982+132736=1306533平方米,测算容积率为9.68。

资料来源:本书作者

6. 其他政策规定

（1）城市更新的政策地价体系

深圳通过整合地价标准类别,简化城市更新项目地价测算规则,建立以公告基准地价标准为基础的地价测算体系。在保持城市更新地价水平相对稳定的前提下,城市更新地价测算逐步纳入全市统一的地价测算体系。

深圳市城市更新地价政策公告基准地价和市场评估价作为缴纳地价的标准,根据改造前后的土地用途及建筑物功能差异,分类计算应缴纳的地价。深圳经由《深圳市宗地地价测算规则（试行）》（深规土〔2013〕12号），结合《深圳市城市更新办法》（深圳市人民政府令（第211号））、《深圳市城市更新办法实施细则》（深府〔2012〕1号）、《关于加强和改进城市更新实施工作的暂行措施》（深府〔2014〕8号，以下简称《暂行措施》）、《市规划国土委关于明确城市更新项目地价测算有关事项的通知》（深规土〔2015〕587号）等规范性文件构成了较为完善的城市更新地价政策体系。

目前的城市更新地价政策,城市更新项目地价因改造类型的不同对应不同的地价标准,总体而言,除城中村（旧屋村）外,对于改造前的原有合法建筑面积以内部分按公告基准地价标准计收（工改工项目不计收），改造后增加的建筑面积,按相应公告基准地价标准计收（工业区升级改造为经营性用地的，按评估地价标准计收）。

地价计收基准容积率（R 地价基准）计算公式如下:

$$R_{地价基准} = \frac{1-\text{基准土地移交率}}{1-\text{实际土地移交率}} \times R_{深标基准}$$

在地价计收基准建筑面积以内的部分适用公告基准地价计收；超出部分住宅按照2.5倍公告基准地价计收，其他功能按照2倍公告基准地价计收。

（2）保障性住房核增与核减

《深圳市城市更新项目保障性住房配建规定》改造方向为居住用地的保障性住房配建比例在基准比例的基础上，按照以下规定进行核增或核减（图7-9）。

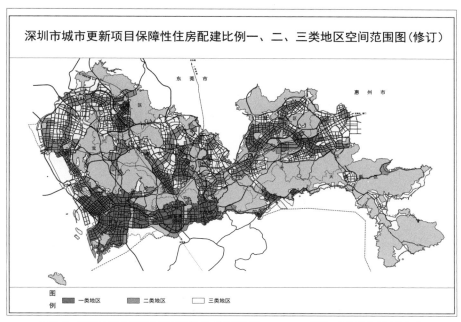

图 7-9 深圳市城市更新项目保障性住房配建比例一、二、三类地区空间范围图（修订）
图片来源：深圳市规划和自然资源局网站

①配建基准比例：一类地区的基准比例为 12%；二类地区的基准比例为 10%；三类地区的基准比例为 8%。

②配建核增的情况：项目位于城市轨道交通近期建设规划的地铁线路站点 500 米范围内的，配建比例核增 3%；项目属于工业区、仓储区或城市基础设施及公共服务设施改造为住宅的，配建比例核增 8%；

③配建核减的情况：项目拆除重建范围中包含城中村用地的，配建比例可以进行相应核减。核减数值为核减基数与城中村用地面积占项目改造后开发建设用地总面积的比例的乘积。其中，一类地区核减基数为 8%，二类和三类地区核减基数为 5%；城市更新项目土地移交率超过 30% 但不超过 40% 的，保障性住房配建比例核减 2%；土地移交率超过 40% 的，保障性住房配建比例核减 3%。

7.3.4 方案沟通与项目汇报

城市更新项目在实际编制中大体上可分为项目建议书阶段、初步方案阶段、中期方案阶段、送审成果阶段和项目报批阶段。在每个阶段中，技术人员所面对的对象、解决的主要问题各有侧重。

1. 项目建议书阶段

项目建议书阶段我们需要判断委托主体对更新项目的价值取向和意欲取得的成效。当委托主体是市场时，侧重了解市场关心的"规模"和"功能"等核心问题。当委托主体是政府时，应侧重了解政府关心的公共利益所在。一个完整的建议书应该包括项目背景、更新范围、工作内容、成果构成、进度安排、团队配备、费用计取等几部分核心内容。

项目建议书是技术服务单位对项目判断的第一步，重点在于和业主方沟通其核心关切所在，达成技术共识与商务共识。

2. 初步方案阶段

初步方案阶段的重点是明确城市更新中的重点问题，如产业发展、用地功能、公共配套、开发建设量、利益分配等。针对初步方案确定的规划核心，与委托方进行沟通。在此阶段委托方往往重点关注各自关切所在，并力图达到利益最大化，但更新类规划往往是平衡式规划，需要综合统筹考虑各方诉求，并解决现实问题，也因此需要良好的沟通技巧，平衡各方诉求，以"底线思维"明确方案调整方向，并与委托方达成共识。

初步方案是技术服务单位对更新项目深入剖析的第一步，这个阶段往往是发现更新项目重点与难点的关键阶段，也具有一定的"试探性"特征，尤其是市场委托项目，是试探市场获取利益底线的重要节点，需要技术人员从公共视角出发，掌握技巧与市场主体博弈。

3. 中期方案阶段

中期方案阶段基本形成了完整的技术框架和内容，此阶段需要有较好的逻辑叙事体系，并提出下一步推进中应明确的重大问题。在此之前往往核心关切已得到委托方的认可，此阶段重点是阐述更新方案的合理性，这时候面对的沟通主体可能包含开发主体、审批主体和其他利益相关方，是汇聚众多方面意见建议的重要阶段。

在中期方案阶段技术服务单位应秉承"立场中立、公益优先"的原则，与各方面进行汇报沟通，收集公众意见，达成广泛共识。

4. 送审成果阶段

送审成果阶段技术服务单位面对的主要对象是更新项目审查、审批部门，在此阶段应重点说明更新是否合乎政策体系、是否有利于改变民生、是否有利于提升城市品质和功能、是否有利于集约利用土地等内容。更新审查、审批部门会利用更新政策、城市战略等标尺，衡量项目是否具备下一步实施的可行性。

在此阶段，技术服务单位可能面临多轮、多层级的沟通与汇报，应了解各层级审查、审批部门关注的重点，对不同的关注重点进行积极回应。

5. 项目报批阶段

项目报批阶段技术单位主要负责配合委托方完善各类报批手续，完善各类成果构成，进行项目申报。

7.4 城市更新与设计的教学实践

城市未来发展的空间需求将大量通过存量用地的更新利用来满足，这对传统上偏重增量设计为主的城市设计课程设置带来了挑战。在城市设计的教学中，如何有效地融入城市更新的认识、内容、方法与手段，以形成城市形态更新设计的方法路径是我们应该重点关注的。

7.4.1 城市更新的设计思维

好的设计是成功的城市更新的必要条件，但不一定是充分条件[1]，但是，好的设计一定是解决城市更新问题最直接有效的工具。存量阶段的城市设计关注城市整体形态的完善、环境品质的优化、城市活力的提升和空间特色的塑造，这些方面都是城市设计领域的核心内容，同时立足城市更新的城市设计方法有着更综合的设计组织：在专业指向上，城市设计作为组织空间要素的重要方法，不仅能够为城市更新所面临的问题提供空间资源载体，还能够协助城市更新从政策性走向实施性；在方法手段上，城市设计针对问题现象进行城市修补，较城市更新而言其目标导向更明确且具体，通过高质量的公共领域优化来保障场所塑造、社会公平和阶层融合；在运行的方式上，城市设计需学会城市更新中所运用的沟通的技巧、博弈的手段、运营的规则、资本的运作等途径达成空间的设计战略和治理目标的实现，城市设计

[1]（英）约翰·彭特. 城市设计及英国城市复兴 [M]. 孙璐，李晨光，徐苗，杨震译. 武汉：华中科技大学出版社. 2016.

更非单纯的空间设计，它是与再开发、运营、治理相结合的综合性设计。

城市更新设计组织的空间逻辑主要体现在下面四个方面：第一，城市更新"以形定量"，通过依托空间资源，收敛空间问题，提出解决方案，支持开发控制决策；第二，城市更新"借量生利"，通过借助容积率补偿、开发权转移等手段平衡城市公共利益与私人开发的矛盾，实现保护与发展权的最优结果导向；第三，城市更新"以利提质"，经验告诉我们一个好的公共领域能够产生价值，城市设计正是通过高品质公共领域塑造，优化城市形象凝聚地方政府、开发运营商、本地居民的发展意愿，达成更新目标；第四，城市更新"以质促融"，城市设计通过市场化的手段综合解决城市社会、经济和文化等方面的问题，借助设计导则的引入、作为沟通交往的工具来加强城市问题与空间设计的逻辑联系，从空间、环境和人的行为感知等方面深层次作用于城市更新，促进城市更新的价值引导、利益协商、社会公平与公众参与。

高度城市化的社会环境日趋多元复杂，需要包容共存，城市设计师的思维方式需要改变，城市更新的设计评价与目标取向也因之改变。城市更新设计更加注重复合因子下的最优结果导向——主要从空间形态、功能组织、设施配置、公众需求、社会效益等方面进行优化，通过协调既有更新主体对空间利益进行重组和再分配来实现。在空间利益的博弈过程中，为避免利益重组陷入僵局的局面，就应重视并寻求社会效益、环境效益和经济效益的综合目标的达成途径。因此，城市更新设计形成了空间更新模式多元化、空间利益分配作用于空间组织、结合法定规划作为实现的工具手段，强调以人为本、重视公共利益保障等特点的综合设计过程。进而，城市更新设计必须要综合考虑诸多底线思维，如拆除重建的划定原则、容积率博弈基准以及开发量测算、片区统筹的规则划定等，并且，对于更新政策解读与公共政策有效制定成了重要的更新，如综合整治政策解读、土地整备政策解读、具体城市更新政策的制定等。

7.4.2 城市更新的教学设计

教学设计难点：城市更新的教学设计难点是要充分考虑到城市发展环境的具体情境，充分体现城市更新设计的工具价值——通常需要通过规划、策略和框架的设计为开发参与者打造更优的决策环境，并通过制度的设计如财政补贴、容积率奖励或基础设施供给等奖惩措施来达到开发和调节的目的。

教学设计目的：围绕存量阶段城市设计的问题应对与现实特征，使学生能够建立在空间分析的基础上体验不同的制度设计所形成的发展框架的优缺点，有的放矢地提出相应的更新规划策略与公共政策，从而掌握立足决策环境设计的城市更新设计的基本方法与实践程序。

教学设计要求：

1. 突出更新形态的多样性、包容性的用地选择。城市设计项目用地的选择考虑到覆盖多种功能类型的用地多样性，可涉及建成区旧城开发、历史文化保护、工业棕地更新、文创改造、城中村改造等相关更新内容应对不同的城市更新模式。更新项目由学生自主选择，培养学生观察城市、体验城市的基础能力，加强学生对城市更新的理解，拓展思考理论方法在城市更新实践中的运用。

2. 探讨更新类城市空间调查分析方法的运用。通过先于城市设计课设置开放式研究型设计课程，专题性探讨更新用地社会空间的现实问题，运用城市空间分析、统计分析，运用社会调查方法等，通过空间问题识别、利益需求判断等结合更新理论与实践问题进行探索与创新拓展，提出相应的设计对策响应以指导下一步的设计实践。

3. 强调开放式、研究型设计相结合的原则。开放式教学强调以学生为主体，指导教师和学生之间建立多层次和全过程的互动关系，鼓励双师型教师团队和实践型企业规划师的开放辅导；研究型教学指不满足用一般的设计原理进行教学和技能训练，而要在此基础上主张学生对某一主题进行深入的研究，拓展思维的深度和广度。

4. 探讨情景式教学 COSPLAY 场景模拟的互动过程。城市更新的理念、思路、内容、方法与参与方式，都要求在城市设计教学中多角度、多维度、系统性地予以体现。对于更新项目中涉及的利益主体的多目标诉求，通过前期调研与资料收集，并通过情景模拟的方式回应城市更新的现实需求，使学生们在情境中思考相关城市更新问题的分析和解构能力。

5. 针对城市更新表象背后的存量资产重构、社会公平、公众参与等深层次问题分析，引导学生体会空间生成逻辑，通过软件要素与空间载体的复合式设计，形成空间分析、设计、表达的多方案成果内容。例如，分析人群需求、人群行为，通过设计交流和参与式设计形成空间留改范围，进而生成体现不同更新政策与行动策略的差异化成果。最后，通过最优化成果胜出的博弈过程，了解城市更新设计的价值逻辑与有机更新的空间生成机制等问题（图 7-10、表 7-16）。

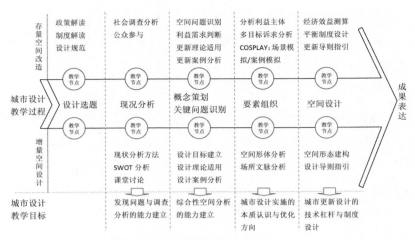

图 7-10 城市更新设计的教学过程

图片来源：本书作者

应对不同更新类型的城市设计教学设计框架　　　表 7-16

板块	主题	授课方式	主要内容	分工与建议		备注
第一阶段	开题	讲授	1. 课程简介及要求 2. 解读关键概念 3. 讲解任务书	集中授课		
	调研	调研	4. 调研要求及分组	分组		
		调研	5 现场调研	任务分组		教师共同调研
第二阶段	现场调研	调研	1. 建筑环境评价 2. 居住使用 3. 用地与空间结构 4. 社会群体走访	分组调研、分工合成		利用课余时间教师共同参与调研
				空间环境	居住使用	
			5. 交通系统／道路／设施	道路交通	设施评价	
			6. 生产／生活服务设施	设施调查	适宜性评价	
			7. 现状问题汇总分析	统计分析	问题提炼	
		部门走访	8. 提升改造清单收集	资料收集		实际走访或教师提供
		调研	9. 居民问卷调查	问卷调查、问题分析		满足样本数量
第三阶段	解读分析	小组汇报场景模拟	1. 相关规划要求 2. 相关技术标准 3. 城市更新制度分析	分组研究汇报 产生辩论、确定空间对策		解读相关法规政策文件
			4.COSPLAY：规划沟通	角色扮演、场景模拟		社会公平意识
			5. 补充调研	完善现状认知		教师指导
第四阶段	设计响应	分组辅导场景模拟	1. 设计应对	问题导向——设计应对		教师指导
			2. 公共政策	分组研究不同政策导向		教师指导
			3. 议价策略、制度设计	分组研究不同制度设计		教师指导
			4. COSPLAY：空间博弈	更新主体博弈场景模拟		各组角色互换

续表

板块	主题	授课方式	主要内容	分工与建议	备注
第五阶段	更新设计	分组辅导	1. 设计一草 2. 设计二草 3. 设计三草 4. 提升改造项目库	空间资源梳理 空间设计方案 奖励制度建议 规划策略框架	教师指导 形成专题
			5. 互动反馈	各小组内部互审	教师指导
			6. 成果与策略	典型讲评	教师指导
			7. A4 图册、报告	分工合作	设计闭合
第六阶段	成果汇报	专家点评	1. 设计成果 2. 专题报告	教师指导	成果完成
			3. 公示与居民问卷反馈	居民投票访谈	统计分析
			4. 课程点评	集体讲授	收图

资料来源：本书作者

7.4.3 课程设计的作业范例

学生课程设计作业："广州最美老街"西关恩宁路历史街区城市更新设计——设计者徐梓雅、袁皞（图7-11）。

第一阶段：选题开题

问题识别：诞生于1931年的恩宁路，被誉为"广州最美老街"。在2007年7月，恩宁路骑楼曾被列入拆迁范围，引起市民强烈反对，后广州市政府宣布保留全部骑楼街。直到2012年12月，恩宁路地块被列入广州市第23片历史文化街区。但如今，走进恩宁路老街区，旧楼残破，砖瓦遍地，传统的西关大屋，逐渐被一栋栋在建的摩天大楼所取代。拆迁活动引起的原住民流失使邻里街巷间的交流逐渐丧失。恩宁路是否还有属于它的最美时光？

第二阶段：现场调研

区位分析：恩宁路街区位于广州荔枝湾（俗称西关）一带，东与宝华路历史文化街区和上下九—第十甫路历史文化街区接壤，且与广州市著名的商业步行街——上下九商业步行街相邻；西与昌华大街历史文化街区接壤，北与多宝路历史文化街区接壤；东与风光旖旎的荔枝湾、荔湾湖风景旅游区相邻（图7-12）。

历史沿革：清朝以前，广州城近郊，古称西郊或西园，水乡泽国。清至民初，"一口通商"政策及广州古城发展趋势使得广州的经济贸易核心向西关转移。大量人口聚集推动新区建设，恩宁路街区成为新兴"商品房"住宅区。民国中期，西关

图 7-11　西关历史街区线描
图片来源：徐梓雅、袁皞

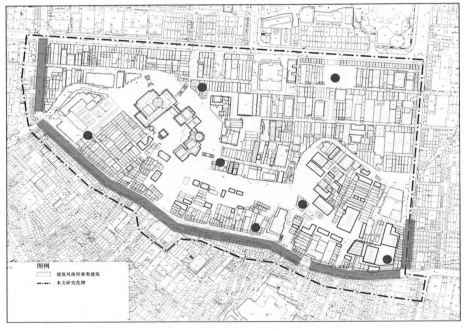

图 7-12　西关历史街区现状调研
图片来源：徐梓雅、袁皞课程设计成果

商贸繁盛，为满足交通需求，对街区进行整改，沿恩宁路两侧修建商住混合的骑楼，街区内部为连片的低矮密集的民居，以竹筒屋和民国洋房为主，其建筑质量参差不弃。2006-2014 年，广州"中调"战略下，实施街区危房改造，不合理的更新改造方式令部分历史风貌遭受破坏。而截至 2010 年，恩宁路大面积拆迁停滞，形成"拆迁烂尾"的怪状，大量居民"被成为"钉子户。

现场调研：西关文化——粤剧、武术、美食等传统文化艺术丰富，骑楼保护建筑、名人故居等聚集，是西关风情、市井生活景象的缩影。物质文化有骑楼风貌、文保建筑、"麻石板街"。非物质文化有粤剧、武术、打铜工艺。

问卷与访谈：原住民、外来租客、游客……

第三阶段：解读分析

生活环境：基础设施落后、公共空间稀缺、房屋破败闲置、道路通行受阻、建筑风貌异化；

历史文化：历史记忆破碎、传承方式单一、文化精神消逝；

活力创新：原住人口流失、文化知名度降低、活力元素匮乏、社区营造不足。

第四阶段：设计响应

通过对更新项目的解读分析，设计提出了历史风貌的保护、发扬，重新激发老街的活力；提出原住民与外来人群的交融，在西关风情背景下实现共享的设计理念。

概念建立：缔故结新。结缔组织由细胞、纤维和细胞外间质组成。纤维主要有联系各组织和器官的作用，填充于细胞和纤维之间，作为物质代谢交换的媒介。结缔组织具有很强的再生能力，创伤的愈合多通过它的增生而完成，结缔组织在体内广泛分布，具有连接、支持、营养等多种功能。

鉴于结缔组织对生物体的重要作用，我们将结缔组织的概念引入城市设计中去，从结构和功能的角度构建"城市结缔"的概念，引导地块的更新改造，重新激发老街的活力，使不同人群在西关老街实现文化、空间、信息等的共享。

设计对策：

连接——编制邻里生活网络；支持——焕活西关文化基底；营养——引入创新发展元素（图7-13）。

第五阶段：微更新设计

（1）文脉识别与设计传承

文化认知地图识别：通过对当地人群进行访谈，并对基地内人群的热力分析，判定人们对六种地域文化的认知程度和对人群的吸引程度，得出基地内六种文化的感知联系。六种文化包括武术文化、铜艺文化、美食文化、河涌文化、建筑文化、粤剧文化。

历史文脉的传承：历史建筑修补、沿街风貌串联、承载形式发散；

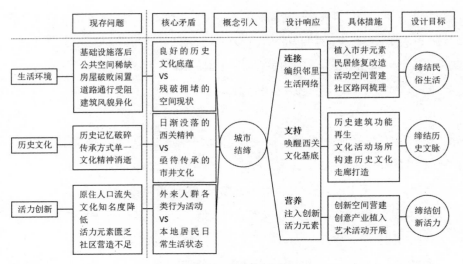

图 7-13 设计响应框架

图片来源：徐梓雅、袁皞课程设计成果图

（2）街巷空间与设计修补

生活环境活力营造：基地现有公共空间缺乏，难以满足不同人群活动需求；道路通行受阻，街区系统缺失；房屋破败闲置与良好的历史文化底蕴产生强烈对比。

生活场所的优化：社区路网梳理、基础设施完善、居住空间改造、市井元素复原。

（3）人群融合与活力共享

分析人群构成特征，结合人群访谈，分别在旅游、就业、购物、社交、教育、居住、娱乐等方面的需求与供给；分析现状创新活力，基地内产业缺少创新，业态以零售便利业为主，对人群吸引力有限，发展缺乏动力。

共享功能的植入：创新产业引入、交流空间营建、滨水景观利用。

（4）产业融入与街区服务

分析产业特征，以文化产业+旅游产业形成产业联动，结合文化创意、制作体验，对产品销售、记忆培训、手工作坊、制作展示、艺术工坊、交流中心、创客中心、民宿短租等进行产业升级、产业活化，并通过社区智慧服务系统，发扬传统技艺、建设智慧街区（图7-14、图7-15）。

图 7-14　城市更新设计作业（1）

图片来源：徐梓雅、袁皡课程设计成果

指导教师：刘生军、李洋

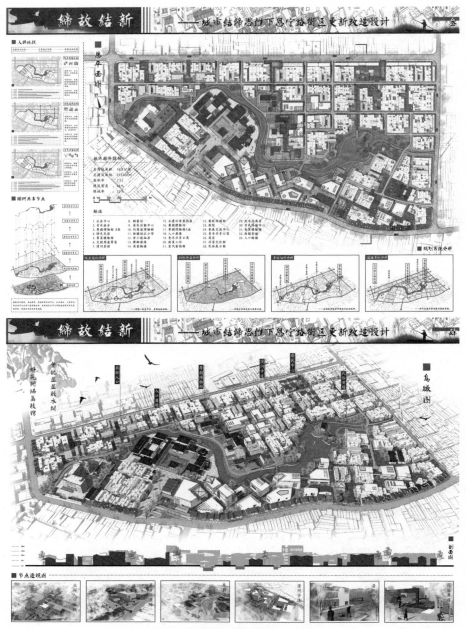

图 7-15 城市更新设计作业（2）

图片来源：徐梓雅、袁嶂课程设计成果

指导教师：刘生军、李洋

第八章 城市更新的实践案例

8.1 沈阳金廊城市优化更新解析

金廊工程即沈阳中央都市走廊工程。开发金廊工程是沈阳市应对竞争和挑战、完善中心城市功能、提升城市竞争力而推出的战略之举。2003 年辽宁省政府、沈阳市政府联合提出建设沈阳"金廊"的城市核心战略，是沈阳实施城市再生发展的两大关键性战略举措之一，即面对历史性束缚的老工业区，再生组建"新铁西战略"；以及面对区域同构通过城市群组合的新生力量诞生新型国际金融商务的"金廊战略"。完整的金廊有 25.3 公里，以南北城市轴线"北陵大街－北京街－青年大街"为轴线向东西向拓展，其平均宽度 1～2 公里，青年大街从市府广场到文化路立交桥看作是金廊核心地带——在 12 公里长，17.7 平方公里的沈阳金廊规划图控制范围内又分为三大中心空间和六大功能圈，各功能圈之间相互支撑、相互竞争，错位发展，集中了金融贸易、商务办公、总部经济、科技会展、文体休闲、现代生活等功能，是沈阳最重要的经济带之一。由北至南为：

三大中心：

省域行政文化中心：北陵行政文化圈（CAD）

城市经济政治中心：北站金融商贸圈（CBD）

金融文化产业中心：青年公园都市生态圈（CLD）

六大功能圈：

北陵行政文化圈（CAD）

北站金融商贸圈（CBD）

市府文化行政圈（CC/AD）

青年公园都市生态圈（CLD）

展览馆商业文化圈（CCD）

五里河国际商务服务圈（RCBD）

8.1.1 存量挖潜，实现空间腾挪，优化空间资源

为创造条件将城市职能从工业生产型向信息服务型转变，沈阳金廊工程通过对低效土地的存量挖潜，借助空间级差腾挪来实现经济转型。沈阳市城市总体规划对城市的定位是：东北地区重要的中心城市、国家先进装备制造业基地和国家历史文化名城。为实现这一规划定位，在金廊工程的打造过程中，沈阳市政府通过加强公

共和私营部门的合作，扩大了城市在公共项目领域（城市公共交通、城市文化资源、公共景观工程等）的投资力度；不断完善城市中心区的现代服务功能，强化公共项目外部经济性的溢出效应，吸引金融商贸、休闲娱乐、科技文化、旅游观光等服务产业集聚；通过城市更新中的城市设计、景观设计和建筑设计塑造城市形象、发展房地产业，为促进城市发展、产业集聚提供空间载体。同时，在城市文化、城市营销、都市战略等方面努力将传统的工业城市塑造成为一座富有活力和竞争力的经济繁荣、和谐宜居、生态良好、富有活力、特色鲜明的现代化城市。

为实现城市中心廊道功能的整体提升，并作为沈阳市战略性城市更新的典型项目，金廊工程的实施不可避免地要进行大量的土地征收工作。比较沈阳市历史上的旧城区改造项目，金廊工程也是征收土地面积最大，被动迁人口最多，最具争议性的项目。从 2003 年开始，整个青年大街进行了整体的搬迁改造，可以说土地征收工作面临着巨大的挑战。除了土地征收外，政府还要对土地上的房屋进行房屋征收与补偿，这些工作都体现了在城市更新中拆迁与安置的基本利益博弈。因此，城市更新的有效推动不仅需要政府的引领和推动、市场力量的参与，还需要做好居民工作等基础性内容，从而实现更新改造的三赢局面。通过城市拆迁来实现城市再造的过程也体现了城市更新中寻求低效用地的存量挖潜，级差腾挪的基本更新逻辑。并且，在城市更新项目的实际运营需求中，既需要招商招标的顺利进行，又需要设计组织的空间落地。这体现了形态完整的目标化管控要求，即寻求达到城市设计的形式与内涵的和谐统一。城市为达到理想形态的目标化管控，政府通常通过优化配置城市空间资源，促成公共服务设施的外部性效应，来科学引导城市主要功能业态的分布格局。

8.1.2　示范引领，链接关键触媒，组织空间关系

金廊规划结合城市不同空间区位与城市分区的主体功能，通过公共轨道交通串联城市节点空间。"功能业态上水平向服务公共生活，引导多元业态，垂直向注重工作生产的理念"。在有限的腾挪用地内，高强度的容纳城市空间单元，形成了城市向三维生长的演化模式。经过多年建设，金廊集聚了以金融、商务、商贸、会展、科技、文化、体育为主要功能的服务业产业群。在城市交通组织上借鉴国外中心集聚区的解决办法是建立交通枢纽和交通节点，利用公共交通的无缝连接，加强地铁、公交设施与其他交通方式的协调配合。城市轴向交通组织与金廊带形

结构的结合，有利于形成多中心的职住平衡、产城融合，这对沈阳未来的发展能起到非常良性的正循环状态。

金廊经济带规划的轴向组织，在空间的水平时序上形成了不同功能空间的城市关键触媒点，通过城市设计的设计布局强化了城市空间的组织关系，增强了城市空间功能的互补性联系。金廊规划构建了具有典型城市中心轴向功能的带形分布（总体分散）、局部集中的布局形式，形成了金廊的三大中心空间和六大功能圈的规划结构。在城市形态上，轴向功能的总体形态呈长向（中心轴）发展，优点是城市景观组织和交通流向的方向性较强，相较于集中式中心功能区建设的模式，分散化的空间形态组织顺应了大城市中心区功能疏解为多中心的实际需求。在城市总体结构的构建方面，金廊与银带（浑河生态景观带）规划共同构筑了"十字形"城市空间骨架，金廊纵贯南北，成为沈阳人民出行的交通主干道及沈阳城市的主要展示名片，银带横跨东西，承载科技创新、国际交流、文化产业、休闲旅游，助推沈阳服务与创新产业发展，成为加速实现建设国家中心城市目标的重要空间载体。

从金廊的具体建设与运营的实际情况来看，金廊总体呈现的"带形分布、局部集中"的轴向发展仍有一定的问题需要重视解决。首先，在总体形态的构建上，过于强调高楼林立的视觉美感，空间容量的考量有待商榷。在规划地块的出让条件中，对土地容积率和商业比例都做了硬性要求，例如容积率 10 以上，商业比例 70% 以上的规划限制，造成各项目投入大而周期长，市场消化困难。其次，金廊工程重形态规划，重招商引资，但对各功能圈的实际运营考虑不足，三大中心空间和六大功能圈的内涵实际支撑不足，各功能圈主体功能不突出，星级酒店、写字楼、公寓、购物中心及高档住宅等为一体的综合性项目同质化严重，多样性不足。因而，各功能圈间同质竞争明显，项目间互补性不足。最后，偏大的商业总量稀释了商业集聚特性，也造成了中轴商业带商业集中度不够，且各商业项目发展时序不一，难以形成合力，特色商业圈培育更加困难。在实际项目的运营中，万象城（展览馆商圈）、卓展、新世界 K11（五里河商圈）购物中心的五里河商圈、奥体商圈等项目业绩良好，但其他商业有的尚未建成、有的成绩不佳，业绩良好的各商业体又相对独立，客观体现了商圈培育的集中度与空间规模边界的问题（图 8-1）。

金廊经过十几年的建设，已经成为城市的活力核心和商业机会的黄金走廊，是城市形象的重要展示窗口。金廊发展至今为沈阳的经济建设作出了突出的贡献。在金廊今后的持续建设中，更需统筹规划，科学运营，特色定位，差异发展，以

图 8-1　金廊五里河商圈新世界 K11

图片来源：本书作者

推动各功能圈中心的相互联动。发挥政府的宏观调控能力，强化规划的引领作用，规范市场的经营运行，发挥市场的配置职能，引导金廊业态的合理集聚，强化功能圈的集聚效应，从而发挥经济带的最大效能。金廊经济功能的发挥需要在空间上合理分布和拓展产业资源，有待于政府的合理统筹规划、宏观调控，避免各自为战、布局混乱、定位模糊、无序竞争的问题。在统筹规划的前提下，金廊项目的发展规模、位置选择、业态配置也需要科学论证、合理规划，并提高项目点运营能力，寻求创新突破，突出定位、形成差异化。

8.1.3　落实管控，形成多层级城市设计管控成果

城市规划之所以对城市开发进行公共干预，是因为开发作为一种市场经济行为存在着外部效益的不经济和忽视公共利益等缺陷。城市设计作为城市综合开发的管控手段之一，对开发的控制首先在范围上表现为"总体性"，并通过"跨越时间和空间的方式对开发项目加以控制"[1]。进行城市设计控制的首要工作是进行结构性的空间组织，以定位空间需求、优化空间资源，促成空间要素集聚。在定位沈阳金廊中心轴功能的空间组织中，首先要进行分区域区位的价值研判与集聚功能的内涵定位，进而结合低效用地的空间腾挪机会，"以形定量"具体确定载体空间分布，提出空间关系框架——空间群、空间轴，空间核；其次，功能性设

[1]（美）凯文·林奇，（美）加里·海克.总体设计 第 3 版 [M].黄富厢等译.北京：中国建筑工业出版社.1999.

计组织，满足功能定位的具体载体项目预置，根据载体项目的性质、规模、形式、用地敏感度、空间组合优化等，以及具体地块的基本属性与特质，提出功能性设计组织要求——二维的用地组织与空间结构；最后，空间性设计组织，也可说是"城市的建筑空间组织"，即针对具体用地的空间形态提出对具体建筑、道路交通、开放空间、绿化体系、文物保护等城市子系统交叉综合，联结渗透的空间设计方案。

在城市设计成果形式上，金廊的城市设计管控形成了片区城市设计和地块城市设计两个层次的成果文件，成果均从功能发展、公共空间、环境景观、交通组织、建筑控制五个方面明确城市设计要求，分层次指导城市规划管理部门进行下一步建设审批工作。管控文件分为强制的刚性要求和建议性的引导要求，其中将实现街道公共环境的措施落实到刚性要求中，如规定建筑后退、划定广场和绿地、提出街道界面建设原则，并建议性地引导空间功能用途和风格形式等，保证设计目标的高度实施。[1] 在存量发展的要求下，将环境更新、公共环境品质提升作为城市设计工作的主要内容，金廊城市设计成果着重带动中心城区空间在生活方式和公共空间、功能混合和创新多元、品质和内涵、慢行环境、建筑风貌、建设管理六个方面实现协调与提升。整个金廊工程的城市设计营造，希望通过视觉秩序为媒介、容纳历史积淀、铺垫地区文化、表现时代精神，并结合人的感知经验建立起具有整体结构性特征，特色识别性鲜明的沈阳城市形象认知。

8.2 沈阳铁西工业转型更新解析

沈阳铁西伴随着一系列称号——"东方鲁尔""共和国工业长子""机床的故乡""中国重工业的摇篮"……见证了百年中国工业的变迁。新中国成立后的第一个五年计划期间为我国的现代工业奠定了基础。沈阳市铁西工业区就是产生发展于这样的背景之下，它曾是中国工业的代名词，是社会主义现代化的发动机，为中国的工业发展和经济建设做出过重大贡献。作为我国的综合性工业基地，这里不仅汇聚了众多的工业遗产，也记录了沈阳工业技术的发展历程，形成了一系列特色鲜明的工业文化。辉煌时期的铁西工业区，采用南宅北厂的布局结构形式，

---

[1] 夏镜朗，吕正华，王亮 . 新时期面向品质提升的城市设计工作思路探讨——以沈阳金廊核心段城市设计为例 [J]. 城市规划 ,2016,40(S1):79-83.

建设大路以北是工厂区，沈阳80%的国营大中型工业企业曾集中在铁西，那时的铁西区工厂密布、烟囱林立，铁道专用线纵横，一片繁荣景象。自改革开放以来，在我国开始实行市场经济体制转型后，铁西在观念创新和科技创新等方面后劲不足，工业产品更新换代滞后，当时的机制和体制因素制约着发展，铁西自身的体制性、结构性矛盾日益凸显。1992年国家开始推进国有企业改革，铁西工业区开始进入改革调整阶段。20世纪末，铁西工业区开始进入体制转型阶段，至2001年90%的国有企业处于停产或半停产的状态。此一时期，铁西区职工生活困难，社会保障缺失，社会问题严重，铁西区跌至了历史最低谷。在2002年底，党的十六大提出了"振兴东北老工业基地"的政策，铁西旧工业区开始了全面的更新改造。

8.2.1 沈阳铁西工业转型更新的空间策略

1. 运用级差地租原理，实现企业再生和城市新生

2002年为全面改造铁西，沈阳市政府提出了"东搬西建"的方针，即以土地置换的方式产生级差地租，为企业搬迁和新建提供物质基础。[1]企业运用位于城区土地和开发区土地每平方米1500元的土地级差，筹集了企业搬迁和重组改造所需的资金成本，推动了老工业区外迁和第三产业的迁入，实现了原有用地土地功能的转换和土地价值的释放。同时，置换土地的资金也为企业的发展提供了新的生机与活力，壮大了第三产业的发展，解决了失业人员再就业和生活保障的问题。

2. 城市有机融合，实现新区与旧区的"无缝拼接"

通过合理规划改变铁西区路网与沈阳市中心区联系薄弱的现状，把铁西内部的功能和城市中心功能紧紧嵌套在一起，使铁西成为沈阳不可缺少的一部分。规划形成从城市中心区向外圈层递进扩散的结构，使和平区与铁西区实现"无缝拼接"。铁西的工业名称也逐渐被"商贸新城""宜居新城"等名称取代。

3. 引入产业带概念，形成横向、纵向结构复兴

横向结构主要体现城市功能、不同产业从中心区到边缘区递次推进的过程，而纵向结构则体现了南北方向的变化。这种带状功能分区的规划一方面是尊重城市跟随交通干线发展而发展的规律，同时也是打破了传统的"北厂南宅"的机械

---

[1] 张建军，邹莹. 老工业区改造策略探索与研究——以沈阳铁西工业区改造实践为例[J]. 城市建设理论研究（电子版），2013,(18).

化规划手段，从而创造更有生命力的现代生活空间。

4. 强区带动、双驱联动，构建"双中心"结构

沈阳经济技术开发区已经进入了发展的成熟阶段，本身的经济发展强于铁西老区，因此在铁西区的发展过程中充分重视经济技术开发区的带动作用，形成了造血功能极强的一极，向老城区辐射自身的经济实力和制度活力。因此，开发区在铁西起步的过程中绝不是边远地区，而应当成为先行发展的另外一极，用高标准进行规划和设施配置。

8.2.2 沈阳铁西工业转型更新的产业策略

1. 对铁西传统工业的改造与新型工业的建立并举

（1）存量升级，传统工业产业的转型改造升级

将"再工业化"作为重塑竞争优势的重要战略，在全球制造业的争夺战席卷而来的大环境、大趋势之下，铁西加速推动产业升级的使命实践愈发迫切。在打造"中国经济升级版"的大战略、大框架下，沿着党的十八大提出的坚持走中国特色新型工业化、信息化、城镇化、农业现代化道路的要求和路径，铁西谋篇布局，坚持以转变发展方式为主线，以科技创新和改革开放为动力，大力发展生产性服务业，提高核心竞争力，加速建成世界级先进装备制造业基地。通过"两化融合"、技术创新和新型工业化的理念，实现功能再造、环境再造、形象再造，形成区域吸引新要素、新经济形态聚集的强大势能，引领智能制造发展创新模式，助推沈阳制造转型升级。比如"十三五"期间，铁西区将以东北制药、铁路信号等 4 家企业为试点打造智能化工厂，以特变电工沈变公司等 10 家企业新技术应用车间为试点打造智能车间，加快智能制造集群化发展。

（2）做优增量，建设"两化"高端装备集聚区

立足信息化、工业化，把推进技术创新作为实现内涵式增长、实现产业升级的关键环节，铁西区着眼于发展先进装备制造业，引导和支持企业实现核心技术的关键部件进口替代，加强研发建设，不断加大研发资金投入，切实加强研发人才队伍的培育，努力在原始创新、集成创新、引进消化吸收再创新。进而，铁西全面拉开数控机床、通用石化、重矿机械、输变电装备、工程机械、汽车及零部件六大优势产业和医药化工产业"6+1"产业升级版图，以沈阳机床、沈鼓、北方重工、三一重装、沈变、宝马和东药、沈化等企业为龙头，加速育出一大批具

有自主产权的世界级产品，加速壮大一大批具有国际竞争力的世界级企业，加速推进"铁西制造"向"铁西智造""铁西创造"跨越。

（3）打通升级，抢滩生产性服务业发展新高地

铁西区是全国首批服务业综合改革试点区之一，深厚的产业基础和制造业转型升级释放出大量服务需求，生产性服务业成为铁西拓展的主要产业空间。信息化、工业化的交互协同作用正推动铁西企业向研发和品牌两端拓展。作为信息化和工业化深度融合的黏合剂，生产性服务业向来被业界视作制造业转型升级的"倍增器"。对接工业企业向生产性服务业渗透靠近的迫切需求，实现制造业与服务业的相互整合、相互促进、共生共赢。通过置换产业单一的旧工业区经济发展模式，融入金融、国际贸易、会展旅游、现代物流等产业模块，在工业区北部发展商贸服务业，形成"西部十字金廊"城市格局[1]。

2. "产城融合"成为产业升级的创新之举、战略之举

铁西区按照产城融合模式，规划建设集产业聚集功能、公共服务配套功能、生活居住功能于一体的滨河生态新城、宝马新城两座产业新城。产业新城内每个社区都将建设小型污水处理设施，实现雨污分流、中水回用；依托浑河、细河流域和浑蒲灌渠，建设最好的生态环境系统；交通环境方面，以地铁、轨道交通和公交巴士形成新城与母城之间、产业区与居住区之间畅通便捷的公共交通体系；在社会公共服务方面，依托新城内现有的沈阳工业大学、化工大学等高职院校及即将建设的宝马工程学院，引入优质中小学、幼儿园等教育资源，形成完整的教育体系；医疗设施按标准配套建设，实现全民健康档案管理和动态服务；在社会服务上，按照智慧城市标准，全域实现数字化管理。借助两化融合、产城融合，提升蝶变为数字管理示范区、现代建筑应用示范区和先进"智造"新城区。[2]

8.2.3 沈阳铁西工业转型更新的人文建设

1. 明确了文化战略，确立工业文化的城市形象

工业文化作为铁西旧工业区特有的文化品质，成为传承沈阳工业文化的载体空间。1932年《大奉天都邑计划》对沈阳进行全面规划，定位沈阳为工业中心，

---

[1] 陈雪松. 沈阳市铁西旧工业区更新策略研究 [D]. 哈尔滨：哈尔滨工业大学,2010.

[2] 金晓玲. 产业至强升级"航母"破浪"再工业时代"[N]. 辽宁日报,2013-06-17(005).

在满铁附属地以西建立铁西区。新中国成立后，铁西工业园区曾是中国工业的代名词，是我国综合性工业基地。工业文化不仅塑造了铁西城市气质，也塑造了铁西深沉热烈的人文品格。转型的铁西区通过工业文化建设来记忆工业历史、传播工业文明、打造城市品牌，进而创建城市形象、提升城市魅力。可以说，在历史进程中孕育形成并遗留至今的城市文化遗产，既是城市过去文化的结晶，也是城市当前文化的重要组成部分。城市自身的气质魅力、吸引力和感召力与其文化积淀有着本质联系。

目前，铁西文创产业园面积达 70 万平方米，沈阳铁西人用智慧和力量，塑造出鲜明的铁西工业文化品牌。铁西代表性工业文化遗产营建的项目包括：中国工业博物馆、1905 文化创意园、奉天记忆·铁西印象、沈阳朝鲜族民俗文化产业园——韩帝园、"万科·红梅 1939"文化创意广场、城市之梦·冶金公园、工巢文化园、31 街区、奉天记忆·铁西梦工厂、奉天记忆三期文化创意产业园、电机厂文化创意产业园等。

中国工业博物馆：在沈阳铸造厂原址改扩建而成，占地 8 万平方米，总建筑面积 6.5 万平方米，投资 3.4 亿元，是由省、市、区政府联建的目前国内最大的综合性工业博物馆。它展现的不仅是沈阳铁西，更是新中国壮丽的工业史诗，是沈城的重要地标（图 8-2）。

1905 文化创意园：其前身是原沈重集团二金工车间，占地面积 4000 平方米，建筑面积 10000 平方米，以标志着沈阳工业起源之年的"1905"为名称。1905文化创意园是以展览＋演出＋消费＋文化体验的多业态融合的文创产业综合体，是沈阳第一个致力于创建大众广泛参与的艺术文化生活场景的文创园区，成为沈阳最大的文化创意产业综合体（图 8-3）。

图 8-2　铁西中国工业博物馆
图片来源：本书作者

图 8-3　铁西 1905 文化创意园
图片来源：本书作者

奉天记忆·铁西印象文化创意产业园：其前身可追溯到新中国成立以前，原址是当时鼎鼎有名的沈阳飞轮厂（也称沈阳自行车厂），所生产的"白山"牌自行车享誉东北三省，与"凤凰""永久"同为当时中国仅有的三家名牌自行车厂。奉天记忆文化创意产业园通过文化与工业旅游整合的方式，打造了文化旅游一条街，并且规划设计了娱乐购物、影视演艺、艺术培训、休闲餐饮等业态。

2. 认识到以人为本，营建铁西工业区社区重构

20世纪80-90年代的沈阳铁西区步入持续的经济社会衰退阶段。2002年，沈阳铁西区与沈阳经济技术开发区合并。经过10余年的整体搬迁改造，实现了初步转型，创造了"铁西模式"。[1] 人们认识到，一个特定时期的城市文化形成了一种特殊的历史记忆，伴随着中国的城市建设，城市的工业化形态已经走过了近半个世纪。如何让城市记忆作为一种人文精神保留下来，并让这种文化成为城市新生活区的转型文化，从而让工业区的历史文脉得以延续，是一个值得研究和思考的问题。为建设健康向上工业记忆的人文环境，铁西区在改善居民居住条件、完善基础设施建设等方面投入了大量的财力、物力，取得了明显的效果。[2] 为应对社会转型期的铁西社会阶层不断分化，沈阳市政府和当地商业机构组成增长联盟，大量商品房社区的建设促进了居住空间的分化，加速了空间重构。同时，通过新城开发、政策调控等方式，居民可根据个人经济能力和偏好选择不同区位和类型的社区。在这场声势浩大的城市转型过程中，产业结构升级推动了就业人群的演变，服务业的兴起吸纳了大量下岗劳动力，也提供了下岗工人自主创业的机会。伴随着原有社区的解体与再生，铁西居民的空间选择呈现"分散"态势，逐渐完成了新的社区重构，这方面的城市更新过程是需要深入研究的。总之，在政府和社会的共同努力下，沈阳铁西区在经济社会转型、传统产业衰退、国企改革、搬迁改造等外界和自身扰动下并未完全解体，而是实现了初步转型，进入了城市适应发展的新阶段，城市更新过程表现出了较强的适应能力。[3]

铁西工业区更新改造案例属于我国较早的更新实践，在一定程度取得了显著的效果。将原片区企业迁出，对片区进行功能转型、有机更新，实现片区再激活，同时，加强基础设施建设，与周围片区形成联动。铁西城市更新涉及人文环境、

---

[1] 张平宇. 沈阳铁西工业区改造的制度与文化因素 [J]. 人文地理 ,2006(02):45-49.

[2] 陈雪松. 沈阳市铁西旧工业区更新策略研究 [D]. 哈尔滨：哈尔滨工业大学 ,2010.

[3] 陈玉洁，张平宇. 沈阳铁西区社区弹性特征与成因分析 [J]. 地理科学 ,2018,38(11):1847-1854.

空间形态、传统工业文化相关内容，在改善人居环境、优化产业结构的同时，也保留了城市特色历史文脉——工业遗产文化。区域文化是一个城市的特殊"标签"，是彰显城市特色的有力途径，所以城市更新改造，不仅是物质环境提升的过程也是文化肌理挖掘的过程。同时铁西老工业区的更新实践也存在诸多不足，例如，"东搬西建"的腾笼换鸟转移模式，大多偏向商业、服务业等收益较高产业，而对于居住、市政、公共服务等用地指标的经济提升效果不明显[1]。初期的城市更新采取"拆除重建"的发展模式，破坏了较多有价值的建筑遗产与城市文脉肌理。

8.3 深圳盐田综合统筹更新规划

在国家高质量发展的大背景下，转型期城市需要不断结合新的发展要求，识别城市发展的战略性区域，明确城市更新和土地整备的重点地区，建立区域融合、综合发展、富于创新的城市空间[2][3]。深圳是我国改革开放的发起源点之一，随着《中共中央国务院关于支持深圳建设中国特色社会主义先行示范区的意见》（以下简称"意见"）的正式发布，深圳未来也将成为我国社会主义建设的样板地区[4]。深圳市盐田区土地面积狭小，可建设用地资源稀缺，且存在多元的人口主体，一定程度上是深圳市城市发展的"缩影"。盐田区未来的发展需要梳理增量用地和存量用地的主要来源，将产业优化升级与空间动态支撑相结合，并通过空间协调发展策略和政策予以落实，以确保空间资源的精明配置和城市发展思路的高度落实[5]。

8.3.1 盐田发展转型背景条件

1. 现状条件

盐田辖区面积为 74.64 平方千米，城区总人口为 26.9 万人，其中常住人口21.65 万人，2016 年经济总量约 450.23 亿元。盐田区的土地、人口、经济总量在全市范围内占比相对较小，但均量处于较高位置。在多年的发展中形成了港口

[1] 于路. 有机更新背景下老工业区集约高效利用模式及规划研究——以沈阳老工业区用地更新为例 [C]. 持续发展 理性规划——2017 中国城市规划年会论文集, 中国城市规划学会, 2017: 14.

[2] 魏后凯. 论中国城市转型战略 [J]. 城市与区域规划研究, 2017, 9（02）: 45-63.

[3] 张京祥, 陈浩. 空间治理: 中国城乡规划转型的政治经济学 [J]. 城市规划, 2014, 38（11）: 9-15.

[4] 刘凯峥, 王振国. 转型背景下的深圳城市更新政策趋势研究 [J]. 现代经济信息, 2019（11）: 495, 497.

[5] 邹兵. 增量规划、存量规划与政策规划 [J]. 城市规划, 2013, 37（02）: 35-37, 55.

物流、旅游度假、黄金珠宝、总部经济和房地产五大特色产业，基本形成以服务业为主体的现代产业体系。深圳市"2010版总规"将盐田区定位为深圳市五个城市副中心之一，是以港口、旅游为主导的生态型海港城区。

（1）盐田区的独特优势分析

盐田在深圳整体范围内具备经济、社会人文和生态等复合价值。从区位上看，盐田是东部滨海地区的门户，是深圳两翼平衡发展的战略支点，同时也是深港都市区辐射粤东北的前沿地带；从城市形象与环境上看，盐田区是深圳滨海城市形象的窗口，生态环境优越，森林覆盖率达到65.3%，也是国家生态文明的先行示范区；从经济发展上看，盐田港是国际集装箱远洋干线港，其吞吐量常年占深圳港口集装箱总量的一半左右，盐田港对深圳市和整个华南地区的综合意义比较重大；从社会人文上看，中英街历史人文优势较为明显，百年中英街的荣辱兴衰见证了深圳改革开放近40年的历程，在深圳城市发展史上被赋予特殊的地位和作用，在深港一体化发展趋势下，其地缘优势逐步显现。

（2）盐田区当前面临的问题

近年来，盐田区的土地空间逐步紧约束，城市建设用地从1998年的5平方千米迅速增长到目前的20平方千米左右，除东港区外城市可建设用地基本开发殆尽。在较小的城区可建设用地内，还存在着区政府、盐田港集团、市经贸信息委等多元管理主体，难以形成合力；此外，以2008年金融危机为标志，盐田港吞吐量增长趋势逐步放缓，以仓储、运输为主导的港口物流业对城区经济贡献率逐渐降低，港口对城区和国际高端服务能力不足，导致竞争力较低，城区围绕港口发展的各类产业受到限制；再次，港口的存在使盐田区始终处于多元人口并存的社会发展现实，要求城区未来的各类公共服务设施需要兼顾码头工人、货车司机和物流工人等弱势群体，构建具有时代特征、深圳特色、盐田特点的社会建设体系。

2. 背景条件

当前盐田城区经济正在由"大港小城"向"港城并举"转型，土地增量供应向存量改造转型。城区经济发展质量、空间建设水平和公共服务品质的提升都需要适应新形势下的规划统领，使盐田区的发展目标能够在推进途中不断优化和校核，通过综合统筹包括土地空间在内的各类资源引领城区发展。

（1）遵循国家与区域转型的发展主旋律

近些年党和国家对城市发展提出了一系列新的要求，党的十八大提出"中国特色社会主义五位一体总体布局"，中央城镇化工作会议、"国家新型城镇化规划（2014-2020）"强调提出了内涵发展[1][2]。深圳也早在2011年就提出了从"速度向效益、从效益向质量"飞跃的城市发展模式，"注重质量、注重内涵"的发展理念成为主旋律[3]。

（2）符合自身发展与区域职能的新使命

盐田区未来的发展还应深刻把握城区自身内外部发展条件的变化动因。从外部发展条件来看，国家"一带一路""粤港澳大湾区"和深圳"东西均衡发展"战略背景下，推动盐田从以港口职能为主的专门化城区向综合性城区转型，盐田区未来的发展将逐步从"边缘"走向"节点门户"；城区内部来看，盐田港自身正在向第四代港口转型升级，东港区深水港工程即将启动，综合保税区和港口之间的关联性将更加紧密，港与城未来发展中将逐渐实现产业与空间等多方面的联动。

（3）认识转型条件与现实发展的约束

盐田区现状建成度高，可建设用地有限，缺乏可供开发的规模性用地。通过单一项目、零散地块的开发难以改变盐田整体面貌，更谈不上功能飞跃和品质提升。盐田未来的发展需要提出增量用地和存量用地的主要来源，将产业优化升级与空间动态支撑相结合，并通过空间协调发展策略和政策予以落实，确保空间精明配置和发展思路的高度落实。

8.3.2 综合发展规划的总体思路与编制路径

1. 问题与目标双重导向下的规划思路

综合发展规划属非法定规划，规划编制中更加注重解决现实问题，以及解读、研判在新的发展形势和机遇之下盐田在多方面需要达到的目标，也因此而确定了问题与目标双重导向的规划思路。

2. "多规合一、统筹专项"的编制方式

盐田城区精细化的发展特点促使各部门编制了众多专项规划和研究。未来应通过综合发展规划，以土地空间资源为主线和载体，与国民经济、产业、社会、

[1] 刘昕. 深圳城市更新中的政府角色与作为——从利益共享走向责任共担[J]. 国际城市规划, 2011, 26（01）: 41-45.

[2] 李东泉. 政府"赋予能力"与旧城改造[J]. 城市问题, 2003（02）: 22-25.

[3] 郑国, 秦波. 论城市转型与城市规划转型——以深圳为例[J]. 城市发展研究, 2009, 16（03）: 31-35, 57.

环境保护等规划衔接，保障规划有效实施，促进"多规合一"。同时需要识别各部门编制的专项规划和研究，提取其有效部分，统筹纳入综合发展规划之中，有效"统筹专项"。

3. 多方式、全方位的城市调查与访谈

与相关部门、机构、街道进行深入访谈和调研，实地获取信息和资料，了解发展意愿。纸质问卷通过街道和社区向广大居民发放问卷，回收453份问卷，有效问卷408份，网络问卷78份。通过大量数据进行科学统计之后，形成对盐田人民生活状况和盐田人的相关诉求的整体认知。

8.3.3 产业发展与空间转型的结构性匹配与引导

1. 优化升级产业发展策略

（1）积极推动现代物流体系建设，推动港城产业发展联动

盐田港未来将向以现代物流服务和现代供应链管理为中心的第四代港口转型升级，为契合港口升级，盐田区应提早谋划建设以供应链管理为中心的现代物流体系，向物流产业链高端方向发展，培育物流管理、电子商务等物流产业链前端，吸引国际物流企业总部、中小微物流企业总部进驻，构建供应链管理集群。从而提高物流产业服务增值，实现港城产业联动发展。

（2）构建以现代服务业为导向的"3+N"产业发展体系

基于盐田的发展现实，盐田区应建立以临港现代服务业为核心，以高端山海旅游产业和高端都市型产业（黄金珠宝、生物科技等）为基础，积极发展其他新兴产业的"3+N"产业体系。

①临港现代服务业方面，除重点发展供应链管理服务、国际船舶代理服务、国际船舶运输服务、现代物流技术的开发与应用，以及保税展示、保税交易等保税物流服务、第三方物流服务等与电子商务结合的商业服务外，还应重点发展包括保税金融、供应链金融、航运经济、法律、信息咨询、交易定价等在内的航运服务业，重点发展保税加工，保税监管模式和信息化建设等保税服务业。

②高端山海旅游业方面，应加大山体旅游的开发，包括东部华侨城在内的山地游览观光、山地旅游度假和山地运动等内容。同时积极拓展邮轮游艇、海上度假和海上运动等，重点发展特色海洋文化体验旅游，同时激活中英街沉淀资源，发展深港边境商贸旅游。

③高端都市型产业方面，依托周大福重点发展黄金珠宝产业，包括黄金珠宝总部经济、黄金珠宝设计、研发、展示体验、销售等环节。依托华大基因发展生物科技产业，重点发展健康管理、生命信息、个性化医疗服务，与旅游、生命健康等产业关联发展。

④其他新兴产业，如海洋经济产业、文化创意休闲产业、总部办公、电子商务商贸等。

2. 建立空间动态支撑框架

（1）探索东、西港区转型开发方式，推动港城空间功能联动

梳理港口已有规划可知，当前港口吞吐量增长趋势放缓，未来东港区如布置20万吨级泊位5个，即可满足2030年1800万标箱的运营需求，港口码头用地未来需求减少，特别是在远洋航运大船化发展趋势下，盐田港当前的散杂货转运量较少，随着东港区的建设和投入运营，盐田港现有的西港区和东港区北部用地使用效率低下，宝贵的用地资源没有得到充分利用。应优化配置港城空间资源，加快西港区、东港区北部港区转型。

西港区向城市功能转型将使港、城形成利益共同体，通过发展，游轮、游艇等特色海洋旅游产业，特色旅游及商贸产业，进而扩充"区政府－壹海城"中心区服务职能，使其更加复合化、特征化。东港扩大填海后港口作业区向深水延伸，支撑大船化发展趋势。东港区北部发展临港服务特色职能和特色旅游服务职能，将促进港口向第四代港口升级，同时推动临近大梅沙旅游岸线资源的升级（图8-4）。

（2）形成"两心、四区、多核"的产业空间结构

①打造综合服务中心和临港产业服务中心。盐田区产业发展需建立与之匹配的产业空间结构，根据盐田现状发展基础，规划提出依托"盐田区政府－壹海城"周边地区形成盐田未来发展的综合服务中心。中心以创新为驱动力，促进高端要素集聚，打造高端产业孵化平台，引领区域产业转型升级。依托"东港区北部和盐田墟镇"地区形成临港产业服务中心。结合盐田港向第四代港口转型升级以及东港区填海造地，引领航运物流为主体的临港产业向高端发展。

②形成高端都市型产业集聚区、高端旅游产业集聚区、临港现代服务业集聚区以及港口作业区。高端都市型产业集聚区未来依托沙头角保税区建立黄金珠宝产业走廊，发展黄金珠宝设计、电子商务、进口商品直销等产业。依托田心创意港、

中英街发展文化创意设计、商贸旅游等现代服务业；高端旅游产业集聚区未来依托大、小梅沙、东部华侨城等旅游服务基地，发展都市休闲旅游、海洋旅游、邮轮游艇等高端旅游产业；临港现代服务业集聚区未来依托综合保税区发展以保税商贸、跨

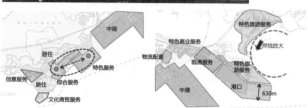

图 8-4 西港区、东港区空间转型示意图

图片来源：本书作者

境电商、出口贸易、商品展示等临港保税商贸物流业，依托后方陆域北部物流仓储片区集中发展物流商贸 、中小微电商平台、展示交易等高端物流商贸业；港口作业区依托高新科技、知识经济，提升码头、港口作业效率，促进港口向第四代港口转型。

3. 催化城市更新转型触媒

规划根据用地功能校核、空间效益校核、道路交通校核和景观特征校核四种方法，以法定图则、黄线规划、蓝线规划等确定的用地功能为导向，校核现状用地与规划的差异，找出现状用地与规划目标不符的用地，进而梳理出盐田区可盘活的土地面积约 2.38 平方千米，涉及约 63 个城市更新拆除重建类项目。

未来盐田区应积极把控各类项目的更新导向，制定相应的更新标准和更新策略，以主动的姿态预先把控城市更新各项工作的进行，即"政府搭建更新标准平台，企业在限定的标准下表演"。兼顾公共利益与经济利益，政府引导与市场主导结合，政府控制更新的节奏，启动地区改造计划并示范空间标准。而市场行为可以提供充裕的资金和优秀的项目运作人力，推动地区改造的快速进行。

近期积极推动壹海城三期建设，促进中心区功能完善，增强辐射力，推动已纳入计划的沙头角林场、海山公园西南片区、沙头角保税区第一、二生活区改造实施。远期推动西港区滨海 RBD 开发临港商务区和东港区北部临港商务区的开发。

4. 制定空间协调发展机制

（1）区域协同机制。加强与香港、市中心城区、龙岗及港口腹地的沟通协作机制；加强中英街管理体制机制的沟通协调，促进中英街商贸旅游的高端发展；加快大梅沙旅游口岸的恢复建设，促进深港东部湾区海洋旅游发展；协调市交委、龙岗、坪山区，落实港口配套空间，实施跨区合作和产业转移。

（2）政策实施机制。联合区级各部门，全方位、多角度明确土地政策、产业政策、人才政策、社会保障政策等实施机制。以土地整备和城市更新为主要手段，实现城区用地渐进、持续的二次滚动开发；完善产业扶持体系，加快构建现代服务业导向的产业体系；推动治理结构转型，逐步形成"以政府为指导的社区参与"模式。

（3）项目落实计划。建立区域协同项目库，综合协调区域发展，突出行动抓手。包括区域交通一体化计划、港口配套区域疏解计划、盐田－香港深化合作计划、区市产业联动计划等。建立港城联动项目库，包括现代物流产业提升计划、港区转型开发实施行动计划、综合保税区开发行动计划等[1]。

8.3.4 提升公共服务水平，实现包容发展

从推进基层社会治理体系和治理能力现代化角度出发，盐田区未来的发展应针对区内多元的人口结构特征，在公共服务的提供质量和品类上，实现"针对性、差异性和有效性"供给[2]。

1. 盐田区人口结构特征及公共服务供给

盐田区的人口特征呈现典型的多元特征。当前盐田区三组团常住人口 21.7 万人，沙头角组团内制造业工人较多，占到沙头角组团常住人口比重的 31.4%；盐田港组团同时集中着大量的交通运输业、仓储和其他港口服务业、制造业工人，以上三类从业人群占到盐田港组团常住人口比重的 40.3%；梅沙组团从事旅游服务业的人群较多，占到梅沙组团常住人口比重的 63.5%（表 8-1）。

---

[1] 张平宇. 城市再生：我国新型城市化的理论与实践问题 [J]. 城市规划,2004(04):25-30.

[2] 易志勇，刘贵文，刘冬梅. 城市更新——城市经营理念下的实践选择与未来治理转型 [J].《规划师》论丛,2018(00):123-130.

盐田区三组团人口结构特征一览表　　　　　　表 8-1

分类	沙头角组团	盐田组团	梅沙组团
从业人群特征	制造业工人	交通运输业、仓储和其他港口服务业、制造业工人	旅游服务人口
社会人群特征	本地居民、高端人才、产业工人、外来游客	本地居民、产业工人、码头工人、货车司机、外来游客（部分）	本地居民、外来游客、高端人才（部分）
人口密度特征	人口密度高	人口密度较高	人口密度低

资料来源：本书作者

从社会人群构成上，盐田区与其他区域相比具有一些特殊群体，如码头工人、货车司机、外来游客等，其中可通过相关生活性服务业的优化和提升，满足外来游客相关的需求，而码头工人、货车司机是盐田区无法通过调整产业结构调走的人群，两类人群的存在为盐田区的发展都在一定程度上贡献了力量和活力，也是该地区不可缺少的为港口产业持续健康发展做出贡献的人群，因此为此类人群提供完善的基础服务，是促进港口转型升级的重要保障。

（1）不同人群的服务侧重

除常规配套类公共服务外，盐田区未来各类服务设施的配置应根据不同的社会人群，构建各有侧重的服务设施（表 8-2）。

不同社会人群服务需求与侧重一览表　　　　　　表 8-2

人群类型	服务档次	服务需求与侧重
高端人才	高端服务	高端居住、商务酒店、特色餐饮、酒吧等；基础教育、国际教育、创意文化体验、体育休闲等；生态品质及私密性与治安方面要求较高。
产业工人	基本服务	日常消费，如便利店、餐饮、酒吧等；周边的体育休闲及交流空间；生活、工作成本控制要求较高。
本地居民	中高端服务	生活服务型商业：包括大型超市、便利店、餐饮、银行、邮政所、家政服务、房地产代理等；文教体卫方面包括基础教育、医疗、运动、户外休闲、网吧、中老年服务、青少年服务等。
外来游客	特色化服务	良好的生态环境；特色化商业；丰富的文化娱乐活动等。
码头工人与货车司机	基本服务	职业培训、创业服务、通勤接驳、职工之家、职工幼儿园等。

资料来源：本书作者

（2）三组团差异化的服务主导方向

根据组团不同人口结构特征和社会人群特征，确定差异性的公共服务主导方向。沙头角组团应以中端、高端服务主导，基本服务全覆盖，各类服务设施应相对密集；盐田港组团以基本服务主导，适当发展中高端服务，基本服务应针对特殊群体；梅沙组团需以特色化服务与高端服务主导，结合旅游景点设置各类设施。

2. 积极发展社会组织，增强社会服务供给能力

盐田区目前的社会组织规模偏小，不具备足够的能力来承接政府的公共职能的转移，而且规模较小也会导致自主运营能力不足等问题。因此面对此情况，盐田区一要培育、壮大社会组织，推动社会组织登记管理制度创新，加快推进社会组织的培育发展；二要提升社会组织与政府部门的对接平台，建议建立专门的机构，提升政府与社会组织的信息对接平台、事物对接平台，分解政府的部分服务职能；三是要建立向社会组织购买服务常态化机制，提倡市场服务的主导方式，建立向社会组织购买服务的常态化机制；四是要建立居民反馈机制，政府把控市场服务的关键环节，建立反馈机制，及时发现、校正市场服务存在的偏态化问题。

3. 关注弱势群体的基本生活保障

近期发布的《中共中央国务院关于支持深圳建设中国特色社会主义先行示范区的意见》明确指出未来深圳的五大战略定位，其中提到重要的两点就是"城市文明典范"和"民生幸福标杆"。盐田区在深圳市职能分工中具有专门化特征，盐田港的码头工人、货车司机等人群是盐田区别于其他区的特殊人群，此部分人群是无法通过调整产业结构而改变的，将长期服务于盐田港。因此，关注这部分弱势群体的基本生活需求，给予其最基本的住房保障，是盐田区无法回避的责任。当前深圳市保障性住房政策仅针对户籍人口提供申请通道，针对盐田自身的特殊性，建议盐田区将非本地户籍的码头工人、货车司机等特殊人群做先行先试，积极争取市层面相关政策、资金的支持，加快健全针对此部分常住盐田特殊人群的住房保障制度。

总之，对于盐田区的发展，既要明确其依赖的主要动力，也要在不断地变化升级中，一直持续不断的探索新动力，从城市发展的各个方面优化包括土地在内的各类公共资源配置。综合规划是在大国土空间时代，以综合视角和综合手段对多类资源、多类规划、多个领域统筹方法的一次探索，期待盐田在未来的发展中成为深圳建设中国特色社会主义先行示范区的样板。

注：《盐田综合发展规划2016》项目参与成员为范钟铭，朱力，陈满光，程葳知，娄云，陈志洋等。

参考文献：

[1] 同济大学等 . 城市规划原理 第 4 版 [M]. 北京 : 中国建筑工业出版社 ,2010.

[2] 阳建强 . 西欧城市更新 [M]. 南京 : 东南大学出版社 ,2012.

[3] (英) 史蒂文·蒂耶斯德尔 ,(英) 蒂姆·希思 ,(土) 塔内尔·厄奇 . 城市历史街区的复兴 [M]. 张玫英 , 董卫译 . 北京 : 中国建筑工业出版社 ,2006.

[4] (英) 理查德·海沃德 . 城市设计与城市更新 [M]. 王新军 , 李韵 , 刘谷一译 . 北京 : 中国建筑工业出版社 ,2009.

[5] 李江 . 转型期深圳城市更新规划探索与实践 [M]. 南京 : 东南大学出版社 ,2015.

[6] 孙施文 . 城市规划哲学 [M]. 北京 : 中国建筑工业出版社 ,1997.

[7] 叶青 . 现代城市规划与城市设计方法论的演变 [D]. 上海：同济大学 ,2007.

[8] 钟纪刚 . 巴黎城市建设史 [M]. 北京 : 中国建筑工业出版社，2002.

[9] 李清华 . 设计与体验：设计现象学研究 [M]. 北京 : 中国社会科学出版社，2016.

[10] 刘先觉 . 现代建筑理论 [M]. 北京 : 中国建筑工业出版社，1999:49−50,109−112.

[11] 金广君 . 城市设计 : 如何在中国落地 ?[J]. 城市规划 ,2018,42(03):41−49.

[12] 邹兵 . 增量规划向存量规划转型 : 理论解析与实践应对 [J]. 城市规划学刊 ,2015(05):12−19.

[13] 栾峰 . 城市经济学 [M]. 北京 : 中国建筑工业出版社，2012.

[14] 黄高辉 . 广东省城市设计制度创新研究总体思路及措施 [J]. 规划师 ,2018,34(05):46−52.

[15]Commission on Global Governance.Our Global Neighborhood[M].Oxford University Press.1995.

[16] 张京祥 , 陈浩 . 空间治理 : 中国城乡规划转型的政治经济学 [J]. 城市规划 ,2014,38(11):9−15.

[17] 王伟强 , 李建 . 共时性和历时性 : 城市更新演化的语境 [J]. 城市建筑 ,2011(08):11−14.

[18] 李炎 , 王佳 . 城市更新与文化策略调适 [J]. 深圳大学学报（人文社会科学版），2017，34（06）：54−59.

[19] 刘生军 . 城市设计诠释论 [M]. 北京 : 中国建筑工业出版社 ,2012.

[20] 斯科特 . 城市文化经济学 [M]. 董树宝 , 张宁译 . 北京 : 中国人民大学出版社 ,2010.

[21] 马航 ,Uwe Altrock. 德国可持续的城市发展与城市更新 [J]. 规划师 ,2012,28(03):96−101.

[22] 严若谷 , 周素红 , 闫小培 . 城市更新之研究 [J]. 地理科学进展 ,2011,30(08):947−955.

[23] 邱雪忠 . 级差地租理论在旧城改造中的应用 [J]. 商场现代化 ,2007(06):379−380.

[24] 冯立 , 唐子来 . 产权制度视角下的划拨工业用地更新 : 以上海市虹口区为例 [J]. 城市规划学刊 ,2013(05):23−29.

[25] 吴晓林 , 侯雨佳 . 城市治理理论的 "双重流变" 与融合趋向 [J]. 天津社会科学 ,2017(01):69−74,80.

[26] 梁鹤年 . 精明增长 [J]. 城市规划 ,2005(10):65−69.

[27] 宋立泰 . 当前中国城市更新运行机制分析 [D]. 济南：山东大学 ,2013.

[28]Mike Jenks，Elizabeth Burton，Katie Williams.The Compact City：A sustainable Urban Form[M].Urban Design International,1996.

[29] 于立. 关于紧凑型城市的思考 [J]. 城市规划学刊 ,2007(01):87-90.

[30]Salvador Rueda.City models:basic indicators[M],Quaderns,2000.

[31]Michael Breheny. Urban compaction: feasible and acceptable[J].Cities,1997,14(4).

[32] 李琳. 紧凑城市中"紧凑"概念释义 [J]. 城市规划学刊 ,2008(03):41-45.

[33] 方创琳 , 祁巍锋. 紧凑城市理念与测度研究进展及思考 [J]. 城市规划学刊 ,2007(04):65-73.

[34] 耿宏兵. 紧凑但不拥挤——对紧凑城市理论在我国应用的思考 [J]. 城市规划 ,2008(06):48-54.

[35] 仇保兴. 紧凑度和多样性——我国城市可持续发展的核心理念 [J]. 城市规划 ,2006(11):18-24.

[36] 王承华 , 张进帅 , 姜劲松. 微更新视角下的历史文化街区保护与更新——苏州平江历史文化街区城市设计 [J]. 城市规划学刊 ,2017(06):96-104.

[37] 杨震. 城市设计与城市更新 : 英国经验及其对中国的镜鉴 [J]. 城市规划学刊 ,2016(01):88-98.

[38] （法）贝纳德·马尔尚. 巴黎城市史 19-20 世纪 [M]. 谢洁莹译. 北京 : 社会科学文献出版社 ,2013:80.

[39] 程大林 , 张京祥. 城市更新 : 超越物质规划的行动与思考 [J]. 城市规划 ,2004(02):70-73.

[40] 杨祯 , 梁江 , 孙晖. 转型背景下的城市建成区空间规划演进趋势分析 [J]. 建筑与文化 ,2018(12):33-35.

[41] 陈立旭. 都市文化与都市精神 : 中外城市文化比较 [M]. 南京 : 东南大学出版社 ,2002.

[42] （日）富永健一. 社会学原理 [M]. 严立贤等译. 北京 : 社会科学文献出版社 ,1992.

[43] 秦虹 , 苏鑫. 城市更新 [M]. 北京 : 中信出版社 ,2018.

[44] 朱轶佳 , 李慧 , 王伟. 城市更新研究的演进特征与趋势 [J]. 城市问题 ,2015(09):30-35.

[45] Tsenkova, Sasha. Urban Regeneration - Learning Experiences from British[M]. Calgary : University of Calgary, 2003.

[46]Peter,Roberts & Hugh,Sykes.Urban Regeneration: A Handbook[M].Sage Publication (London),2000.

[47]Jeremy Colman.Regeneration: A simpler approach for Wales[M],2005.

[48] 黄晴 , 王佃利. 城市更新的文化导向 : 理论内涵、实践模式及其经验启示 [J]. 城市发展研究 ,2018,25(10):68-74.

[49] 郭淑芬 , 赵晓丽 , 郭金花. 文化产业创新政策协同研究——以山西为例 [J]. 经济问题 ,2017(04):76-81.

[50] 张京祥. 多文化类型的城市地域结构解释性模式综述 [J]. 人文地理 ,1998(01):12-16.

[51] 孙华 , 林佳佳 , 申树云 , 屈庆增. 国外棕 (褐) 色地块风险评价研究经验的借鉴与启示 [J]. 中国土地科学 ,2011,25(04):84-89.

[52] 曹康 , 金涛. 国外"棕地再开发"土地利用策略及对我国的启示 [J]. 中国人口·资源与环境 ,2007(06):124-129.

[53] 陆媛 , 杨忠伟 , 杨露. 多元利益主导下的"棕色用地"再开发引导初探 [J]. 国际城市规划 ,2015,30(02):107-111.

[54] 宋金敬 , 刘莉丹 , 王文华. 城市时空演变趋势下的棕地"变白"之路——以淄博市四宝

山片区为例 [J]. 城市规划 ,2016,40(08):30-35.

[55]Chaney R L.Plant Uptake of Inorganic Waste Constituents[J].Land Treatment of Hazard Wastes,1983:50-76.

[56]Fu Cai,Li Min,Zou Deqing,Qu Shuyan,Han Lansheng,Park, James J.Community Vitality in Dynamic Temporal Networks[J]. International Journal of Distributed Sensor Networks,2013.

[57] 姜新月 , 吴志宏 . 社区营造对于中国乡村活化的启示——以岛根县村落活化为例 [J]. 城市 建筑 ,2018(11):63-66.

[58] 李欣 , 刘绮文 , 陈惠民 , 张霞 . 乡村社区活化与历史街区复兴——以台湾西螺镇延平老街 为例 [J]. 高等建筑教育 ,2014,23(01):5-9.

[59] 黄鹤 . 精明收缩 : 应对城市衰退的规划策略及其在美国的实践 [J]. 城市与区域规划研 究 ,2017,9(02):164-175.

[60] 刘艳 . "精明收缩"视角下的乡村规划建设 [J]. 住宅与房地产 ,2018(33):219.

[61] 井晓鹏 . 精明收缩视角下乡村建设转型探析 [C]. 共享与品质——2018 中国城市规划年会 论文集（18 乡村规划）. 中国城市规划学会 ,2018:10.

[62] 郭炎 , 刘达 , 赵宁宁 , 董又铭 , 李志刚 . 基于精明收缩的乡村发展转型与聚落体系规划—— 以武汉市为例 [J]. 城市与区域规划研究 ,2018,10(01):168-186.

[63] 周文建 , 宁丰 . 城市社区建设概论 [M]. 北京 : 中国社会出版社 ,2001.

[64] 王青山 , 刘继同 . 中国社区建设模式研究 [M]. 北京 : 中国社会科学出版社 ,2004.

[65] 万成伟 . 新时代我国社区营造发展趋势及对策——基于国际经验比较研究 [C]. 2018 城市 发展与规划论文集 . 中国城市科学研究会 ,2018:8.

[66] 熊彼特 . 熊彼特 : 经济发展理论 [M]. 北京 : 中国画报出版社 ,2012(6).

[67]（日）西村幸夫 . 再造魅力故乡 : 日本传统街区重生故事 [M]. 王惠君译 . 北京 : 清华大学 出版社 .2007.

[68] 卢磊 . 台湾社区营造的实践经验和发展反思——兼论多元协作理念下的社区治理实践 [J]. 社会福利 (理论版),2016(11):52-55.

[69] 曾旭正 . 台湾的社区营造 [M]. 远足文化事业股份有限公司 ,2007.

[70] 赵民 . "社区营造"与城市规划的"社区指向"研究 [J]. 规划师 ,2013,29(09):5-10.

[71] 闵学勤 . 城市更新视野下的社区营造与美好生活 [J]. 求索 ,2019(03):72-78.

[72] 刘晓春 . 日本、中国台湾的"社区营造"对新型城镇化建设过程中非遗保护的启示 [J]. 民俗研究 ,2014(05):5-12.

[73] 柳森 . 罗家德 : 社区营造 , 为更好的社区生活而生 [J]. 决策探索 (上),2018(12):84-85.

[74] 俞可平 . 中国的治理改革 (1978-2018)[J]. 武汉大学学报 (哲学社会科学版), 2018, 71(03): 48-59.

[75] 王巍 . 社区治理结构变迁中的国家与社会 [J]. 公共行政评论 ,2009,1(01):200-201.

[76] 夏建中 . 治理理论的特点与社区治理研究 [J]. 黑龙江社会科学 ,2010(02):125-130.

[77] 王欣亮 , 任弢 . 我国社区治理问题研究回顾与展望 [J]. 理论导刊 ,2017(07):91-97.

[78] 任晓春.论当代中国社区治理的主体间关系 [J].中州学刊 ,2012(02):6-9.

[79] 郑杭生 ,黄家亮.当前我国社会管理和社区治理的新趋势 [J].甘肃社会科学 ,2012(06):1-8.

[80] 肖林."'社区'研究"与"社区研究"——近年来我国城市社区研究述评 [J].社会学研究 ,2011,26(04):185-208,246.

[81] 吴晓林 ,郝丽娜."社区复兴运动"以来国外社区治理研究的理论考察 [J].政治学研究 ,2015(01):47-58.

[82] 彭伊侬 ,周素红.行动者网络视角下的住宅型多代屋社区治理机制分析——以德国科隆市利多多代屋为例 [J].国际城市规划 ,2018,33(02):75-81.

[83] 江苏省城镇化和城乡规划研究中心.德国社区治理:科隆利多多代屋社区构建与运营 [J].江苏城市规划 ,2018(07):37-41.

[84] Maksimovska Aleksandra,Stojkov Aleksandar.Composite Indicator of Social Responsiveness of Local Governments: An Empirical Mapping of the Networked Community Governance Paradigm[J].Social Indicators Research,2019,144(02).

[85] 张明欣.经营城市历史街区 [D].同济大学 ,2007.

[86] 赵中生 ,李勇.中国城市营销实战 [M].北京:中国物资出版社 ,2003.

[87] 杨宏烈.城市历史文化保护与发展 [M].北京:中国建筑工业出版社 ,2006.

[88] 单霁翔.文化遗产保护与城市文化建设 [M].北京:中国建筑工业出版社 ,2009.

[89] 国务院法制办农业资源环保法制司 ,住房和城乡建设部法规司 ,城乡规划司.历史文化名城名镇名村保护条例释义 [M].北京:知识产权出版社 ,2009.

[90] 沈宇星.历史文化街区的保护与更新 [D].杭州:浙江工业大学 ,2012.

[91] 张琪.传统建筑的活态保护——以日本伊势神宫的神明造为例 [J].中国名城 ,2015(04):78-83.

[92] (英)配第.赋税论 [M].邱霞 ,原磊译.北京:华夏出版社 ,2006.

[93] (英)亚当·斯密.国民财富的性质和原因的研究 [M].郭大力 ,王亚南译.北京:商务印书馆 ,1974.

[94] (英)李嘉图.政治经济学及赋税原理 [M].郭大力等译.北京:商务印书馆 ,1962.

[95] (德)约翰·冯·杜能.孤立国同农业和国民经济的关系 [M].吴衡康译.北京:商务印书馆 ,1986.

[96] (英)马尔萨斯.论谷物法的影响地租的性质与发展 [M].何宁译.北京:商务印书馆 ,1960.

[97] (美)萨缪尔森.经济分析基础 [M].费方域 ,金菊平译.北京:商务印书馆 ,1992.

[98] (德)卡尔·马克思 ,(德)弗里德里希·恩格斯.马克思恩格斯文集 -7[M].中共中央马克思恩格斯列宁斯大林著作编译局编译.北京:人民出版社 ,2009.

[99] (德)卡尔·马克思.资本论第 3 卷 [M].中共中央马克思恩格斯列宁斯大林著作编译局编译.北京:人民出版社 ,2004.

[100] 曹英耀.关于马克思极差地租理论的几个问题 [J].湖北财经学院学报 ,1983(04):31-35.

[101] 兰宜生 ,郭利平.我国东中西部大城市土地出让金体现的级差地租问题研究——以上海、郑州、西安为例 [J].中国经济问题 ,2012(01):59-64.

[102] 王巍. 社区治理结构变迁中的国家与社会 [J]. 公共行政评论,2009,1(01):200-201.

[103] 夏建中. 治理理论的特点与社区治理研究 [J]. 黑龙江社会科学,2010(02):125-130,4.

[104] 陈光普. 新型城镇化社区治理面临的结构性困境及其破解——上海市金山区实践探索带来的启示 [J]. 中州学刊,2019(06):86-92.

[105] 王欣亮,任笈. 我国社区治理问题研究回顾与展望 [J]. 理论导刊,2017(07):91-97.

[106] 洪亮平. 城市更新与社区公共领域重构.http://www.planning.org.cn/report/view?id=279.

[107] 周婷婷,熊茵. 基于存量空间优化的城市更新路径研究 [J]. 规划师,2013,29(S2):36-40.

[108] 程蓉. 以提品质促实施为导向的上海15分钟社区生活圈的规划和实践 [J]. 上海城市规划,2018(02):84-88.

[109] 卢剑峰. 社区治理的法治思考 [J]. 科学经济社会,2008,26(04):107-111.

[110] 闫文鑫. 现代住区邻里关系的重要性及其重构探析——基于社会交换理论视角 [J]. 重庆交通大学学报(社会科学版),2010,10(03):28-30,44.

[111] 理查德·C·博克斯. 公民治理:引领21世纪的美国社区 [M]. 孙柏瑛译. 北京:中国人民大学出版社.2005.

[112] 费孝通. 乡土中国 [M]. 上海:上海人民出版社,世纪出版集团,2007.

[113] 郭娟. 社区文化场域营造策略研究——以福建省文化产业转型为例 [J]. 中国房地产,2018(18):67-73.

[114] 刘佳燕,邓翔宇. 基于社会、空间生产的社区规划——新清河实验探索 [J]. 城市规划,2016,40(11):9-14.

[115] 刘佳燕. 关系·网络·邻里——城市社区社会网络研究评述与展望 [J]. 城市规划,2014(02):91-96.

[116] 温江斌. 论中国历史文化名城保护的法制建设 [J]. 都市文化研究,2018(01):249-260.

[117] 刘易斯·芒福德. 城市文化 [M]. 宋俊岭等译. 北京:中国建筑工业出版社,2009.

[118] 何舒文,倪勇燕. 从四个角度看中国城市更新的本质 [J]. 现代城市研究,2010,25(03):91-95.

[119] 阮仪三. 阮仪三文集 [M]. 武汉:华中科技大学出版社,2011.

[120] 陈双辰. 古都之承 [D]. 天津:天津大学,2014.

[121] 宋立焘. 当前中国城市更新运行机制分析 [D]. 济南:山东大学,2013.

[122] 王兴中. 中国城市社会空间结构研究 [M]. 北京:科学出版社,2000.

[123] 唐燕,杨东. 城市更新制度建设:广州、深圳、上海三地比较 [J]. 城乡规划,2018(04):22-32.

[124] 罗小龙,沈建法. 跨界的城市增长——以江阴经济开发区靖江园区为例 [J]. 地理学报,2006(04):435-445.

[125] 程蓉. 以提品质促实施为导向的上海15分钟社区生活圈的规划和实践 [J]. 上海城市规划,2018(02):84-88.

[126] 杜坤,田莉. 基于全球城市视角的城市更新与复兴:来自伦敦的启示 [J]. 国际城市规划,2015,30(04):41-45.

[127] 黄瓴,许剑峰. 城市社区规划师制度的价值基础和角色建构研究 [J]. 规划

师 ,2013,29(09):11-16.

[128] 曹南薇 . 旧工业区的更新实施机制创新研究——以深圳市笋岗－清水河片区整体城市更新贡献率研究为例 [C]. 城市时代协同规划——2013 中国城市规划年会论文集 . 中国城市规划学会 ,2013:10.

[129] 王引 , 徐碧颖 . 秩序的构建——以《北京中心城建筑高度控制规划方案》为例 [J]. 北京规划建设 ,2018(02):50-57.

[130] （英）约翰·彭特 . 城市设计及英国城市复兴 [M]. 孙璐 , 李晨光 , 徐苗 , 杨震译 . 武汉 : 华中科技大学出版社，2016.

[131] 吴良镛 . 北京旧城与菊儿胡同 [M]. 北京 : 中国建筑工业出版社 ,1994.

[132] 聂家荣 , 李贵才 , 刘青 . 基于夏普里值法的城市更新单元规划空间增量分配方法探析——以深圳市岗厦河园片区为例 [J]. 人文地理 ,2015,30(02):72-77.

[133] 朱晓韵 . 历史街区的保护与更新 : 博洛尼亚古城"整体性保护"的启示 [J]. 上海工艺美术 ,2013(01):82-84.

[134] 盛鸣 , 詹飞翔 , 蔡奇杉 , 杨晓楷 . 深圳城市更新规划管控体系思考——从地块单元走向片区统筹 [J]. 城市与区域规划研究 ,2018,10(03):73-84.

[135] 孙延松 . 空间生产视角下大城市核心区大街区统筹更新模式研究 [D]. 大连 : 大连理工大学 ,2017.

[136] 魏后凯 . 论中国城市转型战略 [J]. 城市与区域规划研究 ,2017,9(02):45-63.

[137] 钱维 . 美国城市转型经验及其启示 [J]. 中国行政管理 ,2011(05):96-99.

[138] 罗翔 . 从城市更新到城市复兴 : 规划理念与国际经验 [J]. 规划师 ,2013,29(05):11-16.

[139] 朱金 , 李强 , 王璐妍 . 从被动衰退到精明收缩——论特大城市郊区小城镇的"收缩型规划"转型趋势及路径 [J]. 城市规划 ,2019,43(03):34-40,49.

[140] （日）黑川纪章 . 黑川纪章城市设计的思想与手法 [M]. 覃力等译 . 北京 : 中国建筑工业出版社 .2004.

[141] 阳建强 . 中国城市更新的现况、特征及趋向 [J]. 城市规划 ,2000,24(4):53-55,63.

[142] 申凤 , 李亮 , 翟辉 ."密路网，小街区"模式的路网规划与道路设计——以昆明呈贡新区核心区规划为例 [J]. 城市规划 ,2016,40(05):43-53.

[143] 罗璇 , 李如如 , 钟碧珠等 . 回归"街坊"——居住区空间组织模式转变初探 [J]. 城市规划学刊 ,2019,(3):96-102.

[144] 金晓玲 . 产业至强升级"航母"破浪"再工业时代" [N]. 辽宁日报 ,2013-06-17(005).

[145] 张平宇 . 沈阳铁西工业区改造的制度与文化因素 [J]. 人文地理 ,2006(02):45-49.

[146] 陈玉洁 , 张平宇 . 沈阳铁西区社区弹性特征与成因分析 [J]. 地理科学 ,2018,38(11):1847-1854.

[147] 夏镜朗 , 吕正华 , 王亮 . 新时期面向品质提升的城市设计工作思路探讨——以沈阳金廊核心段城市设计为例 [J]. 城市规划 ,2016,40(S1):79-83.

[148] 王承华 , 张进帅 , 姜劲松 . 微更新视角下的历史文化街区保护与更新——苏州平江历史

文化街区城市设计 [J]. 城市规划学刊 ,2017(06):96-104.

[149] 龙婷 . 城市更新背景下非物质文化遗产的保护研究 [D]. 武汉：华中师范大学 ,2016.

[150] 同济大学等 . 城市规划原理第 4 版 [M]. 北京：中国建筑工业出版社 ,2010.

[151] 金广君 . 图解城市设计 [M]. 哈尔滨：黑龙江科学技术出版社 ,1999.

[152] 罗小未 . 外国近现代建筑史第 2 版 [M]. 北京：中国建筑工业出版社 ,2004.

[153] 舒宁 . 沈阳市铁西老工业区城市更新的社会绩效评价 [D]. 北京：中国城市规划设计研究院 ,2010.

[154] 荣伟东 . 老工业基地的生态城区创建之路——以沈阳市铁西改造为例 [C]. 生态文明视角下的城乡规划——2008 中国城市规划年会论文集 . 中国城市规划学会 ,2008:7.

[155] 陈雪松 . 沈阳市铁西旧工业区更新策略研究 [D]. 哈尔滨：哈尔滨工业大学 ,2010.

[156] 张艳锋 , 张明皓 , 陈伯超 . 老工业区改造过程中工业景观的更新与改造——沈阳铁西工业区改造新课题 [J]. 现代城市研究 ,2004(11):34-38.

[157] 于路 . 有机更新背景下老工业区集约高效利用模式及规划研究——以沈阳老工业区用地更新为例 [C]. 持续发展理性规划——2017 中国城市规划年会论文集 . 中国城市规划学会 ,2017:14.

[158] 吴菲 . 沈阳金廊商圈零售企业问题及对策研究 [D]. 沈阳：沈阳大学 ,2018.

[159]（美）凯文·林奇，（美）加里·海克 . 总体设计第 3 版 [M]. 黄富厢等译 . 北京：中国建筑工业出版社 .1999.

[160] 刘凯峥 , 王振国 . 转型背景下的深圳城市更新政策趋势研究 [J]. 现代经济信息 ,2019(11):495+497.

[161] 邹兵 . 增量规划、存量规划与政策规划 [J]. 城市规划 ,2013,37(02):35-37,55.

[162] 刘昕 . 深圳城市更新中的政府角色与作为——从利益共享走向责任共担 [J]. 国际城市规划 ,2011,26(01):41-45.

[163] 李东泉 . 政府"赋予能力"与旧城改造 [J]. 城市问题 ,2003(02):22-25.

[164] 郑国 , 秦波 . 论城市转型与城市规划转型——以深圳为例 [J]. 城市发展研究 ,2009,16(03):31-35,57.

[165] 张平宇 . 城市再生：我国新型城市化的理论与实践问题 [J]. 城市规划 ,2004(04):25-30.

[166] 易志勇 , 刘贵文 , 刘冬梅 . 城市更新：城市经营理念下的实践选择与未来治理转型 [J].《规划师》论丛 ,2018(6):123-130.

[167] 张建军 , 邹莹 . 老工业区改造策略探索与研究——以沈阳铁西工业区改造实践为例 [J]. 城市建设理论研究（电子版）,2013,(18).

[168] 朱轶佳 , 李慧 , 王伟 . 城市更新研究的演进特征与趋势 [J]. 城市问题 ,2015(09):30-35.

[169] 姜杰 , 贾莎莎 , 于永川 . 论城市更新的管理 [J]. 城市发展研究 ,2009,16(04):56-62.

[170] 张品 . 空间生产理论研究述评 [J]. 社科纵横 ,2012,27(08):82-84.

[171] 王兴中 , 王立 , 谢利娟 , 王乾坤 , 杨瑞 , 曾献君 , 廖兰 . 国外对空间剥夺及其城市社区资源剥夺水平研究的现状与趋势 [J]. 人文地理 ,2008,23(06):7-12.

[172] 乔恩·皮埃尔, 陈文, 史滢滢. 城市政体理论、城市治理理论和比较城市政治 [J]. 国外理论动态,2015(12):59-70.

[173] 汤晋, 罗海明, 孔莉. 西方城市更新运动及其法制建设过程对我国的启示 [J]. 国际城市规划,2007(04):33-36.

[174] 张冠增. 西方城市建设史纲 [M]. 北京:中国建筑工业出版社，2011.

[175] （美）阿西姆·伊纳姆. 城市转型设计 [M]. 盛洋译. 武汉:华中科技大学出版社.2016.

[176] 齐勇. 西方马克思主义空间生产理论探析 [J]. 理论视野,2014(07):39-41.

[177] 施芸卿. 再造城民旧城改造与都市运动中的国家与个人 [M]. 北京:社会科学文献出版社,2015.

[178] 张莉. 转型时期特大城市郊区产业结构特征及发展趋势研究 [C]. 持续发展理性规划——2017 中国城市规划年会论文集. 中国城市规划学会,2017:11.

[179] 孙彤宇. 智慧城市技术对未来城市空间发展的影响 [J]. 西部人居环境学刊,2019,34(01):1-12.

[180]Rūta Ubarevičienė,Maarten van Ham1,Donatas Burneika. Shrinking Regions in a Shrinking Country: The Geography of Population Decline in Lithuania 2001－2011[J]. Urban Studies Research,2016.

[181]David Harvey.Spaces of hope[M].University of California Press,2000.

[182]Karina Pallagst, Thorsten Wiechmann,& Cristina Martinez Fernandez. Shrinking cities: International perspectives and policy implications.London: Routledge,2013.

[183]Nigel G.Griswold & Patricia E.Norris.Economic impacts of residential property abandonment and the Genesee county land bank in Flint, Michigan[R].Michigan State University Land Policy Institute,2007.

[184]张贝贝, 李志刚. "收缩城市" 研究的国际进展与启示 [J]. 城市规划,2017,41(10):103-108,121.

[185]Fernando Ortiz-Moya.Coping with shrinkage: Rebranding post-industrial Manchester[J]. Sustainable Cities and Society,2014.

[186]Zingale, Nicholas C,Riemann, Deborah. Coping with shrinkage in Germany and the United States: A cross-cultural comparative approach toward sustainable cities[J]. Urban Design International,2013,18(1).

[187]Prada-Trigo. Local strategies and networks as keys for reversing urbanshrinkage: Challenges and responses in two medium-size Spanish cities[J].Norsk Geografisk Tidsskrift-Norwegian Journal of Geography,2014.

[188]（美）理查德.C. 博克斯. 公民治理引领 21 世纪的美国社区 [M]. 孙柏瑛译. 北京:中国人民大学出版社,2014.

[189] 王颖. 城市社区的社会构成机制变迁及其影响 [J]. 规划师,2000(01):24.

[190] 陈红莉, 李继娜. 论优势视角下的社区发展新模式——资产为本的社区发展 [J]. 求索,2011(04):75-76,68.

[191] 联合国教科文组织 . 保护无形文化遗产公约 . 联合国教科文组织 .2003(10).

[192] 邓堪强 . 广州历史文化街区内城市更新机制浅论——以广州恩宁路永庆坊为例 [C]. 持续发展理性规划——2017 中国城市规划年会论文集 . 中国城市规划学会 ,2017:7.

[193] 李燕 . 广州历史文化街区改造的问题与机制探索 .http://www.gzass.gd.cn/gzsky/contents/24/11901.html.

[194] 朱晓韵 . 历史街区的保护与更新博洛尼亚古城 "整体性保护" 的启示 [J]. 上海工艺美术 ,2013(01):82-84.

[195] 徐雷 . 管束性城市设计研究 [D]. 杭州：浙江大学 ,2004.

[196] 伊丽莎白·伯顿 , 琳内·米切尔 . 包容性的城市设计——生活街道 [M]. 北京：中国建筑工业出版社 .2009.

[197] 周干峙 . 城市及其区域——一个典型的开放的复杂巨系统 [J]. 城市发展研究 ,2002(01):1-4.

[198] 陈飞 , 谷凯 . 西方建筑类型学和城市形态学 [J]. 建筑师 , 2009（4）:53-57.

[199] 李春友 , 古家军 . 国外智慧城市研究综述 [J]. 软件产业与工程 ,2014, (3):50-56.

[200] IBM 商业价值研究院 . 智慧地球 [M]. 北京：东方出版社 ,2009.

[201] 田文军 . "文化失调" 与 "礼俗" 重构——梁漱溟论 "教化" "礼俗" "自力" 与乡村建设 [J]. 孔子研究 ,2008 (7):44-50.

[202] 陶元浩 . 近代中国农村社区转型中的两次 "相对性衰落" [J]. 江西社会科学 ,2008 (3):124-132.

[203] 廖文伟 , 李梦迪 , 王苗苗 . 从社区需要地图到社区资产地图：资产为本的城中村社区建设 [J]. 社会工作 ,2018（6）:23-31.

[204] 李程骅 . 国际城市转型的路径审视及对中国的启示 [J]. 华中师范大学学报（人文社会科学版）,2014(3):35-42.

[205] 崔蕊满 . 城市空间转型的多重维度思考——记 "比较视野下的城市空间转型跨学科工作坊" http://ex.cssn.cn/lsx/sjs/201711/t20171109_3737254.shtml.

[206] 左学金等 . 世界城市空间转型与产业转型比较研究 [M]. 社会科学文献出版社 ,2011.